T0224882

Studienbücher Wirtschaftsmathematik

Herausgegeben von
Prof. Dr. Bernd Luderer, Technische Universität Chemnitz

Die Studienbücher Wirtschaftsmathematik behandeln anschaulich, systematisch und fachlich fundiert Themen aus der Wirtschafts-, Finanz- und Versicherungsmathematik entsprechend dem aktuellen Stand der Wissenschaft.
Die Bände der Reihe wenden sich sowohl an Studierende der Wirtschaftsmathematik, der Wirtschaftswissenschaften, der Wirtschaftsinformatik und des Wirtschaftsingenieurwesens an Universitäten, Fachhochschulen und Berufsakademien als auch an Lehrende und Praktiker in den Bereichen Wirtschaft, Finanz- und Versicherungswesen.

Heidrun Matthäus · Wolf-Gert Matthäus

Mathematik für BWL-Bachelor: Übungsbuch

Ergänzungen für Vertiefung und Training

3., erweiterte Auflage

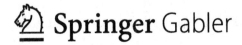 Springer Gabler

Heidrun Matthäus
Hochschule Magdeburg-Stendal FB Wirtschaft
Stendal, Deutschland

Wolf-Gert Matthäus
Stendal-Uenglingen, Deutschland

ISBN 978-3-658-11574-6   ISBN 978-3-658-11575-3 (eBook)
DOI 10.1007/978-3-658-11575-3

Die Deutsche Nationalbibliothek verzeichnet diese Publikation in der Deutschen Nationalbibliografie; detaillierte bibliografische Daten sind im Internet über http://dnb.d-nb.de abrufbar.

Springer Gabler
© Springer Fachmedien Wiesbaden 2010, 2012, 2016

Planung: Ulrike Schmickler-Hirzebruch

Gedruckt auf säurefreiem und chlorfrei gebleichtem Papier.

Springer Fachmedien Wiesbaden GmbH ist Teil der Fachverlagsgruppe Springer Science+Business Media (www.springer.com)

Vorwort zur dritten Auflage

Seit einem knappen Jahr ist die vierte Auflage unseres Lehrbuches „Mathematik für BWL-Bachelor" im Handel und hat große Resonanz gefunden.

Diese vierte Auflage des Lehrbuches war gegenüber der vorigen dritten Auflage stark erweitert worden – um die Rechenmethoden zur linearen Optimierung (bekannt als Simplex-Verfahren) sowie um insgesamt neun Kapitel zur Wahrscheinlichkeitsrechnung und zur beurteilenden Statistik.

Der Anregung des Verlages folgend, haben wir die jetzt vorgelegte dritte Auflage des zugehörigen Übungsbuches dem neuen, erweiterten Inhalt des Lehrbuches angepasst und somit auch das Übungsbuch gegenüber der zweiten Auflage stark erweitert.

Es sind jetzt Beispiele, Übungsaufgaben und Lösungen zur Wahrscheinlichkeitsrechnung, zu Zufallsgrößen und Verteilungen sowie zu den wichtigsten statistischen Tests enthalten.

Korrespondierend zum Lehrbuch gibt es jetzt auch einen umfangreichen Teil zu den Rechenmethoden der linearen Optimierung.

Der bisher zu kurz gefasste Abschnitt zu den Folgen und Reihen wurde ebenfalls erweitert.

Wiederum überarbeitet und dem Lehrbuch besser angepasst wurde das Kapitel zu den linearen Gleichungssystemen.

Neu ist vor allem die Struktur dieses Übungsbuches. Um insbesondere Studienanfängern, die noch nicht über ausreichendes betriebswirtschaftliches Basiswissen verfügen, die Arbeit mit dem Übungsbuch zu erleichtern, wurden die rein formalen, d. h. ohne Anwendungsbezug formulierten Beispiele und Aufgaben in einem ersten Teil zusammengefasst.

Der zweite Teil dagegen demonstriert die vielfältigen Anwendungen, die die verschiedenen Komponenten der Mathematik in der Betriebswirtschaftslehre finden.

Der dritte Teil ist der linearen Optimierung gewidmet, und der umfangreiche vierte Teil enthält Beispiele, Aufgaben und Lösungen zur Wahrscheinlichkeitsrechnung und zur beurteilenden (induktiven) Statistik.

Sollte aus Platzgründen im Buch nur die Mitteilung des Ergebnisses erfolgen, dann kann im Internet die ausführliche Lösung nachgelesen werden. Die Quelle ist stets angegeben.

Wiederum danken wir allen Fachkolleginnen und Fachkollegen, unseren Studierenden und dem Verlag für die vielfältigen Hinweise zur Verbesserung dieses Übungsbuches.

Uenglingen, im Herbst 2015

Heidrun Matthäus
Wolf-Gert Matthäus

Aus dem Vorwort zur zweiten Auflage

Fast zeitgleich mit der dritten Auflage des Lehrbuches „Mathematik für BWL-Bachelor", das durch die Hinzunahme eines ausführlichen Kapitels zu den Grundlagen der Finanzmathematik eine oft gewünschte Erweiterung erfuhr, kann diese Neuauflage des zugehörigen Beispiel- und Übungsbuches vorgelegt werden, die dazu passend durch zwei neue Abschnitte

• A17 Finanzmathematik: Beispiele und Aufgaben

• L17 Finanzmathematik: Lösungen

ergänzt wurde.

Wiederum haben wir großen Wert auf ausführlichste Darstellung gelegt, sollten einige Lösungen aus Platzgründen im Buch nur angedeutet werden, dann sind sie aber dafür im Internet bis ins Detail ausgeführt.

Uenglingen, im Frühjahr 2012

Heidrun Matthäus
Wolf-Gert Matthäus

Aus dem Vorwort zur ersten Auflage

Mit dem nun vorgelegten Übungsbuch komplettieren wir unser Vorhaben „Mathematik für BWL" und hoffen, damit auch den Wunsch nach vielen Beispielen und Übungen umfassend erfüllen zu können.

Alle Beispiele, sowohl die formal-mathematischen als auch die angewandten, werden grundsätzlich extrem ausführlich vorgerechnet. Insofern kann dieses „Übungsbuch" durchaus auch als Beispielsammlung „Mathematik in der BWL" angesehen werden.

Bei der Auswahl der Übungsaufgaben wurde viel Wert darauf gelegt, sowohl mathematisch-akademische Aufgaben zu stellen, so, wie es in vielen Lehrveranstaltungen üblich ist, als auch angewandte Aufgaben in ausreichendem Maße vorzulegen.

Unser grundlegendes Prinzip dabei ist:

Es gibt keine Übungsaufgabe ohne ausführliche Lösung.

Sollte aus Platzgründen im Buch nur die Mitteilung des Ergebnisses erfolgen, dann kann im Internet die ausführliche Lösung nachgelesen werden. Die Quelle ist stets angegeben.

Abschließend möchten wir allen, die uns zu diesem Übungsbuch anregten und ermunterten, herzlich danken, vor allem den vielen Rezensenten und Fachkollegen.

Uenglingen, im Herbst 2010

Heidrun Matthäus
Wolf-Gert Matthäus

Wichtiger Hinweis für die Struktur dieser dritten Auflage

Im Lehrbuch „Mathematik für BWL-Bachelor" [51] findet sich als Fußnote häufig ein Hinweis der folgenden Art:

Zur Vertiefung empfehlen wir Kapitel ... des Übungsbuches.

Dabei wird auf die Kapitel in der alten Übungsbuch-Nummerierung A1, A2, ... , A17 Bezug genommen. Sowohl die erste als auch die zweite Auflage des Übungsbuches waren in dieser Weise strukturiert.

Aus vielfältigen Gründen wurde in der vorliegenden dritten Auflage des Übungsbuches eine andere Gliederung gewählt:

Zuerst werden im **Teil I** nur die reinen *formal-mathematischen Beispiele und Aufgaben* (also ohne jeglichen Bezug auf einen fachlichen Hintergrund) behandelt. Damit soll all den Leserinnen und Lesern geholfen werden, die sich anfangs nur mit der „reinen Mathematik" beschäftigen wollen, ohne sofort an einen Anwendungshintergrund denken zu müssen.

Erst im **Teil II** werden die vielfältigen *Anwendungen der Mathematik in der Betriebswirtschaftslehre* in Beispielen und Aufgaben in den gern so genannten „Textaufgaben" zusammengefasst. Hier geht es dann sowohl um die *Modellierung*, also um die Umsetzung der betriebswirtschaftlichen Aufgabenstellung in die Sprache der Mathematik, als auch um die anschließende *Behandlung der entstandenen mathematischen Probleme*. Nicht zu vergessen dabei ist der letzte Schritt: Die *mathematischen Ergebnisse* müssen wieder rücktransformiert werden in die *Sprache der Aufgabenstellung*. Deshalb wird jetzt auch viel Wert auf so genannte „Antwortsätze" gelegt.

Im Folgenden soll aufgelistet werden, wie die bisherigen Beispiele und Aufgaben aus der ersten und zweiten Auflage des Übungsbuches in die neue Struktur übernommen wurden:

Ohne Anwendungsbezüge	Mit Anwendungsbezügen
Die *formal-mathematischen Beispiele und Aufgaben*, die bisher im Kapitel	
A1: Mathematisches Handwerkszeug	
zu finden waren, sind in der vorliegenden dritten Auflage **ab Seite 21** zu finden.	

Ohne Anwendungsbezüge	Mit Anwendungsbezügen
Die *formal-mathematischen Beispiele und Aufgaben*, die bisher im Kapitel	
A2: Potenzen, Wurzeln, Logarithmen	
zu finden waren, sind in der vorliegenden dritten Auflage **ab Seite 29** zu finden.	

Ohne Anwendungsbezüge	Mit Anwendungsbezügen
Die *formal-mathematischen Beispiele und Aufgaben*, die bisher im Kapitel	Die *angewandten Beispiele und Aufgaben*, die bisher im Kapitel
A3: Lineare und quadratische Gleichungen	
zu finden waren, sind in der vorliegenden dritten Auflage **ab Seite 33** zu finden.	zu finden waren, sind in der vorliegenden dritten Auflage **ab Seite 171** zu finden.

Ohne Anwendungsbezüge	Mit Anwendungsbezügen
Die *formal-mathematischen Beispiele und Aufgaben*, die bisher im Kapitel	Die *angewandten Beispiele und Aufgaben*, die bisher im Kapitel
A4: Ungleichungen	
zu finden waren, sind in der vorliegenden dritten Auflage **ab Seite 40** zu finden.	zu finden waren, sind in der vorliegenden dritten Auflage **ab Seite 171** zu finden.

Ohne Anwendungsbezüge	Mit Anwendungsbezügen
	Die *angewandten Beispiele und Aufgaben*, die bisher im Kapitel
A5: Ökonomische Funktionen	
	zu finden waren, sind in der vorliegenden dritten Auflage **ab Seite 175** zu finden.

Ohne Anwendungsbezüge	Mit Anwendungsbezügen
Die *formal-mathematischen Beispiele und Aufgaben*, die bisher im Kapitel	Die *angewandten Beispiele und Aufgaben*, die bisher im Kapitel
A6: Weitere Funktionen	
zu finden waren, sind in der vorliegenden dritten Auflage **ab Seite 57** zu finden.	zu finden waren, sind in der vorliegenden dritten Auflage **ab Seite 189** zu finden.

Ohne Anwendungsbezüge	Mit Anwendungsbezügen
Die *formal-mathematischen Beispiele und Aufgaben*, die bisher im Kapitel	
A7: Formales Differenzieren	
zu finden waren, sind in der vorliegenden dritten Auflage **ab Seite 61** zu finden.	

Ohne Anwendungsbezüge	Mit Anwendungsbezügen
Die *formal-mathematischen Beispiele und Aufgaben*, die bisher im Kapitel	Die *angewandten Beispiele und Aufgaben*, die bisher im Kapitel
A8: Anwendungen des Ableitungsbegriffs	
zu finden waren, sind in der vorliegenden dritten Auflage **ab Seite 69** zu finden.	zu finden waren, sind in der vorliegenden dritten Auflage **ab Seite 195** zu finden.

Ohne Anwendungsbezüge	Mit Anwendungsbezügen
Die *formal-mathematischen Beispiele und Aufgaben*, die bisher im Kapitel	Die *angewandten Beispiele und Aufgaben*, die bisher im Kapitel
A9: Funktionen zweier Variabler	
zu finden waren, sind in der vorliegenden dritten Auflage **ab Seite 81** zu finden.	zu finden waren, sind in der vorliegenden dritten Auflage **ab Seite 201** zu finden.

Ohne Anwendungsbezüge	Mit Anwendungsbezügen
Die *formal-mathematischen Beispiele und Aufgaben*, die bisher im Kapitel	Die *angewandten Beispiele und Aufgaben*, die bisher im Kapitel
A10: Partielle Ableitungen	
zu finden waren, sind in der vorliegenden dritten Auflage **ab Seite 83** zu finden.	zu finden waren, sind in der vorliegenden dritten Auflage **ab Seite 204** zu finden.

Ohne Anwendungsbezüge	Mit Anwendungsbezügen
Die *formal-mathematischen Beispiele und Aufgaben*, die bisher im Kapitel	Die *angewandten Beispiele und Aufgaben*, die bisher im Kapitel
A11: Extremwertsuche bei zwei Variablen	
zu finden waren, sind in der vorliegenden dritten Auflage **ab Seite 88** zu finden.	zu finden waren, sind in der vorliegenden dritten Auflage **ab Seite 209** zu finden.

Ohne Anwendungsbezüge	Mit Anwendungsbezügen
Die *formal-mathematischen Beispiele und Aufgaben*, die bisher im Kapitel	Die *angewandten Beispiele und Aufgaben*, die bisher im Kapitel
A12: Extremwerte mit Nebenbedingungen	
zu finden waren, sind in der vorliegenden dritten Auflage **ab Seite 95** zu finden.	zu finden waren, sind in der vorliegenden dritten Auflage **ab Seite 213** zu finden.

Ohne Anwendungsbezüge	Mit Anwendungsbezügen
Die *formal-mathematischen Beispiele und Aufgaben*, die bisher im Kapitel	Die *angewandten Beispiele und Aufgaben*, die bisher im Kapitel
A13: Matrizen und ihre Anwendungen	
zu finden waren, sind in der vorliegenden dritten Auflage **ab Seite 137** zu finden.	zu finden waren, sind in der vorliegenden dritten Auflage **ab Seite 219** zu finden.

Ohne Anwendungsbezüge	Mit Anwendungsbezügen
Die *formal-mathematischen Beispiele und Aufgaben*, die bisher im Kapitel	
A14: Determinanten	
zu finden waren, sind in der vorliegenden dritten Auflage **ab Seite 142** zu finden.	

Ohne Anwendungsbezüge	Mit Anwendungsbezügen
Die *formal-mathematischen Beispiele und Aufgaben*, die bisher im Kapitel	Die *angewandten Beispiele und Aufgaben*, die bisher im Kapitel
A15: Lineare Gleichungssysteme	
zu finden waren, sind in der vorliegenden dritten Auflage **ab Seite 155** zu finden.	zu finden waren, sind in der vorliegenden dritten Auflage **ab Seite 227** zu finden.

A16: Lineare Optimierung

Die Lineare Optimierung, die bisher im Kapitel A16 zu finden war, ist jetzt komplett, d. h. sowohl mit rechnerischer als auch mit grafischer Lösung, im Teil III ab Seite 239 zu finden.

Ohne Anwendungsbezüge	Mit Anwendungsbezügen
	Die *angewandten Beispiele und Aufgaben*, die bisher im Kapitel
A17: Finanzmathematik	
	zu finden waren, sind in der vorliegenden dritten Auflage **ab Seite 109** zu finden.

Inhaltsverzeichnis

Teil I: Mathematik ohne Anwendungsbezüge

1 Elementares Handwerkszeug

2 Erweitertes Handwerkszeug

3   Funktionen und Kurvendiskussion

4   Formales Differenzieren

5   Anwendungen der Ableitungsfunktionen

6   Funktionen zweier Variabler

7 Lagrange-Multiplikatoren

8 Folgen und Reihen

9 Grundlagen der Finanzmathematik

10 Matrizen und Determinanten

11 Lineare Gleichungssysteme

Teil II: Mathematik für die Betriebswirtschaftslehre

12 Gleichungen und Ungleichungen in der Ökonomie

13 Einfache Polynome in der Ökonomie

14 Weitere ökonomische Funktionen

15 Anwendungen der Differentialrechnung in der Ökonomie

16 Funktionen zweier Variabler in der Ökonomie

17 Extremwertsuche bei zwei Variablen

18 Lagrange-Multiplikatoren

19 Matrizen in der Ökonomie

20 Anwendungen von linearen Gleichungssystemen

Teil III: Lineare Optimierung

21 Lineare Optimierung - Rechnerische Lösung

22 Lineare Optimierung – Grafische Lösung

Teil IV: Wahrscheinlichkeitsrechnung und Statistik

23 Wahrscheinlichkeitsrechnung

24 Diskrete Zufallsgrößen, diskrete Verteilungen

25 Stetige Zufallsgröße, stetige Verteilung: Normalverteilung

26 Prüfen von Verteilungen

27 Parametertests

Teil I

Mathematik
ohne
Anwendungsbezüge

1. Elementares Handwerkszeug

1.1 Vorrangregeln und Klammersetzung

1.1.1 Beispiele dafür, wie es richtig gemacht wird

Beispiel 1.1-1: *Man vereinfache den folgenden Ausdruck:*

$$(1.01) \qquad (3u - w) - \{[3v - (2u - v)] - [(5u + 4v) + w)]\}$$

Wie geht man vor? Es werden die Klammerausdrücke „von innen nach außen" aufgelöst, wobei der alte Spruch zu berücksichtigen ist, den gute Mathematik-Lehrende ihren Schützlingen stets mit auf den Weg geben:

„*Wenn* ein Minus vor der Klammer *steht, wird* drinnen alles umgedreht":

$$
\begin{aligned}
&(3u - w) - \{[3v - (2u - v)] - [(5u + 4v) + w)]\} \\
&= (3u - w) - \{[3v - 2u + v] - [5u + 4v + w]\} \\
&= (3u - w) - \{[4v - 2u] - [5u + 4v + w]\} \\
(1.02) \quad &= (3u - w) - \{4v - 2u - 5u - 4v - w\} \\
&= (3u - w) - \{-7u - w\} \\
&= (3u - w) + 7u + w \\
&= 3u - w + 7u + w = 10u
\end{aligned}
$$

Beispiel 1.1-2: *Man vereinfache den folgenden Ausdruck:*

$$(1.03) \qquad x(2 - 7x) + 4x(3x - 2) - 5x(3x - 1) + (2x - 5)5x$$

Hierbei ist zu beachten, dass ein Faktor, der vor einer Klammer mit Summen oder Differenzen steht, stets *mit allen Teilen des Klammerinhalts zu multiplizieren ist:*

$$
\begin{aligned}
&x(2 - 7x) + 4x(3x - 2) - 5x(3x - 1) + (2x - 5)5x \\
(1.04) \quad &= 2x - 7x^2 + 12x^2 - 8x - 15x^2 + 5x + 10x^2 - 25x \\
&= -26x
\end{aligned}
$$

1.1.2 Aufgaben

Aufgabe 1.1-1: Man vereinfache den folgenden Ausdruck:

(1.05) $(x+y)[(x+y)(x-2y)-(x+2y)(x-y)]$

Aufgabe 1.1-2: Man fasse so weit wie möglich zusammen:

(1.06) $(3x)(-2y)-(-5x)(-4y)+(-y)(6x)-(4x)(-9y)$

(1.07) $(5n-7p-8m)-(2p-m-3n)+(9m-8n+7p)$

(1.08) $6x-[2y-\{4z+(3x-2y)+2x\}-5z]$

(1.09) $18a^2-\{24a^2+[-36b^2-(-18a^2+4b^2)+48b^2]-20a^2\}$

Aufgabe 1.1-3: Man vereinfache und berechne:

(1.10) $(2a+3b+4c)(a-2b-3c)$

(1.11) $(k+9)(k+7)-(k+4)^2-(k+1)(k-1)+(k-2)^2$

1.1.3 Lösungen

> Wenn anstelle ausführlicher Lösungen nur die Ergebnisse angegeben sind, dann findet man die ausführlichen Lösungen im Internet unter
> **www.w-g-m.de/bwl-ueb.html**

Lösung zur Aufgabe 1.1-1: Man geht so vor, dass zuerst die beiden Produkte innerhalb der eckigen Klammern ausmultipliziert werden.

Dann wird *innerhalb der eckigen Klammern zusammengefasst.*

Schließlich wird der *Summenfaktor vor der eckigen Klammer* mit dem zusammengefassten Klammerinhalt ausmultipliziert:

$$(x+y)[(x+y)(x-2y)-(x+2y)(x-y)]$$

(1.05_L)
$$= (x+y)[(x^2-2xy+xy-2y^2)-(x^2-xy+2xy-2y^2)]$$
$$= (x+y)[(x^2-xy-2y^2)-(x^2+xy-2y^2)]$$
$$= (x+y)[x^2-xy-2y^2-x^2-xy+2y^2]$$
$$= (x+y)[-2xy] = -2x^2y-2xy^2$$

Lösungen zur Aufgabe 1.1-2:

(1.06_L) $(3x)(-2y) - (-5x)(-4y) + (-y)(6x) - (4x)(-9y) = 4xy$

(1.07_L) $(5n - 7p - 8m) - (2p - m - 3n) + (9m - 8n + 7p) = 2(m - p)$

(1.08_L) $6x - [2y - \{4z + (3x - 2y) + 2x\} - 5z] = 11x - 4y + 9z$

(1.09_L)
$$18a^2 - \{24a^2 + [-36b^2 - (-18a^2 + 4b^2) + 48b^2] - 20a^2\}$$
$$= 18a^2 - \{24a^2 - 36b^2 - (-18a^2 + 4b^2) + 48b^2 - 20a^2\}$$
$$= 18a^2 - \{24a^2 - 36b^2 + 18a^2 - 4b^2 + 48b^2 - 20a^2\}$$
$$= 18a^2 - \{22a^2 + 8b^2\} = 18a^2 - 22a^2 - 8b^2$$
$$= -4a^2 - 8b^2 = -4(a^2 + 2b^2)$$

Lösungen zur Aufgabe 1.1-3:

(1.10_L) $(2a + 3b + 4c)(a - 2b - 3c) = 2a^2 - ab - 2ac - 6b^2 - 17bc - 12c^2$

(1.11_L)
$$(k + 9)(k + 7) - (k + 4)^2 - (k + 1)(k - 1) + (k - 2)^2$$
$$= k^2 + 16k + 63 - (k^2 + 8k + 16) - (k^2 - 1) + k^2 - 4k + 4$$
$$= 2k^2 + 12k + 67 - k^2 - 8k - 16 - k^2 + 1$$
$$= 4k + 52 = 4(k + 13)$$

1.2 Bruchrechnung

1.2.1 Beispiele dafür, wie es richtig gemacht wird

Beispiel 1.2-1: Der folgende Bruch soll so weit wie möglich vereinfacht werden:

(1.12) $$\frac{10ax + 15bx - 10ay - 15by}{8ax - 8ay + 12by - 12bx}$$

Zunächst versucht man, in Zähler und Nenner durch geeignetes Ausklammern eine Produktzerlegung zu finden, da nur Faktoren gekürzt werden können:

(1.13) $$= \frac{10a(x - y) + 15b(x - y)}{8a(x - y) - 12b(x - y)} = \frac{(x - y)(10a + 15b)}{(x - y)(8a - 12b)}$$

Nach dem Kürzen (d. h. nachdem Zähler und Nenner durch den gemeinsamen Faktor (x–y) dividiert worden sind), kann dann durch Ausklammern die nicht weiter zu vereinfachende Form des Bruches gefunden werden:

$$(1.14) \qquad = \frac{(10a+15b)}{(8a-12b)} = \frac{5(2a+3b)}{4(2a-3b)}$$

Beispiel 1.2-2: *Man vereinfache*

$$(1.15) \qquad \frac{1}{a^2+2ab+b^2} + \frac{1}{a^2-b^2} - \frac{1}{a^2} - \frac{b^2}{a^4-a^2b^2}$$

Im ersten Nenner ist das Ergebnis einer binomischen Formel erkennbar (meist wird sie als erste binomische Formel bezeichnet), und im vierten Nenner kann ausgeklammert werden:

$$(1.16) \qquad = \frac{1}{(a+b)^2} + \frac{1}{a^2-b^2} - \frac{1}{a^2} - \frac{b^2}{a^2(a^2-b^2)}$$

Mit dem geeigneten Hauptnenner a²(a²–b²) können der zweite, dritte und vierte Bruch zusammengefasst werden. Schließlich bleibt nur noch der erste Bruch übrig:

$$(1.17) \qquad = \frac{1}{(a+b)^2} + \frac{a^2-(a^2-b^2)-b^2}{a^2(a^2-b^2)} = \frac{1}{(a+b)^2}$$

1.2.2 Aufgaben

Aufgabe 1.2-1: Man vereinfache und berechne:

$$(1.18) \qquad (\frac{3}{4}a + \frac{2}{3}b)(-\frac{4}{5}a - \frac{9}{8}b)$$

$$(1.19) \qquad (12uvw - 2uvz + 6uvwz) : (9uv)$$

Aufgabe 1.2-2: Die folgenden Brüche sind so weit wie möglich zu kürzen:

$$(1.20) \qquad \frac{a^2b-ab^2}{a^2c-ac^2}$$

$$(1.21) \qquad \frac{(u-v)^2}{u^2-v^2}$$

$$(1.22) \qquad \frac{u-v}{v-u}$$

Aufgabe 1.2-3: Man berechne:

(1.23) $\dfrac{x}{x-y}-1$

(1.24) $\dfrac{u}{v}+\dfrac{u+v}{u-v}-\dfrac{v}{u}$

(1.25) $\dfrac{x+y}{x-y}+\dfrac{x-y}{x+y}-2\dfrac{x^2+y^2}{x^2-y^2}$

(1.26) $\dfrac{q+1}{q^2-q}-\dfrac{q-1}{q^2+q}+\dfrac{1}{q}-\dfrac{4}{q^2-1}$

1.2.3 Lösungen

> Wenn anstelle ausführlicher Lösungen nur die Er-
> gebnisse angegeben sind, dann findet man die
> ausführlichen Lösungen im Internet unter
> www.w-g-m.de/bwl-ueb.html

Lösungen zur Aufgabe 1.2-1:

(1.18_L) $(\dfrac{3}{4}a+\dfrac{2}{3}b)(-\dfrac{4}{5}a-\dfrac{9}{8}b)=-\dfrac{3}{5}a^2-\dfrac{661}{480}ab-\dfrac{3}{4}b^2$

(1.19_L) $(12uvw-2uvz+6uvwz):(9uv)=\dfrac{12uvw-2uvz+6uvwz}{9uv}=\dfrac{4}{3}w-\dfrac{2}{9}z+\dfrac{2}{3}wz$

Lösungen zur Aufgabe 1.2-2:

(1.20_L) $\dfrac{a^2b-ab^2}{a^2c-ac^2}=\dfrac{b(a-b)}{c(a-c)}$

(1.21_L) $\dfrac{(u-v)^2}{u^2-v^2}=\dfrac{(u-v)(u-v)}{(u+v)(u-v)}=\dfrac{u-v}{u+v}$

(1.22_L) $\dfrac{u-v}{v-u}=\dfrac{(-1)(v-u)}{v-u}=-1$

Lösungen zur Aufgabe 1.2-3:

(1.23_L) $\dfrac{x}{x-y}-1=\dfrac{x}{x-y}-\dfrac{x-y}{x-y}=\dfrac{x-(x-y)}{x-y}=\dfrac{y}{x-y}$

(1.24_L) $\dfrac{u}{v}+\dfrac{u+v}{u-v}-\dfrac{v}{u}=\dfrac{u^3+v^3}{uv(u-v)}$

(1.25_L) $\dfrac{x+y}{x-y}+\dfrac{x-y}{x+y}-2\dfrac{x^2+y^2}{x^2-y^2}=0$

$$\frac{q+1}{q^2-q} - \frac{q-1}{q^2+q} + \frac{1}{q} - \frac{4}{q^2-1}$$

$$= \frac{q+1}{q(q-1)} - \frac{q-1}{q(q+1)} + \frac{1}{q} - \frac{4}{(q-1)(q+1)}$$

(1.26_L) $= \dfrac{(q+1)^2 - (q-1)^2 + (q-1)(q+1) - 4q}{q(q-1)(q+1)}$

$$= \frac{(q^2+2q+1) - (q^2-2q+1) + (q^2-1) - 4q}{q(q-1)(q+1)}$$

$$= \frac{q^2-1}{q(q-1)(q+1)} = \frac{1}{q}$$

1.3 Größenverhältnisse bei Brüchen

1.3.1 Beispiele dafür, wie es richtig gemacht wird

Beispiel 1.3-1: Welche der folgenden Aussagen ist richtig?

(1.27) $4\dfrac{1}{3} = \dfrac{42}{9}$ *oder* $4\dfrac{1}{3} > \dfrac{42}{9}$ *oder* $4\dfrac{1}{3} < \dfrac{42}{9}$

Zunächst kann aus der Überlegung, dass 4 Ganze gleich 12 Drittel sind, die gemischte Zahl in einen gemeinen Bruch umgeformt werden:

(1.28) $4\dfrac{1}{3} = 4 + \dfrac{1}{3} = \dfrac{12}{3} + \dfrac{1}{3} = \dfrac{13}{3}$

Außerdem findet sich im rechts stehenden Bruch sowohl im Zähler als auch im Nenner der Faktor 3, so dass gekürzt werden kann:

(1.29) $\dfrac{42}{9} = \dfrac{3 \cdot 14}{3 \cdot 3} = \dfrac{14}{3}$

Damit haben sowohl der links als auch der rechts stehende Bruch denselben Nenner, folglich entscheidet der Zähler über das Größenverhältnis:

(1.30) $\left.\begin{array}{l} 4\dfrac{1}{3} = \dfrac{13}{3} \\[2mm] \dfrac{42}{9} = \dfrac{14}{3} \end{array}\right\} \Rightarrow 4\dfrac{1}{3} < \dfrac{42}{9}$

Beispiel 1.3-2: *Welche der folgenden Aussagen ist für m>1 richtig?*

(1.31) $\qquad 1+\dfrac{1}{m}=\dfrac{2}{m}$ *oder* $\quad 1+\dfrac{1}{m}>\dfrac{2}{m}$ *oder* $\quad 1+\dfrac{1}{m}<\dfrac{2}{m}$

Hier geht man in folgender Weise vor: Die Summe auf der linken Seite wird mit Hilfe des Hauptnenners m in einen gemeinen Bruch umgeformt:

(1.32) $\qquad 1+\dfrac{1}{m}=\dfrac{m}{m}+\dfrac{1}{m}=\dfrac{m+1}{m}$

Jetzt können zwei gleichnamige Brüche verglichen werden: Unter Ausnutzung der Tatsache, dass für m>1 die Summe m+1 größer als 2 wird, ergibt sich

(1.33) $\qquad m>1\Rightarrow m+1>2\Rightarrow\dfrac{m+1}{m}>\dfrac{2}{m}$

Zusammengefasst erhält man als Lösung der Aufgabe die Beziehung

(1.34) $\qquad 1+\dfrac{1}{m}>\dfrac{2}{m}$

Beispiel 1.3-3: *Ist*

(1.35) $\qquad \dfrac{u-v}{v-u}$

positiv oder negativ? Die Antwort findet man, wenn man sich überlegt, dass gilt

(1.36) $\qquad u-v=-(v-u)$.

Folglich erhält man nach dem Kürzen mit dem gemeinsamen Faktor (v–u) den Wert –1:

(1.37) $\qquad \dfrac{u-v}{v-u}=\dfrac{-(v-u)}{v-u}=\dfrac{(-1)(v-u)}{v-u}=\dfrac{-1}{1}=-1$

Der Bruch aus (1.35) ist also negativ.

1.3.2 Aufgaben

Sind die folgenden Aussagen richtig?

(1.38) $\qquad \dfrac{4}{11}+\dfrac{2}{3}+\dfrac{7}{6}>2$

(1.39) $\qquad \dfrac{4x-4}{9-9x}+\dfrac{15}{27}>1$

(1.40) $\qquad \dfrac{u-1}{u^{2}+u}-\dfrac{u+1}{u^{2}-u}+\dfrac{4}{u^{2}-1}=0$

Wenn anstelle ausführlicher Lösungen nur die Ergebnisse angegeben sind, dann findet man die
ausführlichen Lösungen im Internet unter
www.w-g-m.de/bwl-ueb.html

1.3.3 Lösungen

(1.38_L) $\dfrac{4}{11}+\dfrac{2}{3}+\dfrac{7}{6}=\dfrac{24+44+77}{66}=\dfrac{145}{66}>2$ – die Aussage ist richtig.

(1.39_L) Die Aussage ist falsch.

(1.40_L) Die Aussage ist richtig.

2. Erweitertes Handwerkszeug

2.1 Potenzen, Wurzeln, Logarithmen

2.1.1 Beispiele dafür, wie es richtig gemacht wird

Beispiel 2.1-1: *Der folgende Ausdruck ist so weit wie möglich zu vereinfachen:*

$$(2.01) \qquad \frac{(-a)^7 (-a)^{2n}}{(-a)^{n-4}}$$

Die richtige Anwendung der Regel über Multiplikation und Division von Potenzen mit gleicher Basis *führt sofort zum Ergebnis:*

$$(2.02) \qquad = (-a)^{7+2n-(n-4)} = (-a)^{11+n}$$

Beispiel 2.1-2: *Man vereinfache*

$$(2.03) \qquad \frac{(21r^4 s^3 t)^3}{(6r^4 s^5 t)^3} : \frac{(7r^3 s^2 t^2)^5}{(14r^5 s^6 t^4)^2}$$

Zuerst sollte man sich hier vom Divisions-Doppelpunkt verabschieden und den Ausdruck als Doppelbruch *schreiben.*

Danach ist die Regel anzuwenden, dass ein Bruch durch einen Bruch dividiert wird, indem mit dem Kehrwert des Nennerbruches *multipliziert wird:*

$$(2.04) \qquad = \frac{\dfrac{(21r^4 s^3 t)^3}{(6r^4 s^5 t)^3}}{\dfrac{(7r^3 s^2 t^2)^5}{(14r^5 s^6 t^4)^2}} = \frac{(21r^4 s^3 t)^3}{(6r^4 s^5 t)^3} \frac{(14r^5 s^6 t^4)^2}{(7r^3 s^2 t^2)^5}$$

Anschließend werden unter Anwendung der drei wichtigen Potenzgesetze

$$(2.05) \qquad (a \cdot b)^n = a^n \cdot b^n \qquad \left(\frac{a}{b}\right)^n = \frac{a^n}{b^n} \qquad (a^m)^n = a^{m \cdot n}$$

Zähler- und der Nennerbruch vereinfacht, dann wird zusammengefasst:

$$(2.06) \qquad = \frac{21^3 14^2 r^{22} s^{21} t^{11}}{6^3 7^5 r^{27} s^{25} t^{13}} = \left(\frac{21}{6}\right)^3 \left(\frac{14^2}{7^5}\right) r^{-5} s^{-4} t^{-2} = \left(\frac{7}{2}\right)^3 \left(\frac{(2 \cdot 7)^2}{7^5}\right) \frac{1}{r^5 s^4 t^2} = \frac{1}{2} \frac{1}{r^5 s^4 t^2}$$

Die *Regeln der Potenzrechnung* sind ebenfalls hilfreich, wenn Terme mit Wurzeln zusammenzufassen sind. Denn zwischen Wurzeln und Potenzen besteht der Zusammenhang

$$(2.07) \qquad \sqrt[n]{a} = a^{\frac{1}{n}} \;,$$

mit denen sich die Potenzgesetze auf die n-ten Wurzeln übertragen lassen.

Beispiel 2.1-3: *Man vereinfache den Term*

$$(2.08) \qquad \sqrt{\sqrt[5]{x^4}}$$

Wenn der Wurzelexponent fehlt, handelt es sich um die Quadratwurzel (zweite Wurzel). Durch Umschreiben der Wurzeln in Potenzen mit gebrochenen Exponenten erhält man die Lösung:

$$(2.09) \qquad = (\sqrt[5]{x^4})^{\frac{1}{2}} = (x^{\frac{4}{5}})^{\frac{1}{2}} = x^{\frac{4}{10}} = x^{\frac{2}{5}} = \sqrt[5]{x^2}$$

Beispiel 2.1-4: *Man vereinfache den folgenden Ausdruck:*

$$(2.10) \qquad (\sqrt[3]{\sqrt[6]{u}} \cdot \sqrt[9]{\sqrt{u^4}}) : (\sqrt[18]{u^{-7}} \cdot \sqrt[9]{\frac{1}{u^3}})$$

Wieder sollte zuerst von der Schreibweise mit dem Divisions-Doppelpunkt zur Bruch-Schreibweise übergegangen werden.

Dann werden in Zähler und Nenner Potenzschreibweisen benutzt und die Gesetze der Potenzrechnung angewandt:

$$(2.11) \qquad = \frac{(\sqrt[3]{\sqrt[6]{u}} \cdot \sqrt[9]{\sqrt{u^4}})}{(\sqrt[18]{u^{-7}} \cdot \sqrt[9]{\frac{1}{u^3}})} = \frac{(u^{\frac{1}{6}})^{\frac{1}{3}} (u^{\frac{4}{2}})^{\frac{1}{9}}}{(u^{-7})^{\frac{1}{18}} (u^{-3})^{\frac{1}{9}}} = \frac{u^{\frac{1}{18}} u^{\frac{2}{9}}}{u^{\frac{-7}{18}} u^{\frac{-3}{9}}} = \frac{u^{\frac{5}{18}}}{u^{\frac{-13}{18}}} = u^{\frac{5}{18}+\frac{13}{18}} = u$$

Beispiel 2.1-5: *Zu vereinfachen ist*

$$(2.12) \qquad \frac{a-b}{\sqrt{a}-\sqrt{b}} - \frac{a-b}{\sqrt{a}+\sqrt{b}}$$

Ungleichnamige Brüche werden addiert, indem zuerst nach einem Hauptnenner *gesucht wird. Hier entsteht der Hauptnenner als* Produkt der beiden Teilnenner:

$$(2.13) \qquad = \frac{(a-b)(\sqrt{a}+\sqrt{b})}{(\sqrt{a}-\sqrt{b})(\sqrt{a}+\sqrt{b})} - \frac{(a-b)(\sqrt{a}-\sqrt{b})}{(\sqrt{a}-\sqrt{b})(\sqrt{a}+\sqrt{b})} = \frac{2(a-b)\sqrt{b}}{(\sqrt{a}-\sqrt{b})(\sqrt{a}+\sqrt{b})}$$

Im Nenner ist die Anwendbarkeit einer binomischen Formel (häufig wird sie als dritte binomische Formel bezeichnet) zu erkennen.

Damit ergibt sich die folgende Lösung:

$$(2.14) \qquad \frac{2(a-b)\sqrt{b}}{(\sqrt{a}-\sqrt{b})(\sqrt{a}+\sqrt{b})} = \frac{2(a-b)\sqrt{b}}{((\sqrt{a})^2 - (\sqrt{b})^2)} = \frac{2(a-b)\sqrt{b}}{(a-b)} = 2\sqrt{b}$$

> *Der Umgang mit Logarithmen wird von vielen Studierenden als schwierig empfunden, obwohl es mit Hilfe der Definition doch eigentlich nicht kompliziert sein sollte, sauber mit Logarithmen zu arbeiten.*

Gemäß Definition des Logarithmus gilt

$$(2.15) \qquad a^c = b \Leftrightarrow c = \log_a b \qquad a > 0, b > 0, a \neq 1$$

Man kann also sagen $8^3 = 512$ ist gleichbedeutend mit $3 = \log_8 512$.

Auch gebrochene Zahlen können als Logarithmen auftreten:

$$(2.16) \qquad \log_{81} 3 = \frac{1}{4} \Leftrightarrow 81^{\frac{1}{4}} = \sqrt[4]{81} = 3$$

Weitere ausführliche Erklärungen und Beispiele zum Logarithmenbegriff können u. a. im Buch „Mathematik für BWL-Bachelor" [51] im Abschnitt 2.1.7 nachgelesen werden. Die drei wichtigsten Logarithmengesetze sollen trotzdem wegen ihrer Bedeutung hier noch einmal wiederholt werden:

$$(2.17) \qquad \begin{array}{ll} \log_c(a \cdot b) = \log_c a + \log_c b & \Leftrightarrow \log_c a + \log_c b = \log_c(a \cdot b) \\[2mm] \log_c(\frac{a}{b}) = \log_c a - \log_c b & \Leftrightarrow \log_c a - \log_c b = \log_c(\frac{a}{b}) \\[2mm] \log_c(a^n) = n \cdot \log_c a & \Leftrightarrow n \cdot \log_c a = \log_c(a^n) \end{array}$$

Das Nichtbeachten der Logarithmen-Eigenschaften und Logarithmen-Gesetze ist eine häufige Fehlerquelle. Wird zum Beispiel die Aufgabe gestellt, die Gleichung

$$(2.18) \qquad \ln y = -3 \ln x$$

nach y aufzulösen, dann findet sich im Publikum nicht selten jemand, der vorschlägt, beide Seiten dieser Gleichung „durch ln zu teilen" – was natürlich völlig unsinnig ist. Richtig dagegen ist, das in (2.17) genannte dritte Gesetz anzuwenden:

$$(2.19) \qquad \ln y = -3 \ln x = \ln(x^{-3}) \Rightarrow y = x^{-3} = \frac{1}{x^3}$$

Die Arbeit mit Logarithmen ist besonders in der Finanzmathematik wichtig, wenn z. B. nach Laufzeiten bei Sparprozessen mit regelmäßigen Einzahlungen gefragt wird.

Beispiel 2.1-6: *Frau Sicherlich zahlt das in ihrem Unternehmen gewährte Weihnachtsgeld von 500 € am Jahresende auf ein mit i=4% p. a. verzinstes Sparbuch ein.*

Wie viele Jahre müsste sie einzahlen, um 10.000 € am Jahresende des letzten Einzahlungsjahres erhalten zu können? Mit Hilfe der passenden Formel aus der Finanzmathematik (siehe zum Beispiel in [30]) findet man die Bestimmungsgleichung für das Endkapital Kn :

$$(2.20) \qquad K_n = r \frac{(1+i)^n - 1}{i} \xrightarrow{r=500, i=0,04, K_n=10000} 10000 = 500 \frac{(1+0,04)^n - 1}{0,04}$$

Die erhaltene Gleichung wird zuerst zahlenmäßig vereinfacht:

$$(2.21) \qquad \frac{10000}{500} 0,04 + 1 = (1+0,04)^n \Leftrightarrow 1,8 = 1,04^n$$

Da sowohl die linke als auch die rechte Seite der entstehenden Gleichung positiv sind, dürfen beide Seiten mit einer beliebigen Basis logarithmiert werden. Man benutzt dafür im Allgemeinen den natürlichen Logarithmus, für dessen Auswertung sich selbst auf dem billigsten Taschenrechner eine Taste findet:

$$(2.22) \qquad \begin{array}{l} \ln 1,8 = \ln(1,04^n) = n \ln 1,04 \\[3mm] n = \dfrac{\ln 1,8}{\ln 1,04} = 14,986 \end{array}$$

Vergessen wir den Antwortsatz *nicht – ohne diesen ist die Aufgabe nicht gelöst:*

Antwortsatz: *Die genannte Dame muss 15 Jahre lang einzahlen, um schließlich den Betrag von 10.000 € erhalten zu können.*

2.1.2 Aufgaben

Aufgabe 2.1-1: Man vereinfache die folgenden Terme:

(2.23) $(\dfrac{v^{-2}x^2}{u^3y^{-4}})^{-2} : (\dfrac{y^{-1}u^2}{x^2v^0})^3$

(2.24) $\sqrt[5]{\sqrt[3]{x^5y^{10}z^{15}}}$

(2.25) $\sqrt{\dfrac{x}{y}} \cdot \sqrt[12]{\dfrac{y^3}{x}} : \sqrt[4]{\dfrac{y}{x}}$

Aufgabe 2.1-2: Man bestimme x aus folgenden Gleichungen:

(2.26) $\log_2 x = 5$

(2.27) $\log_x 0{,}5 = -1$

(2.28) $\log_{0,3} x = 4$

(2.29) $x = \log_a \sqrt[n]{a}$

(2.30) $\log_x 25 = 2$

(2.31) $x = \log_k \sqrt[3]{k^6}$

2.1.3 Lösungen

Wenn anstelle ausführlicher Lösungen nur die Ergebnisse angegeben sind, dann findet man die ausführlichen Lösungen im Internet unter
www.w-g-m.de/bwl-ueb.html

Lösungen zur Aufgabe 2.1-1:

(2.23_L) $(\dfrac{v^{-2}x^2}{u^3y^{-4}})^{-2} : (\dfrac{y^{-1}u^2}{x^2v^0})^3 = \dfrac{x^2v^4}{y^5}$

(2.24_L) $\sqrt[5]{\sqrt[3]{x^5y^{10}z^{15}}} = z\sqrt[3]{x \cdot y^2}$

(2.25_L) $\sqrt{\dfrac{x}{y}} \cdot \sqrt[12]{\dfrac{y^3}{x}} : \sqrt[4]{\dfrac{y}{x}} = \dfrac{\sqrt{\dfrac{x}{y}} \cdot \sqrt[12]{\dfrac{y^3}{x}}}{\sqrt[4]{\dfrac{y}{x}}} = \dfrac{(x^{\frac{1}{2}}y^{-\frac{1}{2}})(y^{\frac{3}{12}}x^{-\frac{1}{12}})}{y^{\frac{1}{4}}x^{-\frac{1}{4}}}$

$= \dfrac{x^{\frac{1}{2}}y^{\frac{1}{4}}x^{\frac{1}{4}}}{y^{\frac{1}{2}}y^{\frac{1}{4}}x^{\frac{1}{12}}} = \dfrac{x^{\frac{3}{4}-\frac{1}{12}}}{y^{\frac{1}{2}}} = \dfrac{x^{\frac{2}{3}}}{y^{\frac{1}{2}}} = \dfrac{\sqrt[3]{x^2}}{\sqrt{y}}$

Lösungen zur Aufgabe 2.1-2:

(2.26_L) $\quad \log_2 x = 5 \rightarrow 2^5 = x \rightarrow x = 32$

(2.27_L) $\quad \log_x 0,5 = -1 \rightarrow x^{-1} = 0,5 \rightarrow \dfrac{1}{x} = \dfrac{1}{2} \rightarrow x = 2$

(2.28_L) $\quad \log_{0,3} x = 4 \rightarrow x = 0,0081$

(2.29_L) $\quad x = \log_a \sqrt[n]{a} \rightarrow x = \log_a a^{\frac{1}{n}} \rightarrow x = \dfrac{1}{n}$

(2.30_L) $\quad \log_x 25 = 2 \rightarrow x = 5$

(2.31_L) $\quad x = \log_k \sqrt[3]{k^6} = \log_k k^{\frac{6}{3}} = \log_k k^2 = 2\log_k k = 2$

2.2 Gleichungen

Das Lösen von Gleichungen ist eine in der Analysis vielfach benötigte Arbeitstechnik, bei der es oft zu – vermeidbaren – Fehlern kommt.

> Die zulässigen Operationen für das Lösen von linearen und quadratischen Gleichungen sind im Buch „Mathematik für BWL-Bachelor" [51] in den Abschnitten 2.2.1 und 2.2.2 zusammengestellt.

2.2.1 Beispiele dafür, wie es richtig gemacht wird

Beispiel 2.2-1: Bestimmen Sie alle Werte von x, die die Gleichung

(2.32) $\quad 5(2x - 3) + 3(4 - x) - 2(x + 7) = 2x - 4 + 2(6 - x)$

erfüllen.

Wie geht man vor? Zunächst werden alle Klammern aufgelöst, und es wird auf beiden Seiten der Gleichung so weit wie möglich zusammengefasst:

(2.33)
$$10x - 15 + 12 - 3x - 2x - 14 = 2x - 4 + 12 - 2x$$
$$5x - 17 = 8$$

Die beiden erlaubten Operationen „Addition von 17" und „Division durch 5", nacheinander angewandt auf beide Seiten der Gleichung, liefern dann das Ergebnis:

(2.34)
$$5x - 17 = 8 \quad | +17$$
$$5x = 25 \quad |: 5$$
$$x = 5$$

Beispiel 2.2-2: Bestimmen Sie alle Werte von x, die die Gleichung

(2.35) $\quad (a + x)(b - x) = (a - x)(b + x)$

erfüllen.

Mit der linken und rechten Seite der Gleichung werden vier erlaubte Rechenoperationen vollzogen:

$$ab + bx - ax - x^2 = ab - bx + ax - x^2 \quad | -ab + x^2 + bx - ax$$

(2.36)

$$2bx - 2ax = 0$$

Nach dem Ausklammern des gemeinsamen Faktors 2x finden wir eine Gleichung vor, die ohne *eine Fallunterscheidung* nicht weiter behandelt werden kann:

(2.37) $2(b-a)x = 0$

Fallunterscheidung: Betrachten wir zuerst den Fall, dass die Differenz (b–a) von Null verschieden ist. Dann können beide Seiten der Gleichung (2.37) durch 2(b–a) dividiert werden, man erhält einen x-Wert als Lösung:

(2.38) $(b-a) \neq 0 \rightarrow x = \dfrac{0}{2(b-a)} = 0$

Falls aber die Differenz (b–a) gleich null sein sollte, dann entsteht für jede beliebige reelle Zahl x die wahre Aussage 0=0. Die Gleichung (2.35) besitzt dann unendlich viele Lösungen.

Beispiel 2.2-3: *Bestimmen Sie alle Werte von x, die die Gleichung*

(2.39) $\dfrac{1+x}{1-x} = \dfrac{2-x}{x+8}$

erfüllen.

Zunächst muss festgehalten werden, dass keiner der beiden Nenner Null werden darf, das heißt, es muss x≠1 und x≠−8 gefordert werden.

Nach dieser Vorüberlegung werden beide Seiten der Gleichung mit dem Hauptnenner (1−x)(x+8) multipliziert. Damit ergibt sich als Lösung der Wert x=−1/2 :

(2.40)

$$\frac{1+x}{1-x} = \frac{2-x}{x+8} \qquad | (1-x)(x+8)$$

$$(1+x)(x+8) = (2-x)(1-x)$$

$$x^2 + 9x + 8 = x^2 - 3x + 2 \qquad | -x^2 + 3x$$

$$12x + 8 = 2 \qquad | -8$$

$$12x = -6 \qquad | :12$$

$$x = -\frac{1}{2}$$

Beispiel 2.2-4: *Bestimmen Sie alle Werte von x, die die Gleichung*

(2.41) $\dfrac{x+4}{x+1} - \dfrac{2x}{x-1} = \dfrac{x^2}{1-x^2}$

erfüllen.

Die Gleichung ist nur sinnvoll für x≠1 und x≠−1, nur dort sind die verwendeten Nenner un-gleich Null. Beachtet man ferner, dass nach einer binomischen Formel (x+1)(x−1)=x²−1 ist, so kann die Gleichung mit dem Hauptnenner x²−1 multipliziert werden. Das führt zur Lösung:

(2.42)
$$(x+4)(x-1) - 2x(x+1) = -x^2$$
$$\rightarrow x = 4$$

> *In den Beispielen 2.2-3 und 2.2-4 trat zwar in der Aufgabenstellung oder während der Rechnung die Unbekannte x in zweiter Potenz als x² auf, da der Term x² aber später verschwand, handelte es sich in den genannten Beispielen nicht um quadratische Gleichungen. Sie liegen dann vor, wenn bis zum Schluss der Rechnung das x² erhalten bleibt.*

In solchen Fällen versucht man zunächst, die Normalform einer quadratischen Gleichung

(2.43) $x^2 + px + q = 0$

zu erhalten.

Dann kann man mit der so genannten p-q-Formel (2.44) zu einer Lösungsaussage der Gleichung kommen:

(2.44) $x_{1,2} = -\dfrac{p}{2} \pm \sqrt{(\dfrac{p}{2})^2 - q}$

Beispiel 2.2-5: *Bestimmen Sie alle Werte von x, die die Gleichung*

(2.45) $(x-5)(x-7) = (x+4)(9-x) - 31$

erfüllen.

Nach dem Ausmultiplizieren beider Seiten und Zusammenfassung entsteht hier eine quadratische Gleichung in ihrer Normalform:

(2.46) $x^2 - \dfrac{17}{2}x + 15 = 0$

Man erkennt p=−17/2 und q=15. Diese Werte werden in die p-q-Formel (2.44) eingesetzt:

$$x_{1,2} = -\frac{(-\frac{17}{2})}{2} \pm \sqrt{\left(\frac{(-\frac{17}{2})}{2}\right)^2 - 15}$$

(2.47) $x_{1,2} = \dfrac{17}{4} \pm \sqrt{(\dfrac{-17}{4})^2 - 15}$

$$x_{1,2} = \frac{17}{4} \pm \sqrt{\frac{289}{16} - 15}$$

$$x_{1,2} = \frac{17}{4} \pm \sqrt{\frac{49}{16}} = \frac{17}{4} \pm \frac{7}{4}$$

Es ist erkennbar: Die Gleichung (2.45), die sich während der Rechnung als quadratische Glei-chung erwiesen hat, besitzt zwei Lösungen:

$$(2.48) \qquad x_1 = \frac{17}{4} + \frac{7}{4} = 6 \qquad x_2 = \frac{17}{4} - \frac{7}{4} = \frac{5}{2}$$

Beispiel 2.2-6: *Bestimmen Sie alle Werte von x, die die Gleichung*

$$(2.49) \qquad (x+1)(x+3) = (x+9)(1-x) - 32$$

erfüllen.

Wieder wird auf beiden Seiten ausmultipliziert, und nach der Zusammenfassung zeigt sich, dass x^2 nicht verschwinden wird:

$$(2.50) \qquad x^2 + 4x + 3 = -x^2 - 8x + 9 - 32$$

Folglich liegt eine quadratische Gleichung vor, und die Normalform (2.43) ist anzustreben:

$$2x^2 + 12x + 26 = 0 \quad |: 2$$
$$(2.51) \qquad x^2 + 6x + 13 = 0$$
$$x_{1,2} = -\frac{6}{2} \pm \sqrt{(\frac{6}{2})^2 - 13} = -3 \pm \sqrt{9-13}$$

Die Anwendung der p-q-Formel führt zu einem negativen Radikanden *(das ist der Wert unter dem Wurzelzeichen). Folglich hat die Gleichung (2.49) im Bereich der reellen Zahlen keine Lösung.*

Beispiel 2.2-7: *Bestimmen Sie alle Werte von x, die die Gleichung*

$$(2.52) \qquad (x+2)^2 + 4 = (2x-5)^2 + 31$$

erfüllen.

Auf beiden Seiten werden die binomischen Formeln benutzt, und nach der Zusammenfassung zeigt sich erneut, dass x^2 nicht verschwinden wird.

Die Anwendung der p-q-Formel liefert ein überraschendes Ergebnis:

$$x^2 + 4x + 4 + 4 = 4x^2 - 20x + 25 + 31$$
$$3x^2 - 24x + 48 = 0 \quad |: 3$$
$$(2.53) \qquad x^2 - 8x + 16 = 0$$
$$x_{1,2} = -(-\frac{8}{2}) \pm \sqrt{(-\frac{8}{2})^2 - 16} = 4 \pm \sqrt{16-16} = 4$$

Da unter dem Wurzelzeichen eine Null entsteht, fallen die beiden Lösungen x_1 und x_2 zusammen – die Gleichung (2.52) hat nur den Wert 4 als Lösung.

Man spricht in solchen Fällen von einer so genannten Doppellösung.

2.2.2 Aufgaben

Aufgabe 2.2-1: Man löse die folgenden Gleichungen

(2.54) $\quad 13 - (5x + 2) = 8x - 20 - (x - 7)$

(2.55) $\quad 3(5x - 7a) + 5(3b - 7x) = 7(5b - 3a)$

(2.56) $\quad (3x - 2)(x + 7) - (4x - 1)(1 + x) = (x - 2)(5 - x)$

(2.57) $\quad \dfrac{x+1}{15} + \dfrac{2x-10}{5} = 3 - \dfrac{3x-16}{3}$

(2.58) $\quad \dfrac{5x-1}{2x-1} - \dfrac{5x+2}{4x-2} - \dfrac{4x-1}{6x-3} + \dfrac{7x-2}{8x-4} = 1$

(2.59) $\quad \dfrac{1}{8-4x} - \dfrac{1}{8} + \dfrac{x}{16+8x} = \dfrac{x+5}{16-4x^2}$

Aufgabe 2.2-2: Man löse die folgenden Gleichungen

(2.60) $\quad x^2 + 22x + 112 = 0$

(2.61) $\quad \dfrac{3}{8}x^2 - \dfrac{9}{20}x + \dfrac{2}{15} = 0$

(2.62) $\quad (x - 4)^2 + (x - 7)^2 = 29$

(2.63) $\quad \dfrac{2x+1}{x-1} - \dfrac{3x-4}{x+1} = \dfrac{3x+3}{x^2-1}$

(2.64) $\quad \dfrac{x-3}{2x+7} = \dfrac{3x+1}{x-5}$

(2.65) $\quad a^2 + \dfrac{a^2 - b^2}{x^2 - 2x} = \dfrac{b^2(x+2)}{x-2}$

> Wenn anstelle ausführlicher Lösungen nur die Ergebnisse angegeben sind, dann findet man die ausführlichen Lösungen im Internet unter
> www.w-g-m.de/bwl-ueb.html

2.2.3 Lösungen

Lösungen zur Aufgabe 2.2-1:

(2.54_L) $\quad 13 - (5x + 2) = 8x - 20 - (x - 7) \to x = 2$

(2.55_L) $\quad 3(5x - 7a) + 5(3b - 7x) = 7(5b - 3a) \to x = -b$

(2.56_L) $\quad (3x - 2)(x + 7) - (4x - 1)(1 + x) = (x - 2)(5 - x) \to x = \dfrac{1}{3}$

(2.57_L) $\quad \dfrac{x+1}{15} + \dfrac{2x-10}{5} = 3 - \dfrac{3x-16}{3} \to x = 7$

$$\frac{5x-1}{2x-1}-\frac{5x+2}{2(2x-1)}-\frac{4x-1}{3(2x-1)}+\frac{7x-2}{4(2x-1)}=1 \mid \cdot 12(2x-1) \quad x \neq \frac{1}{2}$$

$$12(5x-1)-6(5x+2)-4(4x-1)+3(7x-2)=12(2x-1)$$

$$11x=14$$

(2.58_L)

$$x=\frac{14}{11}$$

(2.59_L) $\dfrac{1}{8-4x}-\dfrac{1}{8}+\dfrac{x}{16+8x}=\dfrac{x+5}{16-4x^2} \rightarrow x=5 \qquad \mid x \mid \neq 2$

Lösungen zur Aufgabe 2.2-2:

(2.60_L) $x^2+22x+112=0 \rightarrow x_1=-8 \quad x_2=-14$

(2.61_L) $\dfrac{3}{8}x^2-\dfrac{9}{20}x+\dfrac{2}{15}=0 \rightarrow x_1=\dfrac{2}{3} \quad x_2=\dfrac{8}{15}$

(2.62_L) $(x-4)^2+(x-7)^2=29 \rightarrow x_1=9 \quad x_2=2$

(2.63_L) Vor Beginn der Rechnung müssen die beiden Werte x=1 und x=−1 ausgeschlossen werden, denn es darf kein Nenner Null werden. Dann wird gerechnet:

$$\frac{2x+1}{x-1}-\frac{3x-4}{x+1}=\frac{3x+3}{x^2-1} \qquad \mid \cdot (x^2-1)$$

$$(2x+1)(x+1)-(3x-4)(x-1)=3x+3$$

$$x^2-7x+6=0 \rightarrow x_1=6 \quad x_2=1$$

Das Rechenergebnis liefert nun doch die Zahl x=1, die ausgeschlossen werden musste. Also besitzt die Gleichung (2.63) nur die eine Lösung x=6.

(2.64_L) $\dfrac{x-3}{2x+7}=\dfrac{3x+1}{x-5} \rightarrow x_{1,2}=-\dfrac{31}{10}\pm\sqrt{\dfrac{961}{100}+\dfrac{8}{5}}$

(2.65_L) $a^2+\dfrac{a^2-b^2}{x^2-2x}=\dfrac{b^2(x+2)}{x-2}$

$\qquad\qquad x_1=\dfrac{a+b}{a-b} \qquad x_2=\dfrac{a-b}{a+b}$

2.3 Anwendungen von Gleichungen

2.3.1 Beispiele dafür, wie es richtig gemacht wird

Beispiel 2.3-1: *Eine Abiturklasse hat sich verpflichtet, zur Verschönerung der Außenanlagen des Gymnasiums eine Anzahl von freiwilligen Arbeitsstunden zu leisten.*

Arbeitet jeder Schüler 30 Stunden, wird die Verpflichtung mit 70 Stunden übererfüllt. Wenn jeder Schüler nur 25 Stunden arbeitet, fehlen noch 25 Stunden zur Erfüllung der Verpflichtung.

Wie viele Schüler gehören zur Abiturklasse? Zu wie vielen Stunden hat sich die Klasse verpflichtet?

> Die Umsetzung der verbalen Aufgabenstellung in mathematischen Formalismus nennt man **mathematische Modellierung**, in deren Ergebnis das **mathematische Modell** der Aufgabenstellung entsteht.

Mathematische Modellierung: *Zuerst wird festgestellt, was zu berechnen ist, welche und wie viele Unbekannte es gibt. Dafür werden Buchstaben verwendet, üblich sind x und y:*

$$\text{Anzahl der Schüler: } x$$

$$\text{Anzahl der Stunden: } y$$

Aus dem Text werden nun die Beziehungen zwischen den Unbekannten entnommen:

(2.66a) $\quad 30x = y + 70$

(2.66b) $\quad 25x = y - 25$

Mit der Festlegung der Bedeutung der beiden Unbekannten x und y sowie mit den beiden Gleichungen (2.66a) und (2.66b) ist das mathematische Modell des Beispiels gefunden.

Die Lösung dieser zwei Gleichungen mit zwei Unbekannten kann z. B. nach der Einsetzmethode erfolgen: Die zweite Gleichung (2.66b) wird nach y aufgelöst und in die erste Gleichung (2.66a) eingesetzt:

(2.66c) $\quad 30x = (25x + 25) + 70$

Daraus ergibt sich x = 19. Nach Einsetzen in eine der beiden Gleichungen folgt y = 500.

Weil die Aufgabe in Worten formuliert war, muss auch ihre endgültige Lösung in Worten angegeben werden – es muss ein Antwortsatz formuliert werden:

Die 19 Schüler der Abiturklasse haben sich zu 500 Arbeitsstunden verpflichtet.

Beispiel 2.3-2: *Ein Facharbeiter benötigt zur Endmontage einer Apparatur 5 ½ Tage, ein anderer für die gleiche Arbeit 7 Tage. Wie viele Tage brauchen sie gemeinsam, wenn der erste Arbeiter erst zwei Tage später als der zweite mitarbeitet?*

Mathematische Modellierung: *Gesucht ist die Anzahl der Tage x bei gemeinsamer Arbeit.*

Da der Arbeiter A allein 5 ½ Tage benötigt, schafft er an einem Tag 2/11 der Apparatur. Dagegen schafft der Arbeiter B an einem Tag 1/7 der Apparatur.

Wenn wir die (unbekannte) Anzahl der Tage, an denen die beiden Arbeiter gemeinsam tätig sind, mit x bezeichnen, so ergibt sich unter Berücksichtigung der vorher stattfindenden zwei einsamen Tage von Arbeiter B für x die Gleichung

(2.67) $2 \cdot \dfrac{1}{7} + x \cdot (\dfrac{1}{7} + \dfrac{2}{11}) = 1$.

Diese Gleichung wird nach x aufgelöst, und man erhält x=11/5 .

Antwortsatz: *Beide Arbeiter müssen gemeinsam 2 1/5 Tage lang arbeiten, damit die Apparatur in 4 1/5 Tagen montiert wird.*

2.3.2 Übungen mit Anwendungsaufgaben

Aufgabe 2.3-1: Aus einem Motorradtank, von dessen Inhalt 20 Prozent verbraucht waren, wurden noch 2,4 Liter Benzin abgelassen. Im Tank verblieb danach ein Rest von 2/3 des gesamten Tankinhalts. Wie viele Liter Kraftstoff fasst der Tank?

Aufgabe 2.3-2: Zum Entleeren eines Beckens benötigt eine Pumpe vier Stunden und 30 Minuten. Eine andere Pumpe benötigt dafür 6,75 Stunden.

In welcher Zeit wird das Becken geleert, wenn beide Pumpen gleichzeitig arbeiten?

2.3.3 Lösungen

Wenn anstelle ausführlicher Lösungen nur die Ergebnisse angegeben sind, dann findet man die ausführlichen Lösungen im Internet unter

www.w-g-m.de/bwl-ueb.html

Lösung zur Aufgabe 2.3-1: *Antwortsatz:* Der Tank fasst 18 Liter Benzin.

Lösung zur Aufgabe 2.3-2: Pumpe 1 braucht 4,5 Stunden, d.h. in einer Stunde werden durch sie 2/9 des Beckens geleert. Pumpe 2 leert in einer Stunde 4/27 des Beckens.

Gemeinsam brauchen beide Pumpen x Stunden. Es gilt also

(2.66_L) $x \cdot (\dfrac{2}{9} + \dfrac{4}{27}) = 1 \rightarrow x = \dfrac{27}{10}$

Antwortsatz: Gemeinsam brauchen beide Pumpen 27/10 Stunden, das heißt 2 Stunden und 42 Minuten.

2.4 Ungleichungen

Wie im Buch „Mathematik für BWL-Bachelor" [51] in den Abschnitten 2.2.3 bis 2.2.6 ausführlich dargelegt wird, ist beim Lösen von Ungleichungen ein sehr konzentriertes Arbeiten nötig. Denn das Relationszeichen reagiert – anders als bei den Gleichungen – sehr empfindlich auf Multiplikation oder Division beider Seiten einer Ungleichung mit negativen Zahlen oder Ausdrücken.

2.4.1 Beispiele dafür, wie es richtig gemacht wird

Beispiel 2.4-1: Gesucht sind alle Werte für die Unbekannte x, die die folgende Ungleichung erfüllen:

(2.68) $9x - 8 - 3(x - 2) > 2(x + 3)$

Zuerst wird auf beiden Seiten der Ungleichung ausmultipliziert und zusammengefasst:

(2.69) $6x - 2 > 2x + 6$

Auf beiden Seiten einer Ungleichung dürfen dieselben Ausdrücke addiert werden, links und rechts darf problemlos auch subtrahiert werden:

$$6x - 2 > 2x + 6 \quad | -2x + 2$$

(2.70)

$$4x > 8$$

Um die Unbekannte x auf der linken Seite allein zu erhalten, muss nun eine Division beider Seiten der Ungleichung durch die Zahl 4 folgen.

Dabei ist zu beachten:

> Werden beide Seiten einer Ungleichung durch eine positive Zahl oder einen positiven Ausdruck dividiert, bleibt das Relationszeichen unverändert.

> Erfolgt die Division dagegen durch eine negative Zahl oder einen negativen Ausdruck, so wechselt das Relationszeichen: Aus < wird >, aus > wird dann <.

Da unser Divisor, die Zahl 4, zweifelsohne positiv ist, verändert sich folglich bei der Division beider Seiten der Ungleichung das Relationszeichen nicht:

$$4x > 8 \quad |: 4$$

(2.71)

$$x > 2$$

Angenommen, wir hätten bei der Ungleichung (4.02) auf beiden Seiten sowohl 6x als auch 6 subtrahiert (hätten damit also die Unbekannte x „auf die rechte Seite gebracht"), dann würde sich bei der Division durch minus vier das Relationszeichens verändern:

$$6x - 2 > 2x + 6 \quad | -6x - 6$$

(2.72)

$$-8 > -4x \quad |: (-4)$$

$$2 < x$$

> Die Lösungsmenge der Ungleichung (2.71) kann auf vier Arten beschrieben werden:

- ♦ Mit Worten: Alle Zahlen die auf dem Zahlenstrahl rechts von der Zwei liegen, erfüllen die Ungleichung.

- ♦ Mit einer Skizze, die auf dem Zahlenstrahl den Lösungsbereich deutlich erkennen lässt:

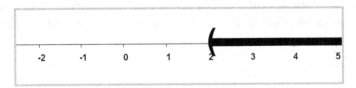

Bild 2.01: Lösungsmenge der Ungleichung (2.71)

- ♦ In Intervallschreibweise: $L = (2, \infty)$

- ♦ In Mengenschreibweise: $L = \{x \in \Re \mid x > 2\}$

Beispiel 2.4-2: *Gesucht sind alle Werte für die Unbekannte x, die die folgende Ungleichung erfüllen:*

$$(2.73) \qquad \frac{10+x}{24x} - \frac{x+4}{12x} \le 1 - \frac{x+3}{8x}$$

Auf beiden Seiten werden durch Verwendung je eines Hauptnenners die Differenzen vereinfacht, schließlich wird mit der positiven Zahl 24 multipliziert:

$$(2.74) \qquad \begin{aligned} \frac{2-x}{24x} &\le \frac{7x-3}{8x} \quad \big| \cdot 24 \\ \frac{2-x}{x} &\le \frac{21x-9}{x} \end{aligned}$$

Jetzt entsteht das typische Problem bei der Lösung von Ungleichungen: Einerseits müssten beide Seiten der Ungleichung nun mit x multipliziert werden – andererseits kann nur dann multipliziert oder dividiert werden, wenn bekannt ist, ob Faktor oder Divisor positiv oder negativ sind.

> Wie kann man diesen scheinbaren Widerspruch lösen?

Der Untersuchungsbereich wird mit Hilfe von Fallunterscheidungen *eingeschränkt:*

Fall 1: *Wir untersuchen zuerst nur den Teil des Zahlenstrahls rechts von Null, das heißt, wir formulieren die Annahme 1: $x>0$. Dann kann mit x multipliziert werden, gemäß Annahme wechselt das Relationszeichen nicht:*

$$(2.75) \qquad \begin{aligned} \frac{2-x}{x} &\le \frac{21x-9}{x} \quad \big| \cdot x \\ 2-x &\le 21x-9 \\ \frac{1}{2} &\le x \end{aligned}$$

Mit der ersten Annahme $x>0$ ergibt sich die erste Schlussfolgerung $x \ge 1/2$.

> Alle x-Werte, die sowohl in der ersten Annahmemenge als auch in der resultierenden ersten Schlussfolgerungsmenge liegen, bilden den ersten Teil der Lösungsmenge L_1:

$$(2.76) \qquad L_1 = \{x \in \Re \mid x \ge \frac{1}{2}\} = [\frac{1}{2}, \infty)$$

Fall 2: *Nun folgt die zweite Annahme, mit $x<0$ wird der Teil des Zahlenstrahles links vom Nullpunkt zum Untersuchungsbereich gemacht. Jetzt ändert sich das Relationszeichen bei der Multiplikation mit x:*

$$(2.77) \qquad \begin{aligned} \frac{2-x}{x} &\le \frac{21x-9}{x} \quad \big| \cdot x \\ 2-x &\ge 21x-9 \\ \frac{1}{2} &\ge x \end{aligned}$$

Mit der zweiten Annahme $x<0$ ergibt sich die zweite Schlussfolgerung $x \le 1/2$.

Alle x-Werte, die sowohl in der zweiten Annahmemenge als auch in der resultierenden zweiten Schlussfolgerungsmenge liegen, bilden den zweiten Teil der Lösungsmenge L_2:

(2.78) $L_2 = \{x \in \Re \mid x < 0\} = (-\infty, 0)$

Die Gesamt-Lösungsmenge L der Ungleichung setzt sich nun zusammen aus allen x-Werten, die entweder im ersten oder im zweiten Teil der Lösungsmenge liegen.

In der Sprache der Mathematik sagt man, die Gesamt-Lösungsmenge ergibt sich als Vereinigung aller Teile der Lösungsmenge:

(2.79) $L = L_1 \cup L_2 = (-\infty, 0) \cup [\frac{1}{2}, +\infty)$

Anhand einer Skizze kann man sich verdeutlichen, dass nur die Zahlen zwischen Null und ½ nicht zur Lösungsmenge gehören, wobei zusätzlich die Null ausgeschlossen werden muss.

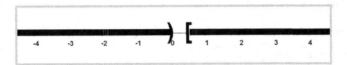

Bild 2.02: Lösungsmenge der Ungleichung (2.76)

Beispiel 2.4-3: *Gesucht sind alle Werte für die Unbekannte x, die die folgende Ungleichung erfüllen:*

(2.80) $(x+3)(2x+1) + 11x + 18 > x(x+5) - 9$

Auf beiden Seiten dieser Ungleichung wird zuerst ausmultipliziert und zusammengefasst. Anschließend wird durch geeignete Subtraktion auf der rechten Seite eine Null erzeugt:

(2.81)
$$2x^2 + 18x + 21 > x^2 + 5x - 9 \quad | -(x^2 + 5x - 9)$$
$$x^2 + 13x + 30 > 0$$

Gesucht sind also alle x-Werte, für die der links stehende quadratische Ausdruck positiv wird. Wie kann man sie finden?

Zunächst wird die Gleichung

(2.82) $x^2 + 13x + 30 = 0$

mit Hilfe der p-q-Formel gelöst:

(2.83) $x_{1,2} = -\frac{13}{2} \pm \sqrt{\frac{169}{4} - 30} \quad \rightarrow \quad x_1 = -3 \quad x_2 = -10$

Mit diesem Ergebnis kann jetzt der quadratische Ausdruck auf der linken Seite von (2.82) als Produkt der beiden Linearfaktoren (x–(–3)) und (x–(–10)) geschrieben werden:

(2.84) $x^2 + 13x + 30 = (x - (-3))(x - (-10)) = (x+3)(x+10)$

Somit ergibt sich folgender Zusammenhang:

(2.85) $x^2 + 13x + 30 > 0 \quad \Leftrightarrow \quad (x+3)(x+10) > 0$

Anstelle nach Lösung der links stehenden quadratischen Ungleichung zu suchen, kann nun überlegt werden, wann ein Produkt positiv werden kann:

Ein Produkt aus zwei Faktoren ist positiv, wenn beide Faktoren das gleiche Vorzeichen haben.

Fall 1: *Es wird zuerst angenommen, dass beide Faktoren positiv sind:*

(2.86)
$$x+3 > 0 \quad \text{und} \quad x+10 > 0$$
$$x > -3 \quad \text{und} \quad x > -10$$

Beide Forderungen werden von x> – 3 erfüllt:

Als erster Teil der Lösungsmenge ergibt sich $L_1 = (-3, \infty)$.

Fall 2: *Es wird angenommen, dass beide Faktoren negativ sind:*

(2.87)
$$x+3 < 0 \quad \text{und} \quad x+10 < 0$$
$$x < -3 \quad \text{und} \quad x < -10$$

Beide Forderungen werden von x< –10 erfüllt:

Als zweiter Teil der Lösungsmenge ergibt sich $L_2 = (-\infty, -10)$

Die Gesamt-Lösungsmenge L ergibt sich als Vereinigung aller Teile der Lösungsmenge:

(2.88)
$$L = L_1 \cup L_2 = (-\infty, -10) \cup (-3, +\infty)$$

2.4.2 Aufgaben

Aufgabe 2.4-1: Man löse die folgenden Ungleichungen:

(2.89)
$$2 + \frac{3(x+1)}{8} < 3 - \frac{x-1}{4}$$

(2.90)
$$\frac{3x-5}{x-1} > 2x-5$$

(2.91)
$$2x^2 - 4x + 3 \le (x+1)(x-9)$$

2.4.3 Lösungen

Wenn anstelle ausführlicher Lösungen nur die Ergebnisse angegeben sind, dann findet man die ausführlichen Lösungen im Internet unter
www.w-g-m.de/bwl-ueb.html

Lösungen zur Aufgabe 2.4-1:

(2.89_L) $2 + \dfrac{3(x+1)}{8} < 3 - \dfrac{x-1}{4} \rightarrow x < \dfrac{7}{5}$

(2.90_L) Ausführliche Lösung der Ungleichung $\dfrac{3x-5}{x-1} > 2x-5$:

Fall 1: Wir grenzen den Untersuchungsbereich auf alle diejenigen x-Werte ein, für die der Nenner auf der linken Seite positiv wird, d.h., wir nehmen an, dass x–1>0 ist:

Annahme 1: $x > 1$.

Unter dieser Annahme kann mit $(x-1)$ multipliziert werden (ohne Änderung des Relationszeichens). Es ergibt sich nach der Division durch minus zwei (bei der das Relationszeichen wechselt) eine *quadratische Ungleichung*:

$$\frac{3x-5}{x-1} > 2x-5 \qquad\qquad |\cdot(x-1)$$

(2.90a_L) $\qquad 3x-5 > (2x-5)(x-1)$

$$-2x^2 + 10x - 10 > 0 \qquad\qquad |:(-2)$$

$$x^2 - 5x + 5 < 0|$$

Die p-q-Formel liefert mit

(2.90b_L) $x_1 = \dfrac{5+\sqrt{5}}{2} \qquad x_2 = \dfrac{5-\sqrt{5}}{2}$

die Grundlage für die Schreibweise der linken Seite der erhaltenen quadratischen Ungleichung als Produkt von zwei Linearfaktoren:

(2.90c_L) $(x - \dfrac{5+\sqrt{5}}{2})(x - \dfrac{5-\sqrt{5}}{2}) < 0$

Damit das Produkt negativ wird, müssen beide Faktoren unterschiedliche Vorzeichen haben:

Fall 1.1: $\begin{cases} x - \dfrac{5+\sqrt{5}}{2} > 0 \\ x - \dfrac{5-\sqrt{5}}{2} < 0 \end{cases}$
$\qquad$ *Fall 1.2:* $\begin{cases} x - \dfrac{5+\sqrt{5}}{2} < 0 \\ x - \dfrac{5-\sqrt{5}}{2} > 0 \end{cases}$

Die Schlussfolgerungsmenge für den Fall 1.1 ist leer: $S_{11} = \varnothing$.

Für den zweiten Fall 1.2 erhält man als Schlussfolgerungsmenge

(2.90d_L) $S_{12} = (\dfrac{5-\sqrt{5}}{2}, \dfrac{5+\sqrt{5}}{2})$

Die Gesamt-Schlussfolgerungsmenge ergibt sich als Vereinigung von S_{11} und S_{12}:

(2.90e_L) $S_1 = S_{11} \cup S_{12} = S_{12} = (\dfrac{5-\sqrt{5}}{2}, \dfrac{5+\sqrt{5}}{2}) \approx (1{,}382 \; ; \; 3{,}618)$

Nun müssen wir uns daran erinnern, dass diese Schlussfolgerungsmenge S_1 entstanden ist aus der Einschränkung des Untersuchungsbereiches auf das Intervall $x > 1$.

> Folglich entsteht der erste Teil der Lösungsmenge aus der Menge aller x-Werte, die sowohl in der Annahmemenge als auch in der Schlussfolgerungsmenge liegen.

Unter Berücksichtigung des Zahlenbereiches (2.90e_L) der Schlussfolgerungsmenge S_1 ergibt sich somit für den *ersten Teil der Lösungsmenge* L_1:

(2.90f_L) $L_1 = S_{12} = (\dfrac{5-\sqrt{5}}{2}, \dfrac{5+\sqrt{5}}{2}) \approx (1{,}382 \; ; \; 3{,}618)$

Fall 2: Wir grenzen jetzt den Untersuchungsbereich auf alle diejenigen x-Werte ein, für die der Nenner auf der linken Seite negativ wird, d. h., wir nehmen an, dass $x-1<0$ ist:

Annahme 2: $x<1$. Unter dieser Annahme muss bei der Multiplikation mit $(x-1)$ auf die *Änderung des Relationszeichens* geachtet werden:

$$\frac{3x-5}{x-1}>2x-5 \qquad |\cdot(x-1)$$

(2.90g_L) $\qquad 3x-5<(2x-5)(x-1)$

$$-2x^2+10x-10<0 \qquad\qquad |:(-2)$$

$$x^2-5x+5>0|$$

Erneute Anwendung der p-q-Formel führt wiederum zur Schreibweise dieser quadratischen Ungleichung als Produkt von Linearfaktoren

(2.90h_L) $\qquad (x-\dfrac{5+\sqrt5}{2})(x-\dfrac{5-\sqrt5}{2})>0$.

Damit das Produkt positiv wird, müssen beide Faktoren gleiche Vorzeichen haben:

Fall 2.1: $\begin{cases} x-\dfrac{5+\sqrt5}{2}>0 \\ x-\dfrac{5-\sqrt5}{2}>0 \end{cases}$ $\qquad\qquad$ *Fall 2.2:* $\begin{cases} x-\dfrac{5+\sqrt5}{2}<0 \\ x-\dfrac{5-\sqrt5}{2}<0 \end{cases}$

Offensichtlich sind für $x>\dfrac{5+\sqrt5}{2}$ d. h. $x>3{,}618$ $\quad$ beide Ungleichungen von Fall 2.1 erfüllt.

Im Fall 2.2 sind beide Ungleichungen erfüllt für $x<\dfrac{5-\sqrt5}{2}$ d.h. $x<1{,}382$.

Folglich besteht die Schlussfolgerungsmenge dieses Falles aus allen x-Werten links von 1,382 und rechts von 3,618:

(2.90i_L) $S_2=(-\infty,1{,}382)\cup(3{,}618,+\infty)$

Erneut müssen wir uns jetzt daran erinnern, dass diese Schlussfolgerungsmenge S_2 entstanden ist aus der Einschränkung des Untersuchungsbereiches auf das Intervall $x<1$.

Folglich entsteht der *zweite Teil der Lösungsmenge* aus der Menge aller x-Werte, die sowohl in der zweiten Annahmemenge $x<1$ als auch in der Schlussfolgerungsmenge S_2 liegen – das sind alle $x<1$:

(2.90j_L) $\quad L_2=(-\infty,1)$

Fassen wir nun zusammen: Die Gesamt-Lösungsmenge L der Ungleichung (2.90_L) ergibt sich aus der Vereinigung der beiden Teil-Lösungsmengen L_1 und L_2:

(2.90k_L) $\quad L=L_1\cup L_1=(-\infty,1)\cup(\dfrac{5-\sqrt5}{2},\dfrac{5+\sqrt5}{2})$

(2.91_L) Die Lösungsmenge der Ungleichung $2x^2-4x+3\le(x+1)(x-9)$ ist leer – es gibt keine reelle Zahl x, die die Ungleichung erfüllt.

2.5 Gleichungen und Ungleichungen mit Beträgen

2.5.1 Beispiele dafür, wie es richtig gemacht wird

Beispiel 2.5-1: *Man löse die Gleichung*

(2.92) $|2x - 6| = 3x - 4$

Es sei zuerst $2x{-}6 \geq 0$*, d. h.* $x \geq 3$*. Wegen der Betragsdefinition (Betragsinhalt ist* nichtnegativ – *die senkrechten Striche werden* durch runde Klammern *ersetzt) entsteht für diese erste An-nahme die Gleichung*

(2.93)
$$2x - 6 = 3x - 4$$
$$-2 = x$$

Damit erhält man die Lösung $x{=}{-}2$*, die aber nicht in der Menge* $A_1 = \{x \mid x \geq 3\}$ *liegt. Die Lösungs-menge für diesen betrachteten Fall wäre leer, d.h.* $L_1 = \varnothing$*.*

Nehmen wir nun an $2x{-}6{<}0$*, d.h.* $x{<}3$*, also* $A_2 = \{x \mid x{<}3\}$*. Jetzt entsteht nach den Regeln der Be-tragesdefinition (Betragsinhalt ist* negativ – *Betragsstriche werden ersetzt durch* Klammern mit vorangestelltem Minuszeichen) *die Gleichung*

(2.94)
$$-(2x - 6) = 3x - 4$$
$$-2x + 6 = 3x - 4$$
$$2 = x$$

Diese Lösung gehört zur Annahmemenge A_2*.*

Insgesamt ergibt sich: Die Gleichung (2.92) hat nur die eine Lösung $x{=}2$*.*

Beispiel 2.5-2: *Man löse die Gleichung*

(2.95) $|x + 3| = |3x - 5|$

Jetzt sind bereits drei Annahmen nötig, denn der links in den Betragsstrichen stehende Ausdruck än-dert sein Vorzeichen bei $x = -3$*, der rechts in den Betragstrichen ändert sein Vorzeichen bei* $x = 5/3$*.*

Stellt man sich den Zahlenstrahl vor, so ergibt sich die folgende Situation:

```
------------------------------ -3 --------------------------- 5/3 ----------------------------->
```

$x + 3 < 0$	$x + 3 \geq 0$	$x + 3 \geq 0$
$3x - 5 < 0$	$3x - 5 < 0$	$3x - 5 \geq 0$
$A_1 = (-\infty, -3)$	$A_2 = [-3, \frac{5}{3})$	$A_3 = [\frac{5}{3}, +\infty)$

Welche Gleichungen entstehen jetzt für diese drei Annahmen?

(2.96) $A_1 = (-\infty, -3):$
$$-(x + 3) = -(3x - 5)$$
$$x + 3 = 3x - 5$$
$$4 = x$$
$$S_1 = \{4\}$$

Der errechnete Wert $x=4$ gehört nicht zur Annahmemenge A_1. Die Teil-Lösungsmenge L_1 ist leer:
$L_1=A_1\cap S_1=\varnothing$.

$$(x+3)=-(3x-5)$$
$$x+3=-3x+5$$

(2.97) $A_2=[-3,\frac{5}{3})$: $\frac{1}{2}=x$

$$S_2=\left\{\frac{1}{2}\right\}$$

Damit erhält man die Lösungsmenge $L_2=A_2\cap S_2=\{1/2\}$.

$$(x+3)=(3x-5)$$
$$x+3=3x-5$$

(2.98) $A_3=[\frac{5}{3},+\infty)$: $4=x$

$$S_3=\{4\}$$

Damit erhält man die Lösungsmenge $L_3=A_3\cap S_3=\{4\}$.

Zusammenfassung: Die Gesamtlösungsmenge dieser Gleichung ergibt sich aus der Vereinigung der drei Teil-Lösungsmengen:

(2.99) $L_G=L_1\cup L_2\cup L_3=\{\frac{1}{2},4\}$

> Beim Lösen einer Ungleichung, die Ausdrücke in Betragsstrichen enthält, geht man analog zum Lösen der Gleichungen vor.

Beispiel 2.5-3: *Man löse die Ungleichung*

(2.100) $|5x-3|>2x+6$

Als erstes nehmen wir an, dass gilt $5x-3\geq 0$.

Daraus ergibt sich als erste Annahmemenge $A_1=\{x\,|\,x\geq 3/5\}$. Unter dieser Annahme kann die Ungleichung nach richtiger Auflösung des Betrages gelöst werden:

(2.101) $5x-3>2x+6$
$$x>3$$

Von den in der Annahmemenge enthaltenen Werten lösen also nur alle x-Werte größer als 3 die Ungleichung, man erhält somit als ersten Teil der Lösungsmenge

(2.102) $L_1=\{x\,|\,x>3\}$

Betrachten wir nun den alternativen Fall $5x-3<0$, die zweite Annahmemenge ergibt sich damit zu $A_2=\{x\,|\,x<3/5\}$. Unter dieser Annahme kann die Ungleichung wieder nach richtiger Auflösung des Betrages gelöst werden:

$$|5x - 3| > 2x + 6$$

$$-(5x - 3) > 2x + 6$$

$$(2.103) \qquad -5x + 3 > 2x + 6$$

$$-\frac{3}{7} > x$$

Jetzt können aus der Annahmemenge A_2 nur diejenigen x-Werte in den zweiten Teil der Lösungsmenge L_2 aufgenommen werden, die kleiner als –3/7 sind:

$$(2.104) \qquad L_2 = \{x \mid x < -\frac{3}{7}\}$$

Die Gesamtlösungsmenge der Ungleichung ergibt sich aus der Vereinigung der beiden Teil-Lösungsmengen:

$$L_G = L_1 \cup L_2 = \{x \mid x < -\frac{3}{7}\} \cup \{x \mid x > 3\}$$

$$(2.105)$$

$$= (-\infty, -\frac{3}{7}) \cup (3, +\infty)$$

Beispiel 2.5-4: *Betrachten wir nun eine Bruch-Ungleichung*

$$(2.106) \qquad \frac{3x - 2}{|x + 2|} \geq 2$$

Da der Nenner immer positiv ist, können wir mit diesem Nenner unter Beibehaltung des Relationszeichens multiplizieren. Wir dürfen nur nicht vergessen, dass zu garantieren ist, dass der Nenner nicht Null wird:

$$(2.107) \qquad 3x - 2 \geq 2 \mid x + 2 \mid \quad x \neq -2$$

In die Annahmemenge A_1 für den ersten betrachteten Fall werden jetzt diejenigen x-Werte aufgenommen, für die der Betragsinhalt positiv ist: $A_1 = \{x \mid x > -2\}$. Damit kann gerechnet werden:

$$3x - 2 \geq 2(x + 2)$$

$$(2.108) \qquad 3x - 2 \geq 2x + 4$$

$$x \geq 6$$

Alle Werte der Annahmenmenge, die größer oder gleich 6 sind, gehören demnach zum ersten Teil der Lösungsmenge:

$$(2.109) \qquad L_1 = \{x \mid x \geq 6\}$$

Betrachten wir nun den Fall $x + 2 < 0$, d.h. $x < -2$, der Betragsinhalt sei nun negativ. Als alternative Annahmemenge ergibt sich nun $A_2 = \{x \mid x < -2\}$:

$$3x - 2 \geq 2|x + 2|$$

$$3x - 2 \geq 2(-(x + 2))$$

$$(2.110) \qquad 3x - 2 \geq -2x - 4$$

$$x \geq -\frac{2}{5}$$

Jetzt ergibt sich ein Widerspruch: Kein x-Wert aus der Annahmemenge A_2 erfüllt diese Bedingung, also ist der zweite Teil der Lösungsmenge leer: $L_2 = \emptyset$. Die Gesamtlösungsmenge der Ungleichung ergibt sich aus der Vereinigung der beiden Teil-Lösungsmengen:

$$(2.111) \quad L_G = L_1 \cup L_2 = \{x \mid x \geq 6\} \cup \emptyset$$
$$= [6,+\infty)$$

Beispiel 2.5-5: *Auch quadratische Ungleichungen können Beträge enthalten: Zu lösen sei die Ungleichung*

$$(2.112) \quad \left|x^2 - 3x\right| + 2 < 4 - 3x$$

Zunächst wollen wir den Fall $x^2\text{–}3x \geq 0$ betrachten, daraus ergibt sich die erste Annahmemenge $A_1 = (-\infty,0] \cup [3,+\infty)$ (d.h. alle x-Werte zwischen 0 und 3 sind ausgeschlossen).

Zu dieser Annahmemenge gelangt man auf folgende Weise:

$$(2.113) \quad \begin{aligned} x^2 - 3x \geq 0 \\ x(x-3) \geq 0 \end{aligned}$$

Sind beide Faktoren von gleichem Vorzeichen, dann ist das Produkt positiv, d.h. es gilt

$$(2.114) \quad \begin{cases} x \geq 0 \\ x-3 \geq 0 \end{cases} \quad oder \quad \begin{cases} x \leq 0 \\ x-3 \leq 0 \end{cases}$$

Damit erhält man die bereits angegebene Menge A_1. Nun kann wieder gerechnet werden:

$$\left|x^2 - 3x\right| + 2 < 4 - 3x$$
$$(2.115) \quad (x^2 - 3x) + 2 < 4 - 3x$$
$$x^2 - 2 < 0$$

Diese Ungleichung wird gelöst durch alle x, für die gilt

$$(2.116) \quad -\sqrt{2} < x < +\sqrt{2}$$

Da die Annahmemenge die Werte zwischen 0 und 3 nicht enthält, ergibt sich der erste Teil der Lösungsmenge nur zu

$$(2.117) \quad L_1 = \{x \mid -\sqrt{2} < x \leq 0\} = (-\sqrt{2},0]$$

Für den alternativen Fall des negativen Betragsinhalts, d.h. für $x^2\text{–}3x < 0$ ergibt sich in analoger Weise wie oben die Annahmemenge $A_2 = (0,3)$ und damit folgende weitere Rechnung:

$$\left|x^2 - 3x\right| + 2 < 4 - 3x$$
$$(2.118) \quad -(x^2 - 3x) + 2 < 4 - 3x$$
$$-x^2 + 3x + 2 < 4 - 3x$$
$$0 < x^2 - 6x + 2$$

Zunächst wird nun die Gleichung $x^2-6x+2=0$ gelöst.

Die p-q-Formel ist dazu sofort anwendbar und liefert die beiden Lösungen

(2.119) $x_1 = 3 + \sqrt{7} \qquad x_2 = 3 - \sqrt{7}$

Da wegen $x^2-6x+2>0$ für das Produkt $(x-x_1)(x-x_2)>0$ gelten soll (siehe auch Beispiel 2.4-3 auf Seite 43), müssen die beiden Faktoren $(x-x_1)$ und $(x-x_2)$ gleiches Vorzeichen haben:

(2.120) $\begin{cases} x-(3+\sqrt{7}) > 0 \\ x-(3-\sqrt{7}) > 0 \end{cases}$ *oder* $\begin{cases} x-(3+\sqrt{7}) < 0 \\ x-(3-\sqrt{7}) < 0 \end{cases}$

Durch Vergleich mit der zweiten Annahmemenge A_2 ergibt sich der zweite Teil der Lösungsmenge:

(2.121) $L_2 = \{x \mid 0 < x < 3-\sqrt{7}\} = (0, 3-\sqrt{7})$

Die Gesamtlösungsmenge der Ungleichung ergibt sich aus der Vereinigung der beiden Teil-Lösungsmengen:

(2.122) $L_G = L_1 \cup L_2 = (-\sqrt{2}, 0] \cup (0, 3-\sqrt{7}) = (-\sqrt{2}, 3-\sqrt{7})$

2.5.2 Aufgaben

Aufgabe 2.5-1: Man löse die folgenden Gleichungen:

(2.123) $|x-5| - 2x = 8$

(2.124) $|2x+3| + 1 = |x-4|$

(2.125) $|x^2 - 4x| = 3$

(2.126) $|x^2 + 2x + 10| = 10 - x$

Aufgabe 2.5-2: Man löse die folgenden Ungleichungen:

(2.127) $|3x+4| - 2x > 3(x+8)$

(2.128) $2 - |4x+8| \le 3x + 5$

(2.129) $x^2 + |4x+4| < 4$

(2.130) $\dfrac{x+3}{|2x-6|} < 2$

(2.131) $|x-1| - |2x+5| \ge 2x$

2.5.3 Lösungen

Lösungen zur Aufgabe 2.5-1:

Wenn anstelle ausführlicher Lösungen nur die Ergebnisse angegeben sind, dann findet man die ausführlichen Lösungen im Internet unter
www.w-g-m.de/bwl-ueb.html

$$x-5\geq 0 \Rightarrow A_1 = [5,+\infty) \atop S_1 = \{-13\} \} \Rightarrow L_1 = A_1 \cap S_1 = \varnothing$$

$$(2.123a\_L) \quad x-5<0 \Rightarrow A_2 = (-\infty,5] \atop S_2 = \{-1\} \} \Rightarrow L_2 = A_2 \cap S_2 = \{-1\}$$

$$L_G = L_1 \cup L_2 = \{-1\}$$

Die Gleichung (2.123) hat nur die eine Lösung x = –1.

$$\left.{2x+3<0 \atop x-4<0}\right\} \Rightarrow A_1 = (-\infty,-\tfrac{3}{2}) \atop S_1 = \{-6\} \right\} \Rightarrow L_1 = A_1 \cap S_1 = \{-6\}$$

$$(2.124\_L) \quad \left.{2x+3\geq 0 \atop x-4<0}\right\} \Rightarrow A_2 = [-\tfrac{3}{2},4) \atop S_2 = \{0\} \right\} \Rightarrow L_2 = A_2 \cap S_2 = \{0\}$$

$$\left.{2x+3\geq 0 \atop x-4\geq 0}\right\} \Rightarrow A_3 = [4,+\infty) \atop S_3 = \{-8\} \right\} \Rightarrow L_3 = A_3 \cap S_3 = \varnothing$$

$$L_G = L_1 \cup L_2 \cup L_3 = \{-6,0\}$$

Die Gleichung (2.124) hat die beiden Lösungen x = –6 und x = 0.

$$x(x-4)\geq 0 \Rightarrow A_1 = (-\infty,0]\cup[4,+\infty) \atop S_1 = \{2-\sqrt{7},2+\sqrt{7}\} \} \Rightarrow L_1 = A_1 \cap S_1 = \{2-\sqrt{7},2+\sqrt{7}\}$$

$$(2.125\_L) \quad x(x-4)<0 \Rightarrow A_2 = (0,4) \atop S_2 = \{1,3\} \} \Rightarrow L_2 = A_2 \cap S_2 = \{1,3\}$$

$$L_G = L_1 \cup L_2 = \{2-\sqrt{7}, 1, 3, 2+\sqrt{7}\}$$

Die Gleichung (2.125) hat vier Lösungen.

Wenn der Inhalt des Betrages unter Verwendung einer binomischen Formel anders geschrieben wird:

$$(2.126a\_L) \quad \left|x^2+2x+10\right| = \left|(x+1)^2+9\right| = ((x+1)^2+9)$$

dann erkennt man, dass der Betragsinhalt immer positiv ist, die Betragsstriche können also ohne Annahmen zu runden Klammern verändert werden. Zu lösen ist folglich nur noch die Gleichung

$$(2.126b\_L) \quad {(x+1)^2+9 = 10-x \atop x(x+3)=0}$$

Zusammenfassung: Die Gleichung (2.126) besitzt die beiden Lösungen x = 0 und x = 3.

Lösungen zur Aufgabe 2.5-2:

$$\left.\begin{array}{l} 3x+4\geq 0 \Rightarrow A_1 = [-\dfrac{4}{3},+\infty) \\ S_1 = (-\infty,-10) \end{array}\right\} \Rightarrow L_1 = A_1 \cap S_1 = \varnothing$$

(2.127_L) $\left.\begin{array}{l} 3x+4 < 0 \Rightarrow A_2 = (-\infty,-\dfrac{4}{3}) \\ S_2 = (-\infty,-\dfrac{7}{2}) \end{array}\right\} \Rightarrow L_2 = A_2 \cap S_2 = (-\infty,-\dfrac{7}{2})$

$$L_G = L_1 \cup L_2 = (-\infty,-\dfrac{7}{2})$$

$$\left.\begin{array}{l} 4x+8\geq 0 \Rightarrow A_1 = [-2,+\infty) \\ S_1 = [-\dfrac{11}{7},+\infty) \end{array}\right\} \Rightarrow L_1 = A_1 \cap S_1 = [-\dfrac{11}{7},+\infty)$$

(2.128_L) $\left.\begin{array}{l} 4x+8 < 0 \Rightarrow A_2 = (-\infty,-2) \\ S_2 = (-\infty,-5] \end{array}\right\} \Rightarrow L_2 = A_2 \cap S_2 = (-\infty,-5]$

$$L_G = L_1 \cup L_2 = (-\infty,-5] \cup [-\dfrac{11}{7},+\infty)$$

Die Werte zwischen –5 und –11/7 gehören nicht zur Lösungsmenge der Ungleichung (2.128).

$$\left.\begin{array}{l} 4x+4\geq 0 \Rightarrow A_1 = [-1,+\infty) \\ x(x+4) < 0 \Rightarrow S_1 = [-4,0) \end{array}\right\} \Rightarrow L_1 = A_1 \cap S_1 = [-1,0)$$

(2.129_L) $\left.\begin{array}{l} 4x+4 < 0 \Rightarrow A_2 = (-\infty,-1) \\ (x-(2+\sqrt{12}))(x-(2-\sqrt{12})) < 0 \Rightarrow \\ \Rightarrow S_2 = (2-\sqrt{12},2+\sqrt{12}) \end{array}\right\} \Rightarrow L_2 = A_2 \cap S_2 = (2-\sqrt{12},-1)$

$$L_G = L_1 \cup L_2 = (2-\sqrt{12},0)$$

(2.130a_L) $\dfrac{x+3}{|2x-6|} < 2 \Leftrightarrow x+3 < 2\cdot|2x-6| \quad x \neq 3$

$$\left.\begin{array}{l} 2x-6 > 0 \Rightarrow A_1 = (3,+\infty) \\ S_1 = (5,+\infty) \end{array}\right\} \Rightarrow L_1 = A_1 \cap S_1 = (5,+\infty)$$

(2.130b_L) $\left.\begin{array}{l} 2x-6 < 0 \Rightarrow A_2 = (-\infty,3) \\ S_2 = (-\infty,\dfrac{9}{5}) \end{array}\right\} \Rightarrow L_2 = A_2 \cap S_2 = (-\infty,\dfrac{9}{5})$

$$L_G = L_1 \cup L_2 = (-\infty,\dfrac{9}{5}) \cup (5,+\infty)$$

$$\left.\begin{array}{r} x-1<0 \\ 2x+5<0 \end{array}\right\} \Rightarrow A_1 = (-\infty,-\tfrac{5}{2}) \atop S_1 = (-\infty,6] \left.\right\} \Rightarrow L_1 = A_1 \cap S_1 = (-\infty,-\tfrac{5}{2})$$

(2.131_L)
$$\left.\begin{array}{r} x-1<0 \\ 2x+5\geq 0 \end{array}\right\} \Rightarrow A_2 = [-\tfrac{5}{2},1) \atop S_2 = (-\infty,-\tfrac{4}{5}] \left.\right\} \Rightarrow L_2 = A_2 \cap S_2 = [-\tfrac{5}{2},-\tfrac{4}{5}]$$

$$\left.\begin{array}{r} x-1\geq 0 \\ 2x+5\geq 0 \end{array}\right\} \Rightarrow A_3 = [1,+\infty) \atop S_3 = (-\infty,-2] \left.\right\} \Rightarrow L_3 = A_3 \cap S_3 = \varnothing$$

$$L_G = L_1 \cup L_2 \cup L_3 = (-\infty,-\tfrac{4}{5}]$$

2.6 Umgang mit dem Summenzeichen

2.6.1 Beispiele dafür, wie es richtig gemacht wird

Beispiel 2.6-1: *Man berechne die Summe* $\displaystyle\sum_{i=1}^{4}(i^2+1)$

Wie geht man vor? Man schreibt die einzelnen Summanden auf und addiert:

(2.132) $\displaystyle\sum_{i=1}^{4}(i^2+1) = (1^2+1)+(2^2+1)+(3^2+1)+(4^2+1) = 2+5+10+17 = 34$

Beispiel 2.6-2: *Man schreibe mit dem Summenzeichen*

(2.133a) $(x_1^2+y_1)+(x_2^2+y_2)+(x_3^2+y_3)+\ldots+(x_n^2+y_n)$

Lösung: Es gibt zwei Möglichkeiten, mit dem Summenzeichen zu arbeiten:

(2.133b) $(x_1^2+y_1)+(x_2^2+y_2)+(x_3^2+y_3)+\ldots+(x_n^2+y_n) = \displaystyle\sum_{i=1}^{n}(x_i^2+y_i)$

oder auch

$$(x_1^2+y_1)+(x_2^2+y_2)+(x_3^2+y_3)+\ldots+(x_n^2+y_n)$$

(2.133c) $= (x_1^2+x_2^2+x_3^2+\ldots+x_n^2)+(y_1+y_2+y_3+\ldots+y_n)$

$= \displaystyle\sum_{i=1}^{n}x_i^2 + \sum_{i=1}^{n}y_i$

Beispiel 2.6-3: *Für die beiden Summen*

(2.134a) $\displaystyle\sum_{i=1}^{3}a_i = \sum_{i=1}^{3}i \quad und \quad \sum_{i=1}^{3}b_i = \sum_{i=1}^{3}\frac{1}{i+1}$

überzeuge man sich davon, dass

(2.134b) $\displaystyle\sum_{i=1}^{3}a_i \cdot b_i \neq \sum_{i=1}^{3}a_i \cdot \sum_{i=1}^{3}b_i$

ist.

Lösung: $\sum\limits_{i=1}^{3} a_i = 1+2+3 = 6 \qquad \sum\limits_{i=1}^{3} b_i = \frac{1}{2}+\frac{1}{3}+\frac{1}{4} = \frac{13}{12}$

(2.134c) $\left. \begin{array}{l} \sum\limits_{i=1}^{3} a_i \cdot b_i = 1\cdot\frac{1}{2}+2\cdot\frac{1}{3}+3\cdot\frac{1}{4} = \frac{1}{2}+\frac{2}{3}+\frac{3}{4} = \frac{23}{12} \\[3mm] \sum\limits_{i=1}^{3} a_i \cdot \sum\limits_{i=1}^{3} b_i = 6\cdot\frac{13}{12} = \frac{78}{12} \end{array} \right\} \Rightarrow \sum\limits_{i=1}^{3} a_i \cdot b_i \neq \sum\limits_{i=1}^{3} a_i \cdot \sum\limits_{i=1}^{3} b_i$

2.6.2 Aufgaben

Aufgabe 2.6-1: Welche der folgenden Terme stellen jeweils die gleiche Zahl dar?

(2.135) $\quad a)\sum\limits_{i=1}^{8} i \qquad b)\sum\limits_{i=1}^{7}(i+8) \qquad c)(\sum\limits_{i=2}^{8} i)+1$

(2.136) $\quad a)\sum\limits_{i=1}^{10}\frac{1}{i} \qquad b)\sum\limits_{i=3}^{12}\frac{1}{i-2} \qquad c)\sum\limits_{i=0}^{9}\frac{1}{i+1}$

(2.137) $\quad a)\sum\limits_{i=0}^{5}(2i+1) \qquad b)\sum\limits_{i=1}^{7}(2i-3) \qquad c)\sum\limits_{i=0}^{5}[(i+1)^2-i^2]$

Aufgabe 2.6-2: Die folgenden Summen sind mit dem Summenzeichen zu schreiben:

(2.138) $\quad a_1 + 2a_2 + 3a_3 + \ldots + 10a_{10}$

(2.139) $\quad (x_1+\frac{y_1}{2})+(x_2+\frac{y_2}{2})+(x_3+\frac{y_3}{2})+\ldots+(x_{100}+\frac{y_{100}}{2})$

(2.140) $\quad (x_1+y_1)+(x_2+y_2^2)+(x_3+y_3^3)+\ldots+(x_7+y_7^7)$

(2.141) $\quad \frac{x_1}{n}+\frac{x_2}{n}+\ldots+\frac{x_{25}}{n}$

Wenn anstelle ausführlicher Lösungen nur die Ergebnisse angegeben sind, dann findet man die ausführlichen Lösungen im Internet unter

www.w-g-m.de/bwl-ueb.html

2.6.3 Lösungen

Lösungen zu Aufgabe 2.6-1:

(2.135_L) $\left. \begin{array}{l} \sum\limits_{i=1}^{8} i = 1+2+3+4+5+6+7+8 \\[3mm] \sum\limits_{i=1}^{8}(i+8) = 9+10+11+12+13+14+15 \\[3mm] (\sum\limits_{i=2}^{8} i)+1 = (2+3+4+5+6+7+8)+1 \end{array} \right\} \Rightarrow a) = c)$

(2.136_L) Alle drei Summen liefern dasselbe Ergebnis.

(2.137_L) Wenn man in c) die binomische Formel anwendet, dann erkennt man sofort, dass a) und c) identisch sind.

(2.138_L) $a_1 + 2a_2 + 3a_3 + \ldots + 10a_{10} = \sum_{i=1}^{10} i \cdot a_i$

$$(x_1 + \frac{y_1}{2}) + (x_2 + \frac{y_2}{2}) + (x_3 + \frac{y_3}{2}) + \ldots + (x_{100} + \frac{y_{100}}{2})$$

(2.139_L) $$= \sum_{i=1}^{100} (x_i + \frac{y_i}{2})$$

$$= \sum_{i=1}^{100} x_i + \frac{1}{2} \sum_{i=1}^{100} y_i$$

$$(x_1 + y_1) + (x_2 + y_2^2) + (x_3 + y_3^3) + \ldots + (x_7 + y_7^7)$$

(2.140_L) $$= \sum_{i=1}^{7} (x_i + y_i^i)$$

$$= \sum_{i=1}^{7} x_i + \sum_{i=1}^{7} y_i^i$$

(2.141_L) $\dfrac{x_1}{n} + \dfrac{x_2}{n} + \ldots + \dfrac{x_{25}}{n} = \sum_{i=1}^{25} \dfrac{x_i}{n} = \dfrac{1}{n} \sum_{i=1}^{25} x_i$

3. Funktionen und Kurvendiskussion

3.1 Beispiel, Übungsaufgaben und Lösungen

3.1.1 Beispiel für die Arbeit mit einem Polynom

Beispiel 3.1-1: Gegeben sei das Polynom dritten Grades

$$(3.01) \qquad p_3(x) = x^3 + 6x^2 + 3x - 10 \ .$$

Gesucht sind alle reellen Lösungen der Gleichung

$$(3.02) \qquad p_3(x) = 0$$

und – falls drei reelle Lösungen gefunden werden – die Produktdarstellung des Polynoms.

> Wir suchen alle x-Werte, deren Polynomwert Null wird – anschaulich bedeutet das,
> dass wir alle Stellen suchen, an denen der Graph des Polynoms die waagerechte Achse
> schneidet.

Mit anderen Worten: Wir suchen alle Nullstellen des gegebenen Polynoms. Dieses Polynom kann maximal drei derartige Stellen geben.

Wie kann man sie finden?

Schritt 1: *Eine erste Nullstelle sollte* durch Probieren erraten *werden.*

> *Sie findet sich oft unter den* Primfaktoren des absoluten Gliedes.

Unser Polynom (3.01) hat die Zahl –10 als absolutes Glied. Dessen Primfaktoren sind die Zahlen 1, –1, 2, –2, 5 und –5.

Schon der erste Versuch scheint zum Ziel zu führen:

Vermutung: $x_1 = 1$ ist eine Nullstelle.

Schritt 2: *Mit dem HORNER-Schema (siehe Abschnitt 4.1.2 im Buch „Mathematik für BWL-Bachelor" [51]) wird überprüft, ob die Vermutung zutrifft:*

	1	6	3	-10
1		1	7	10
	1	7	10	0

Bild 3.01: HORNER-Schema zur Überprüfung der Vermutung

Schritt 3: Hat sich – wie in Bild 3.01 zu sehen – die Vermutung über die erste Nullstelle bestätigt, dann können aus der Fußzeile des HORNER-Schemas die Koeffizienten des Restpolynoms zweiten Grades abgelesen werden:

(3.03) $p_2(x) = 1 \cdot x^2 + 7 \cdot x + 10$

Schritt 4: Mit der p-q-Formel wird versucht, zwei reelle Nullstellen des Restpolynoms zu finden (das muss nicht immer gelingen, siehe Beispiel 2.2-6 auf Seite 36).

Hier aber gelingt es:

(3.04) $x_{2,3} = -\dfrac{7}{2} \pm \sqrt{(\dfrac{7}{2})^2 - 10} \rightarrow x_2 = -5, x_3 = -2$

Damit wurden drei reelle Lösungen der Gleichung (3.02) gefunden:

Der Graph des Polynoms (3.01) schneidet bei $x_1 = 1$, $x_2 = -5$ und $x_3 = -2$ die waagerechte Achse.

Also kann auch die Zusatzaufgabe nach der folgenden Regel gelöst werden:

> Sind von einem Polynom n-ten Grades $p_n(x)$ genau n reelle Nullstellen x_1, ..., x_n bekannt, dann kommt man zur Produktdarstellung dieses Polynoms mit
>
> (3.05) $p_n(x) = a \cdot (x - x_1)(x - x_2) \cdots (x - x_n)$
>
> wobei die Zahl a geeignet zu wählen ist.

Dabei können auch gleiche Nullstellen auftreten, man spricht dann von mehrfachen Nullstellen (siehe Beispiel 2.2-7 auf Seite 36, dort gab es z. B. eine doppelte Nullstelle).

In Anwendung der Formel (3.05) kann die Produktdarstellung dieses Polynoms angegeben werden:

(3.06a) $p_3(x) = x^3 + 6x^2 + 3x - 10 = a(x-1)(x+2)(x+5)$

Für a muss hier die Eins gewählt werden – denn sonst würde beim Ausmultiplizieren der drei Produkte vor x^3 keine Eins entstehen:

(3.06b) $p_3(x) = (x-1)(x+2)(x+5)$

> Bemerkung: Kennt man nur einige (und nicht alle) Nullstellen x_1, ..., x_m mit m<n eines Polynoms $p_n(x)$ mit führendem Koeffizienten Eins, so lässt sich eine Teil-Produktdarstellung aufschreiben:
>
> (3.07) $p_n(x) = (x - x_1)(x - x_2)(x - x_m) \cdot q_{n-m}(x)$
>
> Dabei ist $q_{n-m}(x)$ dann ein Restpolynom vom Grade n−m.

Diese Bemerkung wird nützlich sein für die Lösung der Aufgabe 3.1-1.

3.1.2 Aufgaben

Aufgabe 3.1-1: Von einem Polynom 3. Grades ist folgendes bekannt:

- $x_0 = 1$ ist doppelte Nullstelle des Polynoms.
- Der Schnittpunkt des Graphen mit der senkrechten Achse liegt bei $y = 6$.
- Der Graph verläuft außerdem durch den Punkt $P(x = -1, y = 12)$.

Wie heißt die Gleichung des Polynoms? Wo liegt die dritte Nullstelle des Polynoms?

Aufgabe 3.1-2: Bestimmen Sie mittels der Nullstellen die Produktform des Polynoms

(3.08) $\qquad p_5(x) = 2x^5 - 5x^4 - 9x^3 + 18x^2$

Aufgabe 3.1-3: Gegeben sei eine Exponentialfunktion $f(x) = a + b \cdot c^x$ mit $f(0) = 15$, $f(2) = 30$ und $f(4) = 90$. Zu bestimmen sind a, b und c.

Für welchen Wert x_0 gilt $f(x_0) = 50$?

Aufgabe 3.1-4: Skizzieren Sie die Funktion (3.09). Ist diese Funktion stetig? Kann sie eine Umkehrfunktion (Inverse) besitzen?

(3.09) $\qquad f(x) = \begin{cases} \dfrac{1}{2}x & 0 \le x \le 10 \\ 9 - 0{,}02(x - 30)^2 & x > 10 \end{cases}$

3.1.3 Lösungen

Wenn anstelle ausführlicher Lösungen nur die Ergebnisse angegeben sind, dann findet man die ausführlichen Lösungen im Internet unter
www.w-g-m.de/bwl-ueb.html

Lösung zur Aufgabe 3.1-1: Zwei Nullstellen $x_1 = 1$ und $x_2 = 1$ sind bekannt (doppelte Nullstelle).

Nach Formel (3.04) kann demnach die Produktdarstellung

(3.07a_L) $\quad p_3(x) = a(x - 1)(x - 1)(x - b)$

mit noch unbekannter dritter Nullstelle b und noch unbekanntem Faktor a angenommen werden. Aus den beiden genannten Bedingungen ergeben sich zwei Gleichungen

(3.07b_L) $\quad \begin{aligned} p_3(0) &= 6 \leftrightarrow 6 = a(0 - 1)(0 - 1)(0 - b) \\ p_3(-1) &= 12 \leftrightarrow 12 = a((-1) - 1)((-1) - 1)((-1) - b) \end{aligned}$

Es entsteht ein nichtlineares Gleichungssystem mit zwei Gleichungen für die beiden Unbekannten a und b:

(3.07c_L)
$$6 = -ab$$
$$12 = -4a - 4ab$$

Nach Einsetzen der ersten Gleichung in die zweite ergibt sich a=3, folglich ist b= −2.

Antwortsatz: Das Polynom hat die Gleichung

(3.07d_L) $p_3(x) = 3(x-1)(x-1)(x+2)$

und besitzt die dritte Nullstelle bei x=−2 .

Lösung zur Aufgabe 3.1-2:

(3.08_L) $p_5(x) = 2x^2(x+2)(x-\dfrac{3}{2})(x-3)$

Lösung zur Aufgabe 3.1-3:

(3.08a_L) $f(x) = 10 + 5 \cdot 2^x$

Für x_0=3 ergibt sich f(x_0)=50.

Lösung zur Aufgabe 3.1-4:

In Bild 3.02 ist der Graph der Funktion

(3.09_L) $f(x) = \begin{cases} \dfrac{1}{2}x & 0 \le x \le 10 \\ 9 - 0,02(x-30)^2 & x > 10 \end{cases}$

dargestellt.

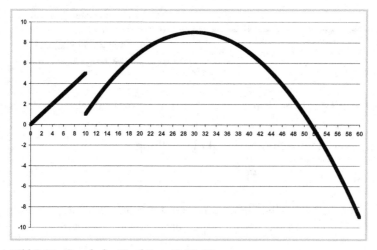

Bild 3.02: Graph der Funktion (3.09_L)

Die Funktion ist *nicht stetig*, denn sie besitzt einen Sprung an der Stelle x=10. Sie besitzt auch *keine Inverse*, denn es gibt mindestens einen Wert auf der senkrechten Achse (z. B. y=4), der zu mehr als einem Wert der waagerechten Achse gehört.

Man sagt dazu auch, dass die Funktion *nicht eineindeutig* ist.

4. Formales Differenzieren

Die *Technik des Differenzierens* ist eine Grundtechnik, die beim Lösen von Optimierungsproblemen eingesetzt wird.

Der Umgang mit dem hierfür notwendigen Regelwerk sollte ausführlich geübt werden, um gewisse Sicherheiten in diesem Aufgabenbereich zu erzielen.

4.1 Beispiele, Übungsaufgaben und Lösungen

4.1.1 Beispiele dafür, wie es richtig gemacht wird

Beispiel 4.1-1: Gesucht ist die erste *und danach die* zweite Ableitungsfunktion *von*

$$(4.01) \qquad f(x) = (1 + \sqrt[3]{x})^3 \ .$$

Lösung: Es wird hier die Kettenregel *benötigt, die zum Beispiel in [51] im Abschnitt 8.5 ausführlich beschrieben wurde. Zuvor sollte aber die Wurzel als Potenz mit gebrochenem Exponenten geschrieben werden:*

$$(4.01a) \qquad f(x) = (1 + x^{\frac{1}{3}})^3$$

Die erste Ableitungsfunktion *ergibt sich nun aus dem Produkt der so genannten* äußeren Ableitung *(zuerst wird die dritte Potenz differenziert) mit der inneren Ableitung:*

$$(4.02) \qquad f'(x) = 3(1 + x^{\frac{1}{3}})^2 \cdot \frac{1}{3} x^{-\frac{2}{3}} = \frac{(1 + \sqrt[3]{x})^2}{\sqrt[3]{x^2}}$$

Für die Berechnung der daraus folgenden zweiten Ableitungsfunktion wäre, wenn man sie sofort und unkritisch in Angriff nimmt, neben der Kettenregel *auch noch die unhandliche* Quotientenregel *zu verwenden.*

Es empfiehlt sich grundsätzlich, vor jeder Anwendung von Ableitungsregeln zu versuchen, die Funktionsgleichung bzw. (wie hier) die Gleichung der ersten Ableitungsfunktion so weit wie möglich zu vereinfachen.

Dieser Empfehlung folgend, wird zuerst der Zähler von (4.02) nach der ersten binomischen Formel ausgewertet:

$$(4.03) \qquad f'(x) = \frac{(1 + \sqrt[3]{x})^2}{\sqrt[3]{x^2}} = \frac{1 + 2\sqrt[3]{x} + (\sqrt[3]{x})^2}{\sqrt[3]{x^2}}$$

Nun kann der Bruch nach den Regeln der Bruchrechnung zerlegt werden:

$$(4.04) \qquad f'(x) = \frac{1 + 2\sqrt[3]{x} + (\sqrt[3]{x})^2}{\sqrt[3]{x^2}} = \frac{1}{\sqrt[3]{x^2}} + \frac{2\sqrt[3]{x}}{\sqrt[3]{x^2}} + \frac{(\sqrt[3]{x})^2}{\sqrt[3]{x^2}}$$

Die Anwendung der Gesetze der Potenzrechnung *(siehe Seite 29 und [51], Abschnitt 2.1.2) führt schließlich zu einer solchen Form der ersten Ableitungsfunktion, die für das weitere Differenzieren bequem ist und vor allem die* Anwendung der Quotientenregel umgeht:

$$(4.05) \qquad f'(x) = \frac{1}{\sqrt[3]{x^2}} + \frac{2\sqrt[3]{x}}{\sqrt[3]{x^2}} + \frac{(\sqrt[3]{x})^2}{\sqrt[3]{x^2}} = \frac{1}{\sqrt[3]{x^2}} + \frac{2}{\sqrt[3]{x}} + 1 = x^{-\frac{2}{3}} + 2x^{-\frac{1}{3}} + 1$$

Nun ist das weitere Differenzieren einfach: Die zweite Ableitungsfunktion lässt sich mit gebrochenen Exponenten sofort angeben und schließlich in die optisch ansprechendere Wurzelschreibweise bringen:

$$(4.06) \qquad f''(x) = -\frac{2}{3}x^{-\frac{2}{3}-1} + 2(-\frac{1}{3})x^{-\frac{1}{3}-1} = (-\frac{2}{3})\frac{1+\sqrt[3]{x}}{\sqrt[3]{x^5}}$$

Beispiel 4.1-2: *Gesucht sind erste und zweite Ableitungsfunktion von*

$$(4.07a) \qquad f(x) = \frac{e^x}{x+1}$$

Hier haben wir die Wahl – wir können entweder sofort die Quotientenregel *anwenden oder den Nenner mit negativem Exponenten in den Zähler bringen, um dann* Produkt- und Kettenregel *zu nutzen:*

$$(4.07b) \qquad f(x) = \frac{e^x}{x+1} = e^x(x+1)^{-1}$$

Es soll diesmal, ausgehend von (4.07a), der Umgang mit der Quotientenregel *demonstriert werden – das Nachrechnen mit (4.07b) mittels* Produkt- und Kettenregel *wird als Übung empfohlen:*

$$(4.08) \qquad f'(x) = \frac{e^x(x+1)-e^x}{(x+1)^2} = \frac{x\cdot e^x}{(x+1)^2}$$

$$f''(x) = \frac{(x+1)e^x(x+1)^2 - xe^x 2(x+1)}{(x+1)^4}$$

$$(4.09) \qquad = \frac{(x+1)^2 e^x - 2xe^x}{(x+1)^3}$$

$$= \frac{(x^2+1)e^x}{(x+1)^3}$$

Beispiel 4.1-3: *Für*

$$(4.10) \qquad f(x) = \ln\frac{1-e^x}{e^x}$$

bestimme man den Definitionsbereich *und die erste und zweite Ableitungsfunktion.*

Zum Begriff des Definitionsbereiches *sei auf den Abschnitt 6.2 in [51] verwiesen:*

Zu bestimmen sind demnach alle x-Werte, für die der natürliche Logarithmus gebildet werden kann – das ist folglich die Suche *nach allen positiven Argumenten der Logarithmusfunktion.*

Wir müssen also die folgende Ungleichung lösen:

$$(4.11a) \qquad \frac{1-e^x}{e^x} > 0$$

Da der Nenner stets positiv ist, können beide Seiten der Ungleichung ohne Veränderung des Relationszeichens (siehe Seite 41) mit e^x multipliziert werden:

$$(4.11\text{b}) \quad \frac{1-e^x}{e^x} > 0 \mid \cdot e^x \leftrightarrow 1 - e^x > 0 \leftrightarrow e^x < 1$$

Der Definitionsbereich besteht also aus allen Zahlen x, für die die Exponentialfunktion e^x Werte links der Eins liefert:

$$(4.11\text{c}) \quad D(f) = \left\{ x \in \Re \mid e^x < 1 \right\} = \left\{ x \in \Re \mid x < 0 \right\} = (-\infty, 0)$$

Schlussfolgerung: Nur negative x-Werte können von der Funktion (4.10) verarbeitet werden.

Kommen wir nun zur Empfehlung von Seite 61, überlegen wir vor der Anwendung der Ableitungsregeln, ob sich die Funktion (4.10) vorher vereinfachen lässt – denn sonst warten Ketten- und Quotientenregel auf uns. Geht es einfacher? Ja. Wenn wir nämlich das Logarithmengesetz (2.17) von Seite 31 anwenden

$$(4.12) \quad f(x) = \ln \frac{1-e^x}{e^x} = \ln(1-e^x) - \ln e^x = \ln(1-e^x) - x \ ,$$

dann erübrigt sich die Quotientenregel:

$$(4.13) \quad \begin{aligned} f'(x) &= \frac{-e^x}{1-e^x} - 1 = \frac{-e^x - (1-e^x)}{1-e^x} \\ &= \frac{-1}{1-e^x} = \frac{1}{e^x - 1} \\ &= (e^x - 1)^{-1} \end{aligned}$$

Für die zweite Ableitungsfunktion wird nur noch die Kettenregel benötigt:

$$(4.14) \quad f''(x) = (-1)(e^x - 1)^{-2} e^x = \frac{-e^x}{(e^x - 1)^2}$$

Bemerkung: Obwohl es rein formal möglich wäre, in die rechten Seiten der ersten und zweiten Ableitungsfunktion auch positive x-Werte einzusetzen, so ist es doch sinnlos:

> Wo es keine Funktion gibt, dort sind erste und zweite Ableitungswerte unsinnig.

Beispiel 4.1-4: *Die Funktion*

$$(4.15) \quad f(x) = \ln(x + \sqrt{1 + x^2})$$

ist zweimal zu differenzieren. Da es keine Formel für den Logarithmus einer Summe gibt, kann bei dieser Funktion leider keine Vereinfachung vor der Anwendung der Ableitungsregeln vorgenommen werden. Hier benötigen wir mehrfach die Kettenregel:

$$(4.16) \quad \begin{aligned} f'(x) &= \frac{1 + \dfrac{x}{\sqrt{1+x^2}}}{x + \sqrt{1+x^2}} = \frac{\dfrac{\sqrt{1+x^2} + x}{\sqrt{1+x^2}}}{x + \sqrt{1+x^2}} \\ &= \frac{\sqrt{1+x^2} + x}{(x + \sqrt{1+x^2})\sqrt{1+x^2}} = \frac{1}{\sqrt{1+x^2}} = (1+x^2)^{-\frac{1}{2}} \end{aligned}$$

$$(4.17) \qquad f''(x) = (-\frac{1}{2})(1+x^2)^{-\frac{3}{2}}(2x) = \frac{-x}{\sqrt{(1+x^2)^3}}$$

> Der erste Ableitungswert $f'(x_0)$ an einer Stelle x_0 aus dem Definitionsbereich von $f(x)$ gibt den Anstieg der Tangente an den Graph der Funktion im Punkt $P(x_0, f(x_0))$ an (vergleiche dazu auch den Abschnitt 9.1.1 in [51]).

Damit kann zum Beispiel bestimmt werden, unter welchem Winkel sich Funktionsgraphen schneiden – oder ob es auf dem Graphen der Funktion Punkte gibt, in denen die Tangenten parallel zu Geraden mit bekanntem Anstieg sind.

Beispiel 4.1-5: *Gibt es auf dem Graphen der Funktion*

$$(4.18) \qquad f(x) = 0{,}2x^3 + 1{,}2x^2 + 0{,}8x - 2$$

einen oder mehrere Punkte, in dem/denen die Tangente/n parallel zur Geraden y=−x ist/sind?

Lösung: *Es muss untersucht werden, ob es Punkte gibt, in denen $f'(x)=-1$ ist.*

Wegen

$$(4.19) \qquad f'(x) = 0{,}6x^2 + 2{,}4x + 0{,}8$$

ist die quadratische Gleichung

$$(4.20) \qquad 0{,}6x^2 + 2{,}4x + 0{,}8 = -1$$

zu lösen. Nach Überführung in die Normalform *(siehe Seite 35) und Anwendung der* p-q-Formel *ergeben sich die Lösungen $x_1=-1$ und $x_2=-3$.*

Diese Werte werden in die Funktionsformel (4.18) eingesetzt, damit lässt sich die Lösung der Aufgabe angeben:

Antwortsatz: *Es gibt zwei Punkte $P_1(-1; -1{,}8)$ und $P_2(-3; 1)$, in denen die Tangente an den Graphen der Funktion (4.18) den Anstieg −1 hat (also um 45 Grad fallend geneigt ist).*

4.1.2 Aufgaben

Aufgabe 4.1-1: Geben Sie für die folgenden Funktionen jeweils die erste und zweite Ableitungsfunktion an. Beginnen Sie erst dann mit der Anwendung der Ableitungsregeln, nachdem Sie vorher erfolgreich versucht haben, die Funktionsformeln zu vereinfachen.

$$(4.21) \qquad f(x) = (x^3 - 3x + 2)(x^4 + x^2 - 1)$$

$$(4.22) \qquad f(x) = \frac{x^4 + x - 1}{x^3 + 1}$$

$$(4.23) \qquad f(x) = (x^3 - \frac{1}{x^3} + 3)^4$$

$$(4.24) \qquad f(x) = (1 - 2\sqrt{x})^4$$

$$(4.25) \qquad f(x) = \frac{1 + \sqrt{x}}{1 + 2\sqrt{x}}$$

(4.26) $f(x) = x^2 \ln x$

(4.27) $f(x) = x(\ln x)^2$

(4.28) $f(x) = (x^2 - 2x + 3)e^x$

(4.29) $f(x) = \dfrac{e^x}{\sqrt{x+1}}$

(4.30) $f(x) = e^{\sqrt{\ln x}}$

(4.31) $f(x) = \sqrt{e^{\ln x}} + x^2$

(4.32) $f(x) = \sqrt{x \cdot \sqrt{x \cdot \sqrt{x}}}$

4.1.3 Lösungen

> Wenn anstelle ausführlicher Lösungen nur die Ergebnisse angegeben sind, dann findet man die ausführlichen Lösungen im Internet unter
> www.w-g-m.de/bwl-ueb.html

Lösungen zu Aufgabe 4.1-1:

$$f(x) = (x^3 - 3x + 2)(x^4 + x^2 - 1)$$
(4.21_L) $f'(x) = 7x^6 - 10x^4 + 8x^3 - 12x^2 + 4x + 3$
$$f''(x) = 42x^5 - 40x^3 + 24x^2 - 24x + 4$$

Vor der Anwendung der Regeln der Differentialrechnung auf die Funktion

(4.22a_L) $f(x) = \dfrac{x^4 + x - 1}{x^3 + 1}$

empfiehlt es sich, durch einen kleinen „Trick" die Funktion zu vereinfachen:

(4.22b_L) $f(x) = \dfrac{x^4 + x - 1}{x^3 + 1} = \dfrac{x(x^3 + 1) - 1}{x^3 + 1} = x - \dfrac{1}{x^3 + 1}$

Damit wird die Quotientenregel erst für die zweite Ableitungsfunktion benötigt:

$$f(x) = x - (x^3 + 1)^{-1}$$
(4.22c_L) $f'(x) = 1 + \dfrac{3x^2}{(x^3 + 1)^2}$

$$f''(x) = \dfrac{6x - 12x^4}{(x^3 + 1)^3}$$

$$f(x) = (x^3 - \frac{1}{x^3} + 3)^4$$

(4.23_L) $$f'(x) = 4(x^3 - \frac{1}{x^3} + 3)^3(3x^2 + \frac{3}{x^4})$$

$$f''(x) = 12(x^3 - \frac{1}{x^3} + 3)^2[11x^4 + 6x + \frac{13}{x^8} + \frac{12}{x^2} - \frac{12}{x^5}]$$

$$f(x) = (1 - 2\sqrt{x})^4$$

(4.24_L) $$f'(x) = 4\frac{(2\sqrt{x} - 1)^3}{\sqrt{x}}$$

$$f''(x) = 4(2\sqrt{x} - 1)^2\frac{4\sqrt{x} + 1}{2x\sqrt{x}}$$

$$f(x) = \frac{1 + \sqrt{x}}{1 + 2\sqrt{x}}$$

(4.25_L) $$f'(x) = \frac{-1}{2\sqrt{x} \cdot (1 + 2\sqrt{x})^2}$$

$$f''(x) = \frac{1}{4}\frac{1 + 6\sqrt{x}}{x\sqrt{x} \cdot (1 + 2\sqrt{x})^3}$$

$$f(x) = x^2 \ln x$$

(4.26_L) $$f'(x) = x(2\ln x + 1)$$

$$f''(x) = 2\ln x + 3$$

$$f(x) = x(\ln x)^2$$

(4.27_L) $$f'(x) = (\ln x)^2 + 2\ln x$$

$$f''(x) = \frac{2}{x}(\ln x + 1)$$

$$f(x) = (x^2 - 2x + 3)e^x$$

(4.28_L) $$f'(x) = (x^2 + 1)e^x$$

$$f''(x) = (x + 1)^2 e^x$$

$$f(x) = \frac{e^x}{\sqrt{x+1}}$$

$$f'(x) = \frac{e^x\sqrt{x+1} - \dfrac{e^x}{2\sqrt{x+1}}}{x+1} = \frac{1}{2}\frac{e^x(2x+1)}{(x+1)^{\frac{3}{2}}} = \frac{1}{2}\frac{e^x(2x+1)}{\sqrt{(x+1)^3}}$$

(4.29_L)

$$f''(x) = \frac{1}{2}\frac{[e^x(2x+1) + e^x \cdot 2]\cdot(x+1)^{\frac{3}{2}} - e^x(2x+1)\dfrac{3}{2}(x+1)^{\frac{1}{2}}}{(x+1)^3}$$

$$= \frac{e^x}{2}\frac{2x^2 + 2x + \dfrac{3}{2}}{(x+1)^{\frac{5}{2}}} = \frac{e^x}{2}\frac{2x^2 + 2x + 1,5}{\sqrt{(x+1)^5}}$$

$$f(x) = e^{\sqrt{\ln x}}$$

$$f'(x) = e^{\sqrt{\ln x}}\frac{1}{2\sqrt{\ln x}}\frac{1}{x} = \frac{1}{2}\frac{e^{\sqrt{\ln x}}}{x\sqrt{\ln x}}$$

(4.30_L) $$f''(x) = \frac{1}{2}\frac{[e^{\sqrt{\ln x}}\dfrac{1}{2\sqrt{\ln x}}\dfrac{1}{x}]x\sqrt{\ln x} - e^{\sqrt{\ln x}}[\sqrt{\ln x} + \dfrac{x}{2\sqrt{\ln x}}\dfrac{1}{x}]}{x^2\ln x}$$

$$= \frac{1}{2}e^{\sqrt{\ln x}}\frac{\sqrt{\ln x} - 2\ln x - 1}{2x^2\sqrt{(\ln x)^3}}$$

Während bei den Aufgaben (4.23_L) bis (4.30_L) leider keine Möglichkeit gegeben war, durch kritische Betrachtung der Funktionsformel vor Anwendung der Ableitungsregeln Vereinfachungen zu finden, die die spätere Arbeit erleichtern, führt bei der nun folgenden Funktion

(4.31a_L) $f(x) = \sqrt{e^{\ln x} + x^2}$

die Anwendung des wichtigen Logarithmengesetzes (siehe z. B. [51], Abschnitt 2.1.7)

(4.31b_L) $e^{\ln x} = x$

zu wesentlicher Vereinfachung der Rechnung:

$$f(x) = \sqrt{e^{\ln x} + x^2} = \sqrt{x} + x^2$$

(4.31c_L) $f'(x) = \dfrac{1}{2\sqrt{x}} + 2x = \dfrac{1}{2}x^{-\frac{1}{2}} + 2x$

$$f''(x) = -\frac{1}{4}x^{-\frac{3}{2}} + 2 = -\frac{1}{4\sqrt{x^3}} + 2$$

Bei der Funktion

(4.32a_L) $f(x) = \sqrt{x \cdot \sqrt{x \cdot \sqrt{x}}}$

kommt man sogar zu einer recht einfachen Funktionsformel, wenn man die Wurzeln als Potenzen mit gebrochenen Exponenten schreibt und anschließend von innen nach außen unter Anwendung der Regeln zur Multiplikation von Potenzen gleicher Basis (siehe z. B. [51], Abschnitt 2.1.4) anwendet:

$$f(x) = \sqrt{x \cdot \sqrt{x \cdot \sqrt{x}}} = \sqrt{x \cdot \sqrt{x \cdot x^{\frac{1}{2}}}}$$

(4.32b_L)

$$= \sqrt{x \cdot \sqrt{x \cdot x^{\frac{3}{2}}}} = \sqrt{x \cdot x^{\frac{3}{4}}} = \sqrt{x^{\frac{7}{4}}}$$

$$= x^{\frac{7}{8}}$$

Übrig bleibt eine einfache Potenzfunktion, deren Ableitung keinerlei Schwierigkeiten mehr bereiten sollte:

$$f(x) = x^{\frac{7}{8}}$$

(4.32c_L) $f'(x) = \dfrac{7}{8} x^{-\frac{1}{8}} = \dfrac{7}{8\sqrt[8]{x}}$

$$f''(x) = -\frac{7}{64} x^{-\frac{9}{8}} = -\frac{7}{64\sqrt[8]{x^9}}$$

5. Anwendungen der Ableitungsfunktionen

Wie in den Abschnitten 9.2 und 9.3 von [51] ausgeführt wurde, besitzen *Ableitungs-funktionen* und *Ableitungswerte* einer Funktionen große Bedeutung für die Untersuchung des Verlaufs ihres Graphen.

Man kann mit ihrer Hilfe sowohl *lokale Extrema* finden als auch das *Krümmungsverhalten* des Graphen klären.

5.1 Beispiele, Übungsaufgaben und Lösungen

5.1.1 Beispiele dafür, wie es richtig gemacht wird

Beispiel 5.1-1: Für die Funktion

$$(5.01) \qquad f(x) = x^2 e^{-x}$$

bestimme man den Definitions- und Wertebereich, die lokalen Extrema und die Wendepunkte.

Lösung: *Für den Definitionsbereich findet man*

$$(5.02a) \qquad D(f) = \Re = (-\infty, +\infty),$$

denn für alle reellen Zahlen kann ein Funktionswert berechnet werden.

Da bei der Funktionswertberechnung stets ein Quadrat mit einer Potenz von e multipliziert wird, können nur nichtnegative Funktionswerte entstehen:

$$(5.02b) \qquad W(f) = \{x \in \Re \mid x \geq 0\} = [0, +\infty)$$

Zur Lösung der weiter gestellten Aufgaben werden zunächst die später benötigten Ableitungs-funktionen bereitgestellt:

$$
\begin{aligned}
f(x) &= x^2 e^{-x} \\
f'(x) &= 2x e^{-x} + x^2 e^{-x}(-1) = (2x - x^2)e^{-x} \\
(5.03) \qquad f''(x) &= (2 - 2x)e^{-x} + (2x - x^2)e^{-x}(-1) = (2 - 4x + x^2)e^{-x} \\
f'''(x) &= (-4 + 2x)e^{-x} + (2 - 4x + x^2)e^{-x}(-1) = (-6 + 6x - x^2)e^{-x}
\end{aligned}
$$

Aus $f'(x) = 0$ bestimmt man jetzt die stationären Stellen der Funktion, das sind diejenigen Stellen, an denen der Graph der Funktion waagerechte Tangenten besitzt – das sind gleichermaßen auch diejenigen Stellen, an denen Hoch- oder Tiefpunkte des Graphen vorliegen können.

Man erhält zwei stationäre Stellen:

$$(2x - x^2)e^{-x} = 0 \quad | : e^{-x}$$

(5.04)
$$2x - x^2 = 0$$

$$x^2 - 2x = 0 \rightarrow x_1 = 0 \; , \; x_2 = 2$$

Diese beiden stationären Stellen benennen – so könnte man sagen – die Kandidaten für lokale Extremstellen.

Ob an diesen Stellen tatsächlich lokale Extrema vorliegen und von welcher Art sie sind, das erfährt man aus dem Vorzeichen beim Einsetzen in die zweite Ableitungsfunktion:

(5.05)
$$f''(x_1 = 0) = (2 - 4 \cdot 0 + 0^2)e^{-0} = 2 > 0$$

$$f''(x_1 = 2) = (2 - 4 \cdot 2 + 2^2)e^{-2} = -2e^{-2} < 0$$

> Liefert der x-Wert einer stationären Stelle, eingesetzt in die zweite Ableitungsfunktion, ein positives Ergebnis, dann liegt dort ein *relatives Minimum*, ein *Tiefpunkt*. vor.

> Liefert der x-Wert einer stationären Stelle, eingesetzt in die zweite Ableitungsfunktion, ein negatives Ergebnis, dann liegt dort ein *relatives Maximum*, ein *Hochpunkt*, vor.

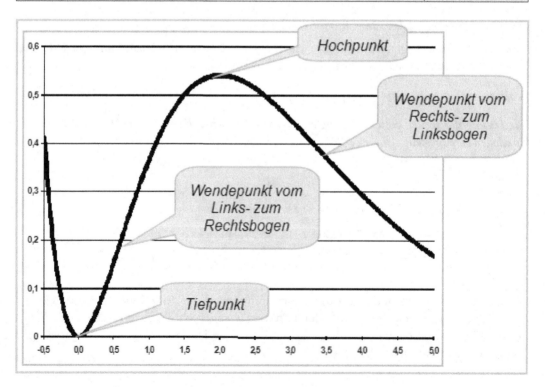

Bild 5.01a: Ausschnitt aus dem Graph der Funktion (5.01)

Also bewegt sich der Graph der Funktion vom Tiefpunkt bei $x_1=0$ bis zum Hochpunkt bei $x_2=2$ streng monoton aufwärts. Links vom Nullpunkt (d. h. für $x<0$) muss die Funktion streng monoton fallend sein, desgleichen rechts von $x_1=2$.

Diese Monotonieaussagen, abgeleitet aus der Art der relativen Extrema, können auch auf andere Art erhalten werden, indem die *Vorzeichenbereiche der ersten Ableitungsfunktion* zusammengestellt werden:

$$(5.06) \qquad f'(x) = (2x - x^2)e^{-x} \begin{cases} < 0 & \text{für} \quad x < 0 \\ = 0 & \text{für} \quad x = 0 \\ > 0 & \text{für} \quad 0 < x < 2 \\ = 0 & \text{für} \quad x = 2 \\ < 0 & \text{für} \quad x > 2 \end{cases}$$

In einem *Wendepunkt* wechselt der Graph der Funktion aus einem *Rechtsbogen* (Konkavbogen) in einen *Linksbogen* (Konvexbogen) oder umgekehrt (siehe [51], Abschnitt 9.3.2).

Zur Bestimmung möglicher Wendepunkte werden zunächst alle Stellen gesucht, für die die zweite Ableitungsfunktion verschwindet:

$$(5.07) \qquad (2 - 4x + x^2)e^{-x} = 0 \rightarrow x_{W1} = 2 - \sqrt{2} \approx 0{,}58 \quad x_{W2} = 2 + \sqrt{2} \approx 3{,}41$$

Endgültige Gewissheit bringt aber erst die Kontrolle – an den Wendepunkten muss die dritte Ableitungsfunktion einen von Null verschiedenen Wert liefern.

Durch Einsetzen überzeugt man sich:

$$(5.08) \qquad \begin{aligned} f'''(x = 2 - \sqrt{2}) \neq 0 \\ f'''(x = 2 + \sqrt{2}) \neq 0 \end{aligned}$$

An den beiden Stellen liegt tatsächlich jeweils ein Wendepunkt vor.

Die Vorzeichenübersicht der zweiten Ableitungsfunktion *erklärt dazu, welche Bögen in den beiden Wendepunkten aneinander stoßen:*

$$(5.09) \qquad f''(x) = (2 - 4x + x^2)e^{-x} = \begin{cases} > 0 & \text{für } x < 2 - \sqrt{2} \\ = 0 & \text{für } x = 2 - \sqrt{2} \\ < 0 & \text{für } 2 - \sqrt{2} < x < 2 + \sqrt{2} \\ = 0 & \text{für } x < 2 - \sqrt{2} \\ > 0 & \text{für } x < 2 - \sqrt{2} \end{cases}$$

Also verläuft der Graph zuerst in einem Linksbogen (Konvexbogen), im ersten Wendepunkt bei ca. 0,58 wechselt er in einen Rechtsbogen(Konkavbogen), dem sich schließlich im zweiten Wendepunkt bei ca. 3,41 wieder ein Linksbogen anschließt.

Abschließend wollen wir in Form einer kleinen Wertetabelle die gefundenen vier bedeutsamsten Punkte des Graphen mit ihren x- und y-Werten zusammenstellen:

x	f(x)	Art
0	0	<-- Tiefpunkt
2	0,541	<-- Hochpunkt
0,586	0,191	<-- Wendepunkt vom Linksbogen zum Rechtsbogen
3,414	0,384	<-- Wendepunkt vom Rechtsbogen zum Linksbogen

Bild 5.01b: Lokale Extremwerte und Wendepunkte der Funktion (5.01)

Beispiel 5.1-2: *Um die Produktion eines Unternehmens, das sich am Ort N. befinde, in den Ort A zu bringen, soll eine Straße von N nach P gebaut werden, die das Unternehmen mit der Eisenbahnlinie von A nach B verbindet (siehe Bild 5.02).*

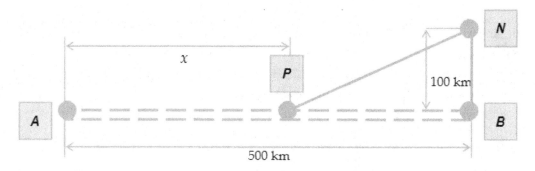

Bild 5.02: Skizze der Orte und der Eisenbahnlinie mit Entfernungen

Die Transportkosten auf der Straße sind doppelt so hoch wie die der Eisenbahn.

Fragestellung: Bis zu welchem Punkt P muss die Straße führen, um die Gesamtkosten für den Transport von N nach A zu minimieren?

Überlegung: Wenn wir die gesuchte Entfernung des Punktes P von A mit x bezeichnen und annehmen, dass auf der Eisenbahn pro Entfernungskilometer für eine Transporteinheit eine Geldeinheit zu entrichten ist, dann ergeben sich nach dem Satz des PYTHAGORAS die Transportkosten zu

$$(5.10) \qquad T(x) = x + 2 \cdot \sqrt{100^2 + (500 - x)^2} \quad .$$

Gesucht ist die Minimumstelle der Funktion T(x), d. h. ein Tiefpunkt. Dafür werden zuerst die benötigten Ableitungsfunktionen nach den Regeln der Differentialrechnung bereitgestellt:

$$T(x) = x + 2 \cdot \sqrt{100^2 + (500 - x)^2}$$

$$(5.11) \qquad T'(x) = 1 + 2 \cdot \frac{2(500 - x)(-1)}{2\sqrt{100^2 + (500 - x)^2}} = 1 - 2 \cdot \frac{(500 - x)}{\sqrt{100^2 + (500 - x)^2}}$$

$$T''(x) = (-2) \frac{[(-1)\sqrt{100^2 + (500 - x)^2}] - [(500 - x)\frac{(500 - x)(-1)}{\sqrt{100^2 + (500 - x)^2}}]}{100^2 + (500 - x)^2}$$

Da die zweite Ableitungsfunktion nur benötigt wird, um nach dem Einsetzen der gefundenen stationären Stelle lediglich eine Vorzeicheninformation *zu liefern, kann auf weiteres Vereinfachen verzichtet werden.*

Betrachten wir nun die erste Ableitungsfunktion und setzen wir sie gleich Null:

$$1 - 2 \cdot \frac{(500 - x)}{\sqrt{100^2 + (500 - x)^2}} = 0$$

$$\frac{(500 - x)}{\sqrt{100^2 + (500 - x)^2}} = \frac{1}{2}$$

$$2(500 - x) = \sqrt{100^2 + (500 - x)^2} \quad |^2$$

(5.12)

$$4(500 - x)^2 = 100^2 + (500 - x)^2$$

$$(500 - x)^2 = \frac{100^2}{3} \quad |\sqrt{}$$

$$500 - x = \frac{100}{\sqrt{3}}$$

$$x = 500 - \frac{100}{\sqrt{3}} \approx 442{,}3$$

Mit $x_E = 442{,}3$ [km] ist vorerst aber nur eine stationäre Stelle gefunden (waagerechte Tangenten an den Graphen von $T(x)$).

Setzt man aber anschließend diesen Wert in die zweite Ableitungsfunktion ein, so ergibt sich mit $T''(x_E = 442{,}3) > 0$ ein positiver Wert.

Es handelt sich in der Tat um einen Tiefpunkt, um ein lokales Minimum.

Ermitteln wir abschließend durch Einsetzen von $x = x_E$ die minimalen Transportkosten:

(5.13) $\quad T(x = x_E) = (500 - \frac{100}{\sqrt{3}}) + 2 \cdot \sqrt{100^2 + (500 - (500 - \frac{100}{\sqrt{3}}))^2} \approx 673{,}2$

Zusammenfassung: Wird eine Straße von N nach P so gebaut, dass sie ca. 442,3 km vor A auf die Eisenbahn trifft, dann ergeben sich Transportkosten von N über P nach A in Höhe von 673,2 GE.

Zum Vergleich:

Würde eine Straße direkt von N nach A gebaut, dann ergäben sich die Transportkosten von 1019,8 GE.

Würde die Straße dagegen nur auf dem kurzen Stück von N nach B gebaut, dann würden sich Transportkosten von N über B nach A mit 700 GE ergeben, die immer noch höher als das berechnete Minimum wären.

5.1.2 Aufgaben

Aufgabe 5.1-1: Wo hat der Graph der Funktion

$$(5.14) \qquad f(x) = 2x^3 - 6{,}6x^2 + 2{,}4x - 1{,}8$$

waagerechte Tangenten?

Aufgabe 5.1-2: Wie heißt das Polynom dritten Grades (auch als ganzrationale Funktion bezeichnet), dessen Graph die folgenden Bedingungen erfüllt:

a) Im Punkt $P_1(2,-4)$ hat die Tangente an den Graph den Anstieg -3.

b) Der Schnittpunkt mit der senkrechten Achse liegt im Punkt $P_2(0,4)$.

c) Eine Nullstelle der Funktion liegt in $P_3(4,0)$.

Aufgabe 5.1-3: Der Graph der Funktion

$$(5.15) \qquad f(x) = kx^3 - 0{,}4x$$

hat für $x=2$ den Anstieg $m=-1{,}6$. Wie groß ist k? Wo liegen die Nullstellen der Funktion?

Aufgabe 5.1-4: Für welches Polynom 3. Grades $p_3(x)$ ist

$$(5.16) \qquad p_3(-1) = 0 \qquad p_3(2) = 0 \qquad p_3{}'(1) = 6 \qquad p_3{}''(-2) = -12 \quad ?$$

Aufgabe 5.1-5: Finden Sie Lage und Art der lokalen Extremwerte für folgende Funktionen:

$$(5.17) \qquad f(x) = x^3 - 3x^2 - x + 3$$

$$(5.18) \qquad f(x) = \frac{x^3}{x^2 - 3}$$

$$(5.19) \qquad f(x) = x^2 (\ln x)^2$$

$$(5.20) \qquad f(x) = e^{2x - x^2}$$

Aufgabe 5.1-6: Für welche Werte von a und b ist der Punkt $P_1(1,3)$ ein Wendepunkt der Funktion

$$(5.21) \qquad f(x) = ax^3 + bx^2 \quad ?$$

5.1.3 Lösungen — Wenn anstelle ausführlicher Lösungen nur die Ergebnisse angegeben sind, dann findet man die ausführlichen Lösungen im Internet unter www.w-g-m.de/bwl-ueb.html

Lösung zur Aufgabe 5.1-1: Gesucht sind die Stellen x, in denen die Tangenten waagerecht sind. Dort gilt bekanntlich $f'(x)=0$. Die Aufgabe wird schrittweise gelöst, indem zuerst die erste Ableitungsfunktion gebildet wird:

$$(5.14a\_L) \quad \begin{aligned} f(x) &= 2x^3 - 6{,}6x^2 + 2{,}4x - 1{,}8 \\ f'(x) &= 6x^2 - 13{,}2x + 2{,}4 \end{aligned}$$

Die Stellen mit waagerechter Tangente (auch als *stationäre Stellen* der Funktion bezeichnet) ergeben sich folglich als Lösungen der Gleichung

$$6x^2 - 13{,}2x + 2{,}4 = 0$$

$$(5.14b\_L) \quad x^2 - 2{,}2x + 0{,}4 = 0$$

$$x_{1,2} = 1{,}1 \pm \sqrt{(1{,}1)^2 - 0{,}4} \rightarrow x_1 = 2, x_2 = 0{,}2$$

Antwortsatz: In den Punkten P1(2; –7,4) und P2(0,2;–1,568) sind die Tangenten an den Graphen der gegebenen Funktion f(x) parallel zur waagerechten Achse.

Lösung zur Aufgabe 5.1-2:

Für das gesuchte Polynom dritten Grades wird zuerst ein Ansatz formuliert:

$$(5.14c\_L) \quad f(x) = ax^3 + bx^2 + cx + d$$

Aus den formulierten Bedingungen ergeben sich sofort die drei Gleichungen

$$(5.14d\_L) \quad \begin{aligned} f'(x=2) &= -3 \\ f(x=0) &= 4 \\ f(x=4) &= 0 \end{aligned}$$

Eine vierte Gleichung versteckt sich hinter der ersten Forderung – wenn die Tangente an den Graph des Polynoms im Punkt $P_1(2,-4)$ den Anstieg –3 haben soll, dann muss der Graph des Polynoms durch diesen Punkt gehen:

$$(5.14e\_L) \quad f(x=2) = -4$$

Mit (5.14d_L) und (5.14e_L) liegen vier Gleichungen für die vier unbekannten Koeffizienten a, b, c und d vor. Als Lösung dieses Gleichungssystems findet man

$$(5.14f\_L) \quad a = \frac{1}{2} \qquad b = -\frac{3}{2} \qquad c = -3 \qquad d = 4$$

Antwortsatz: Der Graph des Polynoms

(5.14g_L) $f(x) = \dfrac{1}{2}x^3 - \dfrac{3}{2}x^2 - 3x + 4$

erfüllt die vier in der Aufgabe 5.1-2 gestellten Bedingungen.

Lösung zur Aufgabe 5.1-3:

Aus der Forderung

(5.15a_L) $f'(x = 2) = -1,6$

erhält man k=−0,1, das führt zu der Funktion

(5.15b_L) $f(x) = -0,1x^3 - 0,4x$

Die zusätzlich gesuchte Nullstelle dieser Funktion befindet sich bei x=0.

Lösung zur Aufgabe 5.1-4:

Auch hier geht es, wie schon in früheren Aufgaben, um die Bestimmung der vier Koeffizienten eines Polynoms dritten Grades

(5.16a_L) $f(x) = ax^3 + bx^2 + cx + d$

Mit diesem Ansatz werden die beiden benötigten Ableitungsfunktionen gebildet:

$$f(x) = ax^3 + bx^2 + cx + d$$
(5.16b_L) $\quad f'(x) = 3ax^2 + 2bx + c$
$$f''(x) = 6ax + 2b$$

Setzt man die jeweils gegebenen x- und y-Werte in die Funktion bzw. in die passende Ableitungsfunktion ein, dann ergibt sich das in Bild (5.03) dargestellte lineare Gleichungssystem.

a	b	c	d	=
-1	1	-1	1	0
8	4	2	1	0
3	2	1	0	6
-12	2	0	0	-12

Bild 5.03: Lineares Gleichungssystem für a, b, c und d

Es besitzt die Lösung

(5.16c_L) $a = 2 \qquad b = 6 \qquad c = -12 \qquad d = -16$

Antwortsatz: Der Graph des Polynoms

(5.16d_L) $f(x) = 2x^3 + 6x^2 - 12x - 16$

erfüllt die vier in der Aufgabe 5.1-4 gestellten Bedingungen.

Lösungen zur Aufgabe 5.1-5:

x_exakt	x_numerisch	f(x)_exakt	f(x)_numerisch	Art
$1 - \frac{2}{3}\sqrt{3}$	-0,154700538	$\frac{16}{9}\sqrt{3}$	3,079201436	<-- Hochpunkt
$1 + \frac{2}{3}\sqrt{3}$	2,154700538	$-\frac{16}{9}\sqrt{3}$	-3,079201436	<-- Tiefpunkt

Bild 5.04a: Zusammenstellung der lokalen Extremwerte von $f(x) = x^3 - 3x^2 - x + 3$

x_exakt	x_numerisch	f(x)_exakt	f(x)_numerisch	Art
-3	-3	-9/2	-4,5	<-- Hochpunkt
3	3	9/2	4,5	<-- Tiefpunkt
0	0	0	0	<-- Wendepunkt

Bild 5.04b: Zusammenstellung der besonderen Stellen von $f(x) = \dfrac{x^3}{x^2 - 3}$

x_exakt	x_numerisch	f(x)_exakt	f(x)_numerisch	Art
1/e	0,367879441	$1/e^2$	0,135335283	<-- Hochpunkt
1	1	0	0	<-- Tiefpunkt

Bild 5.04c: Zusammenstellung der lokalen Extremwerte von $f(x) = x^2 (\ln x)^2$

x_exakt	x_numerisch	f(x)_exakt	f(x)_numerisch	Art
1	1	e	2,718281828	<-- Hochpunkt

Bild 5.04d: Zusammenstellung der lokalen Extremwerte von $f(x) = e^{2x - x^2}$

Die Graphen der vier untersuchten Funktionen sind auf den Folgeseiten dargestellt.

Lösung zur Aufgabe 5.1-6:

Die gesuchte Funktion lautet

(5.16_L) $\quad f(x) = -\dfrac{3}{2}x^3 + \dfrac{9}{2}x^2$

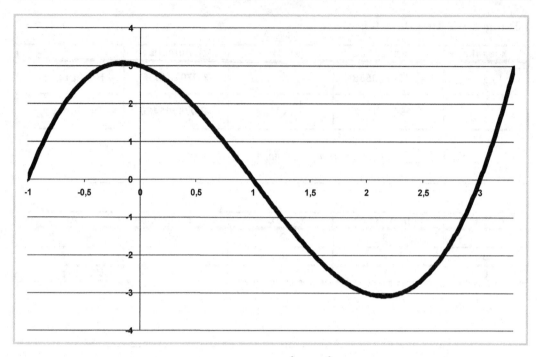

Bild 5.05a: Graph der Funktion $f(x) = x^3 - 3x^2 - x + 3$

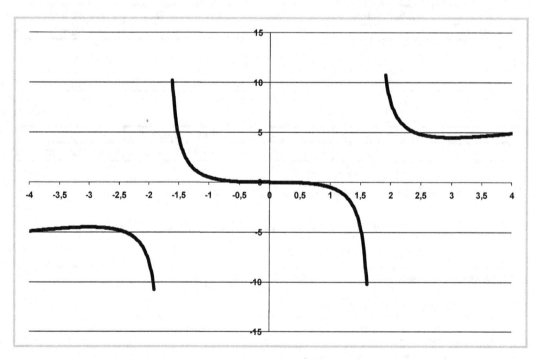

Bild 5.05b: Graph der Funktion $f(x) = \dfrac{x^3}{x^2 - 3}$

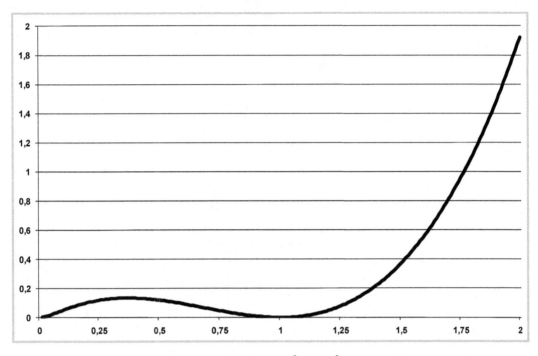

Bild 5.05c: Graph der Funktion $f(x) = x^2 (\ln x)^2$

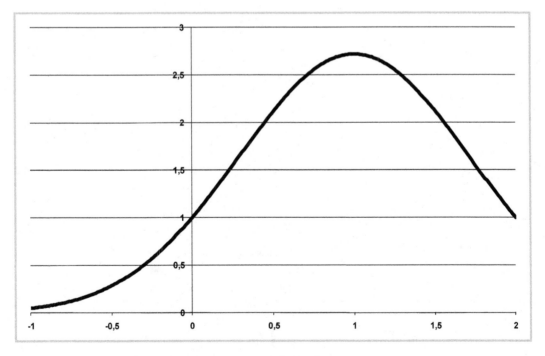

Bild 5.05d: Graph der Funktion $f(x) = e^{2x-x^2}$

6. Funktionen zweier Variabler

6.1 Grundbegriffe

Eine Funktion zweier Variabler ist eine Vorschrift, die einem gegebenen Zahlenpaar (x_1,x_2) eindeutig eine reelle Zahl y zuordnet.

Auf diese Aufgabenstellung wird z. B. ausführlich im Buch „Mathematik für BWL-Bachelor" [51] im Kapitel 10 eingegangen.

Was die Verwendung von Buchstaben angeht: Nicht selten wird anstelle von $(x_1,x_2) \rightarrow y$ bzw. $y=f(x_1,x_2)$ die Symbolik $(x,y) \rightarrow z$ bzw. $z=f(x,y)$ verwendet. Das hat keine inhaltliche Bedeutung.

Man schreibt $y=f(x_1,x_2)$ und nennt die Menge der Zahlenpaare (x_1,x_2), für die die Vorschrift erklärt ist, den Definitionsbereich D(f) der Funktion. Die Menge der möglichen y-Werte bildet den Wertebereich W(f) der Funktion.

Will man den Definitionsbereich einer Funktion $y=f(x_1,x_2)$ ermitteln, so muss man jetzt eine Punktmenge in der x_1-x_2-Ebene bestimmen. Als Wertebereich wird sich dagegen eine Teilmenge der Menge der reellen Zahlen (oder diese Menge selbst) ergeben.

6.1.1 Beispiel dafür, wie es richtig gemacht wird

Beispiel 6.1-1: Gesucht sind Definitions- und Wertebereich *der Funktion*

$$(6.01) \qquad y = \sqrt{1-(x_1^2 + x_2)^2} \ .$$

Lösung: Der Ausdruck unter der Wurzel, der Radikand, darf nicht negativ sein:

$$(6.02a) \qquad 1-(x_1^2 + x_2)^2 \geq 0$$

Diese Ungleichung wird nun umgeformt:

$$(x_1^2 + x_2)^2 \leq 1 \quad | \sqrt{\ }$$

$$(6.02b) \qquad -1 \leq (x_1^2 + x_2) \leq 1 \quad |-x_1^2$$

$$-x_1^2 - 1 \leq x_2 \leq -x_1^2 + 1$$

Als Definitionsbereich *ergibt sich die in Bild 6.01 skizzierte Punktmenge in der x_1-x_2-Ebene: Aus dem Bereich zwischen den beiden Parabeln dürfen beliebige Punkte (x_1,x_2) gewählt werden.*

Denken wir über den Wertebereich *nach:*

Eine Wurzelfunktion liefert nach Definition nur nichtnegative Werte, das heißt, negative Werte sind nicht zu erwarten: $y \geq 0$.

Da der Ausdruck unter der Wurzel außerdem stets kleiner oder gleich Eins ist (denn es wird ja von der Eins das Quadrat einer reellen Zahl abgezogen), ergibt sich schließlich als Wertebereich das abgeschlossene Intervall von Null bis Eins:

$$(6.03) \qquad W(f) = \{y \in \Re \mid 0 \leq y \leq 1\} = [0,1]$$

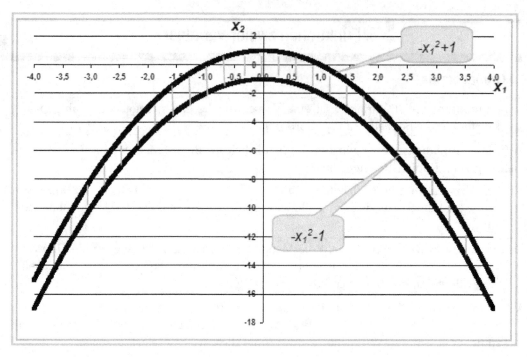

Bild 6.01: Definitionsbereich der Funktion (6.01)

6.1.2 Aufgaben

Aufgabe 6.1-1: Bestimmen Sie den Definitionsbereich der folgenden Funktionen und stellen Sie diesen grafisch dar.

Falls möglich, geben Sie auch den Wertebereich an.

(6.04) $f(x_1, x_2) = \sqrt{2 - x_1^2 - x_2^2}$

(6.05) $f(x_1, x_2) = \ln(-x_1 - x_2)$

(6.06) $f(x_1, x_2) = e^{2 - x_1 + x_2}$

(6.07) $f(x_1, x_2) = \sqrt{x_1^2 + x_2^2 - 8x_1}$

6.1.3 Lösungen

Lösungen zur Aufgabe 6.1-1: Der Definitionsbereich der Funktion

(6.04a_L) $f(x_1, x_2) = \sqrt{2 - x_1^2 - x_2^2}$

wird von einem Kreis mit dem Mittelpunkt M(0,0) berandet, der den Radius $r = \sqrt{2}$ besitzt.

Er umfasst das Kreisinnere einschließlich der Kreisperipherie. Da die Funktionsvorschrift nur nichtnegative Werte links von der Wurzel aus Zwei liefern kann, ergibt sich für den Wertebereich

(6.04b_L) $W(f) = \{x \in \Re \mid 0 \le x \le \sqrt{2}\} = [0, \sqrt{2}\,]$

Der Definitionsbereich der Funktion

(6.05a_L) $f(x_1, x_2) = \ln(-x_1 - x_2)$

besteht aus allen Punkten der Halbebene unterhalb der Geraden

(6.05b_L) $x_2 = -x_1$

Als Wertebereich ergibt sich die Menge aller reellen Zahlen.

Als Definitionsbereich der Funktion

(6.06a_L) $f(x_1, x_2) = e^{2 - x_1 + x_2}$

steht die gesamte x_1-x_2-Ebene zur Verfügung. Da Exponentialfunktionen niemals negative oder verschwindende Funktionswerte realisieren (vgl. [51], Abschnitt 4.2), umfasst der Wertebereich nur die positiven Zahlen

(6.06b_L) $W(f) = \{x \in \Re \mid x > 0\} = \Re^+ = (0, \infty)$

Der Definitionsbereich der Funktion

(6.07_L) $f(x_1, x_2) = \sqrt{x_1^2 + x_2^2 - 8x_1}$

besteht aus der x_1-x_2-Ebene ohne dem Inneren eines Kreises mit dem Mittelpunkt M(4,0) und dem Radius 4.

Der Wertebereich besteht aus allen nichtnegativen Zahlen.

6.2 Partielle Ableitungen

> Zur Bestimmung von lokalen Extremwerten einer Funktion zweier Variabler und zur genaueren Untersuchung einer solchen Funktion werden Ableitungsfunktionen (oft kurz als Ableitungen bezeichnet) benötigt.

Bei Funktionen von zwei und mehr Variablen treten dabei so genannte partielle Ableitungsfunktionen auf (siehe z. B. [51], Abschnitt 10.2.1) .

> Mit Hilfe von partiellen Ableitungsfunktionen einer Funktion zweier Variabler kann man partielle Ableitungswerte erhalten. Sie beschreiben das Verhalten der Funktion in Richtung der Variablen, nach der differenziert wird, bei konstantem zweitem Argument.

Die bekannten Regeln für das Differenzieren lassen sich auch bei Funktionen zweier Variabler anwenden – zusätzlich gilt eine *Sonderregel* ([51], Abschnitt 10.2.1):

Wird nach der ersten Variablen partiell differenziert, dann muss die zweite Variable wie eine Konstante behandelt werden. Wird nach der zweiten Variablen partiell differenziert, dann muss die erste Variable wie eine Konstante behandelt werden.

6.2.1 Beispiele dafür, wie es richtig gemacht wird

Beispiel 6.2-1: *Gesucht sind die ersten partiellen Ableitungsfunktionen f_x und f_y für die Funktion*

(6.08) $f(x, y) = (3x^2 + 4y) \cdot e^{5y}$.

Bei der partiellen Ableitung nach x ist nur der erste Faktor (der Klammerausdruck) zu differenzieren, weil die Exponentialfunktion jetzt wie ein konstanter Faktor behandelt wird.

(6.09) $f_x(x, y) = (3x^2 + 4y)_x \cdot e^{5y}$

Dagegen muss bei der partiellen Ableitung nach y die Produktregel *zur Anwendung kommen:*

(6.10)
$$f_y(x, y) = [(3x^2 + 4y) \cdot e^{5y}]_y$$
$$= 3x^2 \cdot (e^{5y})_y + [4y \cdot e^{5y}]_y$$
$$= 3x^2 \cdot 5e^{5y} + [4 \cdot e^{5y} + 4y \cdot 5e^{5y}]$$
$$= (4 + 15x^2 + 20y) \cdot e^{5y}$$

Beispiel 6.2-2: *Gesucht sind die ersten partiellen Ableitungsfunktionen f_x und f_y für die Funktion*

(6.11) $f(x, y) = (4x + 1)^{8y-3}$.

Für das partielle Differenzieren nach x ist die Funktion wie eine Potenzfunktion zu behandeln:

(6.12a) $f_x(x, y) = (8y - 3)(4x + 1)^{(8y-3)-1} \cdot 4 = 4 \cdot (8y - 3)(4x + 1)^{8y-4}$

Dagegen muss die Funktion beim partiellen Differenzieren nach y wie eine Exponentialfunktion behandelt werden – es ist die Regel

(6.12b1) $(a^x)' = a^x \cdot \ln a$

anzuwenden:

(6.12b2) $f_y(x, y) = (4x + 1)^{8y-3} \cdot \ln(4x + 1) \cdot 8$

Da die ersten beiden partiellen Ableitungsfunktionen selbst ebenfalls Funktionen zweier Variabler sind, können sie weiter differenziert werden.

Man erhält dann *partielle Ableitungsfunktionen höherer Ordnung.*

Beispiel 6.2-3: *Für die Funktion*

(6.13) $f(x, y) = \dfrac{x}{y} \cdot e^{x+y}$

bestimme man alle zweiten partiellen Ableitungsfunktionen.

Zunächst müssen die beiden ersten partiellen Ableitungsfunktionen bereitgestellt werden:

(6.14)

$$f_x(x,y) = \frac{1}{y} \cdot e^{x+y} + \frac{x}{y} \cdot e^{x+y} = (\frac{1}{y} + \frac{x}{y}) \cdot e^{x+y} = \frac{1+x}{y} \cdot e^{x+y}$$

$$f_y(x,y) = \frac{-x}{y^2} \cdot e^{x+y} + \frac{x}{y} \cdot e^{x+y} = (\frac{-x}{y^2} + \frac{x}{y}) \cdot e^{x+y} = \frac{xy - x}{y^2} \cdot e^{x+y}$$

Dann wird viermal weiter partiell differenziert – zuerst f_x partiell nach x und y, dann f_y partiell nach x und y:

(6.15)

$$f_{xx}(x,y) = \frac{1}{y} \cdot e^{x+y} + \frac{1+x}{y} \cdot e^{x+y} = \frac{2+x}{y} \cdot e^{x+y}$$

$$f_{xy}(x,y) = -\frac{1+x}{y^2} \cdot e^{x+y} + \frac{1+x}{y} \cdot e^{x+y} = \frac{xy + y - x - 1}{y^2} \cdot e^{x+y}$$

$$f_{yx}(x,y) = \frac{y-1}{y^2} \cdot e^{x+y} + \frac{xy - x}{y^2} \cdot e^{x+y} = \frac{xy + y - x - 1}{y^2} \cdot e^{x+y}$$

$$f_{yy}(x,y) = \frac{xy^2 - (xy - x)2y}{y^4} \cdot e^{x+y} + \frac{xy - x}{y^2} \cdot e^{x+y} = \frac{2x + xy^2 - 2xy}{y^3} \cdot e^{x+y}$$

Es ist übrigens kein Zufall, dass die Ergebnisse der beiden mittleren Zeilen in (6.15) identisch sind:

> In der Regel kann man damit rechnen, dass für die beiden so genannten gemischten zweiten partiellen Ableitungsfunktionen die Gleichheit gilt:
>
> (6.16) $f_{xy}(x,y) = f_{yx}(x,y)$

Natürlich gibt es Ausnahmen – wer mehr darüber erfahren will, informiere sich z. B. in [26] über die Voraussetzungen der Gültigkeit des *Vertauschbarkeitssatzes von SCHWARZ*. Derartige Ausnahmen sind aber für die in der Ökonomie bedeutsamen Funktionen nicht zu erwarten.

Bemerkung zur Symbolik: Es gibt zwei *völlig gleichwertige Formen*, wie man zum Ausdruck bringen kann, dass eine Funktion zweier Veränderlicher entstanden ist als partielle Ableitungsfunktion. Zum einen ist das die in diesem Buch durchgängig verwendete *Index-Notation*:

$$f(x, y)$$

$$f_x(x, y) \qquad\qquad f_y(x, y)$$

$$f_{xx}(x, y) \quad f_{xy}(x, y) \qquad f_{yx}(x, y) \quad f_{yy}(x, y)$$

Bild 6.02a: Bezeichnung der Ableitungsfunktion durch entsprechenden Index

Genauso gebräuchlich ist aber auch die Verwendung des so genannten *„partiellen d"*:

$$f(x, y)$$

$$\frac{\partial f(x, y)}{\partial x} \qquad\qquad\qquad \frac{\partial f(x, y)}{\partial y}$$

$$\frac{\partial^2 f(x, y)}{\partial x^2} \quad \frac{\partial^2 f(x, y)}{\partial x \partial y} \qquad\qquad \frac{\partial^2 f(x, y)}{\partial y \partial x} \quad \frac{\partial^2 f(x, y)}{\partial y^2}$$

Bild 6.02b: Verwendung des „partiellen d"

Gesprochen wird in jedem Fall „de-f-nach-de-x" bzw. „de-zwei- f-nach-de-x-quadrat".

6.2.2 Aufgaben

Aufgabe 6.2-1: Für die folgenden Funktionen bestimme man alle ersten und zweiten partiellen Ableitungsfunktionen. Dabei überprüfe man insbesondere die *Gleichheit der gemischten zweiten partiellen Ableitungsfunktionen*.

(6.17) $f(x, y) = x^3 y - xy^3$

(6.18) $f(x, y) = \ln(x^2 + y^2)$

(6.19) $f(x, y) = \dfrac{x}{y} + \dfrac{y}{x}$

(6.20) $f(x, y) = (x + y)e^{-x}$

(6.21) $f(x, y) = e^{\frac{y}{x}}$

(6.22) $f(x, y) = \sqrt{x^2 + y^2}$

Aufgabe 6.2-2: Mit Hilfe des totalen Differentials (6.12) bestimme man näherungsweise die Änderung der Funktionswerte, wenn in der Funktion

(6.23) $f(x, y) = x^y$

das Argument x von $x_0 = 1$ auf x = 1,04 erhöht und gleichzeitig das Argument y von $y_0 = 2$ auf y = 2,02 erhöht wird.

6.2.3 Lösungen

Wenn anstelle ausführlicher Lösungen nur die Ergebnisse angegeben sind, dann findet man die ausführlichen Lösungen im Internet unter

www.w-g-m.de/bwl-ueb.html

Lösungen zur Aufgabe 6.2-1:

$$f(x, y) = x^3 y - xy^3$$

(6.17_L)

$$f_x(x, y) = 3x^2 y - y^3 \qquad\qquad f_y(x, y) = x^3 - 3xy^2$$

$$f_{xx}(x, y) = 6xy \qquad\qquad\qquad f_{yy}(x, y) = -6xy$$

$$f_{xy}(x, y) = 3x^2 - 3y^2 = f_{yx}(x, y)$$

$$f(x, y) = \ln(x^2 + y^2)$$

(6.18_L)

$$f_x(x, y) = \frac{2x}{x^2 + y^2} \qquad\qquad f_y(x, y) = \frac{2y}{x^2 + y^2}$$

$$f_{xx}(x, y) = 2\frac{y^2 - x^2}{(x^2 + y^2)^2} \qquad f_{yy}(x, y) = 2\frac{x^2 - y^2}{(x^2 + y^2)^2}$$

$$f_{xy}(x, y) = \frac{-4xy}{(x^2 + y^2)^2} = f_{yx}(x, y)$$

$$f(x, y) = \frac{x}{y} + \frac{y}{x}$$

(6.19_L)

$$f_x(x, y) = \frac{1}{y} - \frac{y}{x^2} \qquad\qquad f_y(x, y) = -\frac{x}{y^2} + \frac{1}{x}$$

$$f_{xx}(x, y) = \frac{2y}{x^3} \qquad\qquad f_{yy}(x, y) = \frac{2x}{y^3}$$

$$f_{xy}(x, y) = -\frac{1}{y^2} - \frac{1}{x^2} = f_{yx}(x, y)$$

$$f(x, y) = (x + y)e^{-x}$$

(6.20_L)

$$f_x(x, y) = (1 - x - y)e^{-x} \qquad f_y(x, y) = e^{-x}$$

$$f_{xx}(x, y) = (-2 + x + y)e^{-x} \qquad f_{yy}(x, y) = 0$$

$$f_{xy}(x, y) = -e^{-x} = f_{yx}(x, y)$$

$$f(x, y) = e^{\frac{y}{x}}$$

(6.21_L)

$$f_x(x, y) = (\frac{-y}{x^2})e^{\frac{y}{x}} \qquad\qquad f_y(x, y) = \frac{1}{x}e^{\frac{y}{x}}$$

$$f_{xx}(x, y) = \frac{y^2 + 2xy}{x^4}e^{\frac{y}{x}} \qquad f_{yy}(x, y) = \frac{1}{x^2}e^{\frac{y}{x}}$$

$$f_{xy}(x, y) = -\frac{y + x}{x^3}e^{\frac{y}{x}} = f_{yx}(x, y)$$

$$f(x, y) = \sqrt{x^2 + y^2}$$

(6.22_L)

$$f_x(x, y) = \frac{x}{\sqrt{x^2 + y^2}} \qquad\qquad f_y(x, y) = \frac{y}{\sqrt{x^2 + y^2}}$$

$$f_{xx}(x, y) = \frac{y^2}{(x^2 + y^2)^{\frac{3}{2}}} \qquad f_{yy}(x, y) = \frac{x^2}{(x^2 + y^2)^{\frac{3}{2}}}$$

$$f_{xy}(x, y) = \frac{-xy}{(x^2 + y^2)^{\frac{3}{2}}} = f_{yx}(x, y)$$

Lösungen zur Aufgabe 6.2-2:

Nach Bildung der beiden ersten partiellen Ableitungsfunktionen und Einsetzen ergibt sich das totale Differential

$$f(x, y) = x^y$$

(6.23a_L) $f_x(x, y) = yx^{y-1}$ $f_y(x, y) = x^y \ln x$

$$df = (yx^{y-1})dx + (x^y \ln x)dy$$

Werden die Zahlenwerte x=1, y=2, dx=0,04 und dy=0,02 eingesetzt, so erhält man

(6.23b_L) $df = 2 \cdot 1^{2-1} \cdot 0,04 + 1^2 \cdot \ln 1 \cdot 0,02 = 0,08$

Die Funktion wächst damit um etwa 0,08 (Taschenrechnerwert 0,08245).

6.3 Extremwertsuche

Die Suche nach *lokalen Extrema bei Funktionen zweier Variabler* erfolgt grundsätzlich in gleicher Weise wie bei Funktionen einer Variablen:

Mit den ersten partielle Ableitungsfunktionen sucht man zuerst nach Punkten auf der Funktionsfläche von z=f(x,y), in denen lokale Extrema liegen könnten – das sind die Punkte mit waagerechten Tangentialebenen, die so genannten stationären Stellen.

Anschließend wird mit Hilfe der zweiten partiellen Ableitungsfunktionen geklärt, ob diese Punkte tatsächlich lokale Extremwerte sind.

Wie in den Abschnitten 10.1.7 und 10.3 in [51] beschrieben, geht man bei der *Suche nach lokalen Extrema einer Funktion zweier Variabler* z=f(x,y) in folgender Weise vor:

a)   Aus dem Gleichungssystem

(6.24)
$$f_x(x, y) = 0$$
$$f_y(x, y) = 0$$

           werden die *stationären Stellen* bestimmt.

·b)   In den gefundenen stationären Stellen berechnet man den Ausdruck

(6.25) $D = f_{xx} \cdot f_{yy} - (f_{xy})^2$.

c)   Ist D>0, so liegt an der stationären Stelle ein *lokales Extremum* vor:

           c1) Ist f_{xx} >0, so handelt es sich um ein *lokales Minimum*.

           c2) Ist f_{xx} <0, so handelt es sich um ein *lokales Maximum*.

d)   Ist D<0, so liegt *kein lokaler Extremwert* vor.

e)   Ist D=0, dann sind zusätzliche Untersuchungen nötig (siehe dazu z. B. [69]).

6.3.1 Beispiele dafür, wie es richtig gemacht wird

Beispiel 6.3-1: Die Funktion

$$(6.26) \qquad f(x, y) = x^3 + 3xy^2 - 15x - 12y$$

ist auf lokale Extrema zu untersuchen. Oft wird diese Aufgabe symbolisch auch durch

$$(6.26a) \qquad f(x, y) = x^3 + 3xy^2 - 15x - 12y = extr!$$

ausgedrückt.

Zunächst werden die benötigten fünf partiellen Ableitungsfunktionen bereitgestellt:

$$(6.27) \qquad \begin{array}{lll} f_x = 3x^2 + 3y^2 - 15 & & f_y = 6xy - 12 \\ f_{xx} = 6x & f_{xy} = 6y & f_{yy} = 6x \end{array}$$

Zur Suche nach den stationären Stellen der Funktion ist das Gleichungssystem (6.24) zu lösen. Mit den beiden ersten partiellen Ableitungsfunktionen aus (6.27) erhält man

$$(6.28) \qquad \begin{array}{ll} 3x^2 + 3y^2 - 15 = 0 & (1) \\ 6xy - 12 \quad\ = 0 & (2) \end{array}.$$

Dieses Gleichungssystem ist nichtlinear (zur Definition eines linearen Gleichungssystems siehe [51], Abschnitt 16.1). Somit ist der Algorithmus von GAUSS nicht anwendbar, man muss versuchen, mittels eigener Überlegungen zu den Lösungen zu kommen:

Beginnen wir bei der unteren Gleichung (2):

$$(6.28a) \qquad xy = 2 \Rightarrow y = \frac{2}{x}$$

Setzt man den so erhaltenen Ausdruck für y in die erste Gleichung (1) ein, so kommt man zur Aufgabe, alle reellen Nullstellen eines Polynoms vierten Grades (vergleiche Seite 57) zu suchen:

$$(6.28b) \qquad \begin{array}{l} x^2 + (\frac{2}{x})^2 = 5 \mid \cdot x^2 \\ x^4 + 4 \quad\ = 5x^2 \\ x^4 - 5x^2 + 4 = 0 \end{array}$$

Da die ungeraden Potenzen fehlen, spricht man hier von einer biquadratischen Gleichung. Sie kann durch die Substitution

$$(6.28c) \qquad x^2 = t$$

in eine quadratische Gleichung überführt werden. Dann ist die Anwendung der bekannten p-q-Formel (siehe Seite 35) möglich:

$$(6.28d) \qquad t^2 - 5t + 4 = 0 \Rightarrow t_{1,2} = \frac{5}{2} \pm \sqrt{(\frac{5}{2})^2 - 4} \Rightarrow t_1 = 1, \quad t_2 = 4$$

Wegen (6.28c) müssen anschließend alle x-Werte gesucht werden, deren Quadrate 1 oder 4 erge-
ben. Das sind die vier Zahlen

(6.28e) $x_1 = 1$, $x_2 = -1$, $x_3 = 2$, $x_4 = -2$

Die zugehörigen y-Werte werden aus (6.28a) berechnet:

(6.28f) $y_1 = 2$, $y_2 = -2$, $y_3 = 1$, $y_4 = -1$

Nun ist die erste Teilaufgabe gelöst, die stationären Stellen sind bekannt:

Die Funktion (6.26) besitzt die stationären Stellen $P_1(1,2)$, $P_2(-1,-2)$, $P_3(2,1)$ und $P_4(-2,-1)$.

Da für jede stationäre Stelle nun der Ausdruck (6.25) zu berechnen ist, werden die dafür benötig-
ten zweiten partiellen Ableitungsfunktionen aus (6.27) eingesetzt. Es ergibt sich

(6.29a) $D = f_{xx} \cdot f_{yy} - (f_{xy})^2 = 6x \cdot 6x - (6y)^2 = 36x^2 - 36y^2$.

Stellen wir nun die Werte für D für die vier stationären Stellen zusammen:

(6.29b)
$$P_1(1,2): \qquad D_1 = 36 \cdot 1^2 - 36 \cdot 2^2 \qquad\qquad = -108 < 0$$
$$P_2(-1,-2): \quad D_2 = 36 \cdot (-1)^2 - 36 \cdot (-2)^2 = -108 < 0$$
$$P_3(2,1): \qquad D_3 = 36 \cdot 2^2 - 36 \cdot 1^2 \qquad\quad\; = 108 \;\; > 0$$
$$P_4(-2,-1): \quad D_4 = 36 \cdot (-2)^2 - 36 \cdot (-1)^2 = 108 \;\; > 0$$

Es ist zu erkennen: Weder P_1 noch P_2 sind Stellen, an denen Hoch- oder Tiefpunkte der Funkti-
onsfläche liegen. Sie sind zwar stationäre Stellen, besitzen eine waagerechte Tangentialebene, aber
kommen für lokale Extrema nicht infrage.

Die letzten beiden stationären Stellen P_3 und P_4 erweisen sich als lokale Extremstellen. Hier muss
mit Hilfe der zweiten partiellen Ableitungsfunktion f_{xx} ihre Art geprüft werden:

(6.29c)
$$P_3(2,1): \qquad f_{xx} = 6 \cdot 2 \qquad = 12 \;\; > 0$$
$$P_4(-2,-1): \quad f_{xx} = 6 \cdot (-2) = -12 < 0$$

Antwortsatz: Die Funktion (6.26) besitzt in $P_3(2,1)$ einen Tiefpunkt und im Punkt $P_4(-2,-1)$ ei-
nen Hochpunkt.

Falls zusätzlich nach den Funktionswerten gefragt wird – dann sind die Koordinaten beider Punk-
te in die Funktionsgleichung einzusetzen:

(6.29d)
$$f(x = 2, \; y = 1 \;\;) = -28$$
$$f(x = -2, y = -1) = \;\; 28$$

6.3.2 Aufgaben

Aufgabe 6.3-1: Man bestimme Lage und Art der lokalen Extrema für folgende Funktionen:

(6.30) $f(x, y) = x^2 + xy + y^2 - 3x - 6y$

(6.31) $f(x, y) = x^2 + y^2 - 2 \ln x - 18 \ln y$

(6.32) $f(x, y) = 2x^3 - xy^2 + 5x^2 + y^2$

(6.33) $f(x, y) = xy(12 - x - y)$

(6.34) $f(x, y) = (x + y^2 + 2y)e^{2x}$

(6.35) $f(x, y) = x^3 + y^2 - 6xy - 39x + 18y + 20$

Aufgabe 6.3-2: Besitzt die Funktion

(6.36) $f(x, y) = xy + \dfrac{50}{x} + \dfrac{20}{y}$

für x>0, y>0 lokale Extrema? Wenn ja, sind das lokale Maxima oder Minima?

Aufgabe 6.3-3: Man überprüfe die Behauptung, dass die Funktion

(6.37a) $f(x, y) = x^2 + xy + y^2 + \dfrac{a^3}{x} + \dfrac{a^3}{y}$

im Punkt $P(x = \dfrac{a}{\sqrt[3]{3}}, y = \dfrac{a}{\sqrt[3]{3}})$ ein lokales Maximum besitzt.

6.3.3 Lösungen

Wenn anstelle ausführlicher Lösungen nur die Ergebnisse angegeben sind, dann findet man die ausführlichen Lösungen im Internet unter
www.w-g-m.de/bwl-ueb.html

Lösungen zur Aufgabe 6.3-1:

Zu untersuchen ist die Funktion

(6,30a_L) $f(x, y) = x^2 + xy + y^2 - 3x - 6y$

Es gibt eine stationäre Stelle bei x=0 und y=3. Die Prüfgröße D erhält den Wert

(6.30b_L) $D(x = 0, y = 3) = 3$

Folglich liegt ein lokales Extremum vor. Wegen

(6.30c_L) $f_{xx}(x = 0, y = 3) = 2$

handelt es sich um ein lokales Minimum mit dem Funktionswert
(6.30d_L) $f_{min}(x = 0, y = 3) = -9$.

Die Funktion

(6.31a_L) $f(x, y) = x^2 + y^2 - 2 \ln x - 18 \ln y$

besitzt eine stationäre Stelle bei x=1 und y=3. Die Prüfgröße D erhält den Wert

(6.31b_L) $D(x = 1, y = 3) = 16$

Folglich liegt ein lokales Extremum vor.

Wegen

(6.31c_L)　$f_{xx}(x=1, y=3) = 4$

handelt es sich um ein lokales Minimum mit dem Funktionswert

(6.31d_L)　$f_{min}(x=1, y=3) = 10 - 18 \ln 3$　.

Bemerkung: Wegen der beiden Logarithmusfunktionen in der Funktionsgleichung (6.31a_L) kann für die stationäre Stelle nur die positive Lösung des Gleichungssystems berücksichtigt werden, das durch Nullsetzen der ersten partiellen Ableitungsfunktionen entsteht.

Die Funktion

(6.32a_L)　$f(x, y) = 2x^3 - xy^2 + 5x^2 + y^2$

besitzt vier stationäre Stellen:

(6.32b_L)　$P_1(0,0)$　　$P_2(-\frac{5}{3}, 0)$　　$P_3(1,4)$　　$P_4(1,-4)$

Die Prüfgröße D ist aber nur für die erste stationäre Stelle positiv:

(6.32c_L)
$$D_1(x=0, y=0) \quad = \quad 20$$
$$D_2(x=-\frac{5}{3}, y=0) = -\frac{160}{3}$$
$$D_3(x=1, y=4) \quad = \quad -32$$
$$D_4(x=1, y=-4) \quad = \quad -32$$

Das lokale Extremum bei x=0 und y=0 erweist sich wegen

(6.32d_L)　$f_{xx}(x=0, y=0) = 10$

als Minimum mit dem Funktionswert

(6.32e_L)　$f_{min}(x=0, y=0) = 0$

Zur vereinfachten Anwendung der Ableitungsregeln sollte die Funktion

(6.33a_L)　$f(x, y) = xy(12 - x - y)$

zuerst anders geschrieben werden:

(6.33b_L)　$f(x, y) = 12xy - x^2 y - xy^2$

Die Funktion besitzt vier stationäre Stellen:

(6.33c_L)　$P_1(0,0)$　　$P_2(12,0)$　　$P_3(0,12)$　　$P_4(4,4)$

Die Prüfgröße D wird aber nur für die letzte stationäre Stelle positiv:

(6.33d_L)
$$D_1(x=0, y=0) \quad = \quad -144$$
$$D_2(x=12, y=0) = \quad -144$$
$$D_3(x=0, y=12) = \quad -144$$
$$D_4(x=4, y=4) \quad = \quad 48$$

Das lokale Extremum bei x=4 und y=4 erweist sich wegen

(6.33e_L) $f_{xx}(x=4, y=4) = -8$

als Maximum mit dem Funktionswert

(6.33f_L) $f_{max}(x=4, y=4) = 64$

Die Funktion

(6.34a_L) $f(x,y) = (x + y^2 + 2y)e^{2x}$

besitzt eine stationäre Stelle bei x=1/2 und y=−1.

Die Prüfgröße D erhält den Wert

(6.34b_L) $D(x = \frac{1}{2}, y = -1) = 4e^2$

Folglich liegt ein lokales Extremum vor. Wegen

(6.34c_L) $f_{xx}(x = \frac{1}{2}, y = -1) = 2e$

handelt es sich um ein lokales Minimum mit dem Funktionswert

(6.34d_L) $f_{min}(x = \frac{1}{2}, y = -1) = -\frac{1}{2}e$.

Die Funktion

(6.35a_L) $f(x,y) = x^3 + y^2 - 6xy - 39x + 18y + 20$

besitzt zwei stationäre Stellen:

(6.35b_L) $P_1(5,6)$ $P_2(1,-6)$

Die Prüfgröße D ist aber nur für die erste stationäre Stelle positiv:

(6.35c_L) $\begin{aligned} D_1(x=5, y=6) &= 24 \\ D_2(x=1, y=-6) &= -24 \end{aligned}$

Das lokale Extremum bei x=5 und y=6 erweist sich wegen

(6.35d_L) $f_{xx}(x=5, y=6) = 30$

als Minimum mit dem Funktionswert

(6.35e_L) $f_{min}(x=5, y=6) = -86$.

Lösungen zur Aufgabe 6.3-2: Zu untersuchen ist die Funktion

(6.36a_L) $f(x,y) = xy + \frac{50}{x} + \frac{20}{y}$

Sie besitzt eine stationäre Stelle x=5 und y=2.

Die Prüfgröße D erhält den Wert

(6.36b_L) $D(x=5, y=2) = 3$

Folglich liegt ein lokales Extremum vor. Wegen

(6.36c_L) $f_{xx}(x = 5, y = 2) = \dfrac{100}{125}$

handelt es sich um ein lokales Minimum mit dem Funktionswert

(6.36d_L) $f_{min}(x = 5, y = 2) = 30$.

Lösungen zur Aufgabe 6.3-3: Zur Auseinandersetzung mit der Behauptung, dass die Funktion

(6.37a_L) $f(x, y) = x^2 + xy + y^2 + \dfrac{a^3}{x} + \dfrac{a^3}{y}$

im Punkt

(6.37b_L) $P(x = \dfrac{a}{\sqrt[3]{3}}, y = \dfrac{a}{\sqrt[3]{3}})$

ein lokales Minimum besitzt, sind zuerst die benötigten Ableitungsfunktionen zu bilden:

(6.37c_L)

$$f_x = 2x + y - \frac{a^3}{x^2} \qquad\qquad f_y = x + 2y - \frac{a^3}{y^2}$$

$$f_{xx} = 2 + \frac{2a^3}{x^3} \qquad f_{xy} = 1 \qquad f_{yy} = 2 + \frac{2a^3}{y^3}$$

Die x- und y-Koordinate des gegebenen Punktes werden in die ersten Ableitungsfunktionen eingesetzt:

(6.37d_L)

$$f_x(x = \frac{a}{\sqrt[3]{3}}, y = \frac{a}{\sqrt[3]{3}}) = 2\frac{a}{\sqrt[3]{3}} + \frac{a}{\sqrt[3]{3}} - \frac{a^3}{(\frac{a}{\sqrt[3]{3}})^2} = 0$$

$$f_y(x = \frac{a}{\sqrt[3]{3}}, y = \frac{a}{\sqrt[3]{3}}) = \frac{a}{\sqrt[3]{3}} + 2\frac{a}{\sqrt[3]{3}} - \frac{a^3}{(\frac{a}{\sqrt[3]{3}})^2} = 0$$

Da sich in beiden Fällen die Null ergibt, ist schon einmal bewiesen, dass der gegebene Punkt eine *stationäre Stelle* der Funktion ist. Doch das reicht nicht aus – es muss noch nachgewiesen werden, dass der Punkt einen lokalen Extrempunkt darstellt. Das erfolgt durch Berechnen der Prüfgröße D:

(6.37e_L) $D(x = \dfrac{a}{\sqrt[3]{3}}, y = \dfrac{a}{\sqrt[3]{3}}) = (2 + \dfrac{2a^3}{(\frac{a}{\sqrt[3]{3}})^3})(2 + \dfrac{2a^3}{(\frac{a}{\sqrt[3]{3}})^3}) - 1^2 = 63$

Zum Schluss fehlt noch der Nachweis der Minimal-Eigenschaft:

(6.37f_L) $f_{xx}(x = \dfrac{a}{\sqrt[3]{3}}, y = \dfrac{a}{\sqrt[3]{3}}) = 2 + \dfrac{2a^3}{(\frac{a}{\sqrt[3]{3}})^3} = 8$

Da im gegebenen Punkt eine stationäre Stelle der Funktion vorliegt, die Prüfgröße D positiv wird und die partielle Ableitungsfunktion f_{xx} ebenfalls positiv wird, liegt ein lokales Minimum vor. Was zu beweisen war.

7. Lagrange-Multiplikatoren

7.1 Beispiele, Übungsaufgaben und Lösungen

Bei der Untersuchung ökonomischer Funktionen ist es häufig nicht ausreichend, nur nach dem maximalen Gewinn oder den minimalen Kosten für ein Unternehmen zu fragen.

Zwei Beispiele sollen das illustrieren:

◆ Oft muss berücksichtigt werden, dass bei der Gewinnmaximierung nicht mehr als eine gewisse Menge der Güter abgesetzt werden kann.

◆ Bei der Kostenminimierung wird man wenigstens vertraglich gebundene Mengen herstellen müssen.

> Damit entstehen mathematische Probleme, bei denen es um die Suche von Extremwerten bei Vorliegen von Nebenbedingungen in Gleichungsform geht.

In diesem Kapitel wird zur Lösung derartiger Aufgaben die Methode der LAGRANGE-Multiplikatoren bevorzugt, so wie sie im Buch „Mathematik für BWL-Bachelor" [51] im Abschnitt 10.6 beschrieben ist.

> Die Methode der LAGRANGE-Multiplikatoren gehört insbesondere in der Volkswirtschaftslehre zu den üblichen Arbeitstechniken.

7.1.1 Beispiele dafür, wie es richtig gemacht wird

Beispiel 7.1-1: *Gesucht sind die Extremwerte der Funktion*

(7.01a) $\quad f(x,y) = x + 2y$

unter der Bedingung

(7.01b) $\quad x^2 + y^2 = 5$.

Wie geht man vor? Zuerst ist die Gleichung der Nebenbedingung auf die Form

(7.01c) $\quad g(x,y) = 0$

zu bringen:

(7.01d) $\quad x^2 + y^2 - 5 = 0$.

Anschließend muss, so wie es in [51] im Abschnitt 10.6.2 beschrieben wird, die so genannte LAGRANGE-Funktion

(7.02) $\quad L(x,y,\lambda) = x + 2y + \lambda(x^2 + y^2 - 5)$

aufgestellt werden.

> *Der Faktor λ wird dabei als* LAGRANGE-Multiplikator *bezeichnet.*

> *Die* LAGRANGE-Funktion *entsteht als Summe aus der Zielfunktion und der mit einem Faktor λ multiplizierten linken Seite der Nebenbedingungs-Gleichung.*

Nun werden die stationären Stellen der LAGRANGE-Funktion bestimmt: Dazu werden die drei ersten partiellen Ableitungsfunktionen der LAGRANGE-Funktion nach x, y und λ gebildet:

(7.03a)
$$L_x = \frac{\partial L}{\partial x} = 1 + 2x\lambda$$

$$L_y = \frac{\partial L}{\partial y} = 2 + 2y\lambda$$

$$L_\lambda = \frac{\partial L}{\partial \lambda} = x^2 + y^2 - 5$$

Stationäre Stellen findet man (siehe Seite 88), indem alle ersten partiellen Ableitungsfunktionen gleich Null gesetzt werden:

(7.03b)
$$1 + 2x\lambda \quad = 0$$
$$2 + 2y\lambda \quad = 0$$
$$x^2 + y^2 - 5 = 0$$

Dieses Gleichungssystem ist zwar nichtlinear, aber durch sinnvolles Einsetzen kann die Lösung gefunden werden:

Hier bietet sich an, die erste Gleichung nach x und die zweite Gleichung nach y aufzulösen und dann in die dritte Gleichung einzusetzen:

$$1 + 2x\lambda \quad = 0 \rightarrow x = -\frac{1}{2\lambda}$$

$$2 + 2y\lambda \quad = 0 \rightarrow y = -\frac{1}{\lambda}$$

$$\downarrow$$

(7.04)
$$x^2 + y^2 - 5 = 0 \rightarrow\rightarrow\rightarrow\rightarrow\rightarrow (-\frac{1}{2\lambda})^2 + (-\frac{1}{\lambda})^2 - 5 = 0$$

$$\frac{1}{4\lambda^2} + \frac{1}{\lambda^2} - 5 = 0 \,|\cdot\lambda^2$$

$$\lambda^2 = \frac{1}{4}$$

Die resultierende quadratische Gleichung führt zu zwei λ-Lösungen, zu denen mit den obersten beiden Zeilen von (7.04) der zugehörige x- und y-Wert bestimmt wird:

(7.05)
$$\lambda_1 = \frac{1}{2} \rightarrow x_1 = -1, y_1 = -2$$

$$\lambda_2 = -\frac{1}{2} \rightarrow x_2 = 1, y_2 = 2$$

Fassen wir zusammen: Die LAGRANGE-Funktion L(x,y,λ) hat zwei stationäre Stellen, sie befinden sich bei P_1(x_1=−1, y_1=−2, λ_1=1/2) und P_2(x_2=1, y_2=2, λ_2=−1/2).

Damit sind zwei Lösungen der Aufgabe (7.01a)-(7.01b) gefunden: In $P_1{}^*(-1,-2)$ und $P_2{}^*(1,2)$ befinden sich tatsächlich lokale Extremwerte von f(x,y)=x+2y über dem Kreis $x^2+y^2=5$.

Es gilt f(x=1,y=2)=5 und f(x=-1,y=-2)=-5 .

7.1.2 Aufgaben

Aufgabe 12.1: Man bestimme die Extremwerte der Funktionen unter der jeweils angegebenen Nebenbedingung:

(7.06a) $f(x, y) = x^2 + y^2 - xy + x + y - 4$

(7.06b) $x + y + 3 = 0$

(7.07a) $f(x, y) = xy^2$

(7.07b) $x + 2y = 1$

(7.08a) $f(x, y) = \dfrac{1}{x} + \dfrac{1}{y}$

(7.08b) $x + y = 2$

(7.09a) $f(x, y) = 2x + y$

(7.09b) $x^2 + y^2 = 1$

7.1.3 Lösungen

Wenn anstelle ausführlicher Lösungen nur die Ergebnisse angegeben sind, dann findet man die ausführlichen Lösungen im Internet unter
www.w-g-m.de/bwl-ueb.html

Zu bestimmen ist

(7.06a_L) $f(x, y) = x^2 + y^2 - xy + x + y - 4 \rightarrow extr$!

unter der Nebenbedingung

(7.06b_L) $x + y + 3 = 0$.

Zuerst sind von der LAGRANGE-Funktion

(7.06c_L) $L(x, y, \lambda) = x^2 + y^2 - xy + x + y - 4 + \lambda(x + y + 3)$

die drei ersten partiellen Ableitungen zu bilden:

$$\frac{\partial L}{\partial x}(x, y, \lambda) = L_x(x, y, \lambda) = 2x - y + 1 + \lambda$$

(7.06d_L) $\dfrac{\partial L}{\partial y}(x, y, \lambda) = L_y(x, y, \lambda) = 2y - x + 1 + \lambda$

$$\frac{\partial L}{\partial \lambda}(x, y, \lambda) = L_\lambda(x, y, \lambda) = x + y + 3$$

Damit ergibt sich zur Ermittlung der stationären Stellen das lineare Gleichungssystem

$$2x - y + 1 + \lambda = 0$$

(7.06e_L) $2y - x + 1 + \lambda = 0$

$$x + y + 3 \qquad = 0$$

mit der Lösung

(7.06f_L) $x = -\dfrac{3}{2}, y = -\dfrac{3}{2}, \lambda = \dfrac{1}{2}$.

Die LAGRANGE-Funktion besitzt die stationäre Stelle $P(x = -\dfrac{3}{2}, y = -\dfrac{3}{2}, \lambda = \dfrac{1}{2})$.

Die Funktion f(x,y) wird damit für $x = -\dfrac{3}{2}, y = -\dfrac{3}{2}$ einen Extremwert unter der ange-

gebenen Nebenbedingung haben und es gilt dort

(7.06g_L) $f(x = -\dfrac{3}{2}, y = -\dfrac{3}{2}) = -\dfrac{19}{4}$.

Zu bestimmen ist

(7.07a_L) $f(x, y) = xy^2 \rightarrow extr$!

unter der Nebenbedingung

(7.07b_L) $x + 2y = 1$.

Zuerst sind von der LAGRANGE-Funktion

(7.07c_L) $L(x, y, \lambda) = xy^2 + \lambda(x + 2y - 1)$

die drei ersten partiellen Ableitungsfunktionen zu bilden:

$$\frac{\partial L}{\partial x}(x, y, \lambda) = L_x(x, y, \lambda) = y^2 + \lambda$$

(7.07d_L) $\dfrac{\partial L}{\partial y}(x, y, \lambda) = L_y(x, y, \lambda) = 2xy + \lambda$

$$\frac{\partial L}{\partial \lambda}(x, y, \lambda) = L_\lambda(x, y, \lambda) = x + 2y - 1$$

Damit ergibt sich zur Ermittlung der stationären Stellen das nichtlineare Gleichungssystem

$$y^2 + \lambda \qquad = 0$$

(7.07e_L) $2xy + \lambda \qquad = 0$

$$x + 2y - 1 = 0$$

mit den beiden Lösungen

$$x_1 = 1, y_1 = 0, \lambda_1 = 0$$

(7.07f_L)

$$x_2 = \frac{1}{3}, y_2 = \frac{1}{3}, \lambda_2 = -\frac{1}{9}$$.

Die LAGRANGE-Funktion besitzt die beiden *stationären Stellen*

$$P_1(x = 1, y = 0, \lambda = 0) \text{ und } P_2(x = \frac{1}{3}, y = \frac{1}{3}, \lambda = -\frac{1}{9}) \ .$$

Berechnet man die zugehörigen Funktionswerte, so kann damit entschieden werden, wo der größte bzw. der kleinste Funktionswert über der Nebenbedingung liegt:

(7.07g_L)
$$f(x = 1, y = 0) \ = \ 0 \rightarrow \text{relatives Minimum}$$
$$f(x = \frac{1}{3}, y = \frac{1}{3}) = \frac{1}{27} \rightarrow \text{relatives Maximum}$$

Zu bestimmen ist

(7.08a_L) $f(x, y) = \dfrac{1}{x} + \dfrac{1}{y} \rightarrow extr!$

unter der Nebenbedingung

(7.08b_L) $x + y = 2$.

Zuerst sind von der LAGRANGE-Funktion

(7.08c_L) $L(x, y, \lambda) = \dfrac{1}{x} + \dfrac{1}{y} + \lambda(x + y - 2)$

die drei ersten partiellen Ableitungsfunktionen zu bilden:

$$\frac{\partial L}{\partial x}(x, y, \lambda) = L_x(x, y, \lambda) = -\frac{1}{x^2} + \lambda$$

(7.08d_L) $\dfrac{\partial L}{\partial y}(x, y, \lambda) = L_y(x, y, \lambda) = -\dfrac{1}{y^2} + \lambda$

$$\frac{\partial L}{\partial \lambda}(x, y, \lambda) = L_\lambda(x, y, \lambda) = x + y - 2$$

Damit ergibt sich zur Ermittlung der stationären Stellen das nichtlineare Gleichungssystem

$$-\frac{1}{x^2} + \lambda = 0$$

(7.08e_L) $-\dfrac{1}{y^2} + \lambda = 0$

$$x + y - 2 = 0$$

mit der Lösung

(7.08f_L) $x = 1, y = 1, \lambda = 1$.

Die LAGRANGE-Funktion besitzt als einzige stationäre Stelle den Punkt

$P(x = 1, y = 1, \lambda = 1)$. Die Funktion f(x,y) wird damit für $x = 1, y = 1$ einen Extremwert unter der angegebenen Nebenbedingung haben.

Dort gilt

(7.08g_L) $f(x = 1, y = 1) = 2$.

Zu bestimmen ist

(7.09a_L) $f(x, y) = 2x + y \to extr!$

unter der Nebenbedingung

(7.09b_L) $x^2 + y^2 = 1$.

Zuerst sind von der LAGRANGE-Funktion

(7.09c_L) $L(x, y, \lambda) = 2x + y + \lambda(x^2 + y^2 - 1)$

die drei ersten partiellen Ableitungsfunktionen zu bilden:

$$\frac{\partial L}{\partial x}(x, y, \lambda) = L_x(x, y, \lambda) = 2 + 2\lambda x$$

(7.09d_L) $\frac{\partial L}{\partial y}(x, y, \lambda) = L_y(x, y, \lambda) = 1 + 2\lambda y$

$$\frac{\partial L}{\partial \lambda}(x, y, \lambda) = L_\lambda(x, y, \lambda) = x^2 + y^2 - 1$$

Damit ergibt sich zur Ermittlung der stationären Stellen das nichtlineare Gleichungssystem

$$2 + 2\lambda x \quad = 0$$
(7.09e_L) $1 + 2\lambda y \quad = 0$
$$x^2 + y^2 - 1 = 0$$

mit den beiden Lösungen

(7.09f_L)
$$x_1 = -\frac{2}{5}\sqrt{5}, y_1 = -\frac{1}{5}\sqrt{5}, \lambda_1 = \frac{1}{2}\sqrt{5}$$
$$x_2 = \frac{2}{5}\sqrt{5}, y_2 = \frac{1}{5}\sqrt{5}, \lambda_2 = -\frac{1}{2}\sqrt{5}$$
.

Die LAGRANGE-Funktion besitzt bei $\quad P_1(x = -\frac{2}{5}\sqrt{5}, y = -\frac{1}{5}\sqrt{5}, \lambda = \frac{1}{2}\sqrt{5})\quad$ und bei

$P_2(x = \frac{2}{5}\sqrt{5}, y = \frac{1}{5}\sqrt{5}, \lambda = -\frac{1}{2}\sqrt{5})$ stationäre Stellen.

Berechnet man die zugehörigen Funktionswerte, so kann damit entschieden werden, wo der größte bzw. der kleinste Funktionswert über der Nebenbedingung liegt:

(7.09g_L)
$$f(x = -\frac{2}{5}\sqrt{5}, y = -\frac{1}{5}\sqrt{5}) = -\sqrt{5} \to \text{r e l a t i v e s   M i n i m u m}$$
$$f(x = \frac{2}{5}\sqrt{5}, y = \frac{1}{5}\sqrt{5}) = \sqrt{5} \to \text{r e l a t i v e s   M a x i m u m}$$

8. Folgen und Reihen

8.1 Folgen

Eine Folge $\{a_n\}_{n=1,2,...}$ ist eine *spezielle Funktion*, deren Definitionsbereich aus den natürlichen Zahlen besteht. Damit sind die von den Funktionen bekannten Eigenschaften wie Beschränktheit und Monotonie interessant.

8.1.1 Beispiele dafür, wie es richtig gemacht wird

Beispiel 8.1-1: *Eine Folge sei durch ihre ersten fünf Glieder erklärt:*

(8.01) $$\frac{1}{4}, \frac{2}{5}, \frac{3}{6}, \frac{4}{7}, \frac{5}{8}, \ldots$$

Man bestimme das allgemeine Bildungsgesetz und untersuche die Folge auf Monotonie und Beschränktheit.

Lösung: *Es ist zu erkennen, dass der Nenner der Brüche um 3 größer ist als der jeweilige Zähler. Es gilt also*

(8.02) $$a_n = \frac{n}{n+3} \quad n = 1,2,\ldots$$

Aus den vorgegebenen Folgengliedern lässt sich die Vermutung ableiten, dass die Folge streng monoton wächst, *also dass*

(8.03) $$a_n < a_{n+1}$$

für alle n gilt.

Zum Nachweis geht man wie folgt vor: Aus

(8.04) $$\frac{n}{n+3} < \frac{n+1}{(n+1)+3}$$

erhält man durch Multiplikation mit (n+3)(n+4) die folgende Ungleichung:

(8.05) $$\begin{aligned} n(n+4) &< (n+1)(n+3) \\ n^2 + 4n &< n^2 + 4n + 3 \quad |-n^2 - 4n \\ 0 &< 3 \end{aligned}$$

Das ist eine wahre Aussage für alle n, die Folge ist somit tatsächlich monoton wachsend. Damit hat man aber auch mit dem Wert des ersten Folgengliedes, d. h. mit $a_1 = 1/4$, eine untere Schranke für die Folge gefunden.

Gibt es aber auch eine obere Schranke?

Um das herauszufinden, muss die Bildungsvorschrift für die Folgenglieder umgeformt werden.

Indem im Zähler erst 3 addiert und dann wieder subtrahiert wird, erhält man

$$(8.06) \qquad a_n = \frac{n}{n+3} = \frac{(n+3)-3}{n+3} = 1 - \frac{3}{n+3}$$

Daraus lässt sich ablesen, dass alle Folgenglieder kleiner als 1 bleiben, so dass mit der 1 auch eine obere Schranke für die betrachtete Folge gefunden wurde.

Zusammenfassend lässt sich also feststellen:

Die streng monoton wachsende Folge $\{a_n\} = \left\{ \dfrac{n}{n+3} \right\}_{n=1,2,\ldots}$ *liegt vollständig in einem Streifen, der bei 1/4 beginnt und bei 1 endet.*

8.1.2 Aufgaben

Aufgabe 8.1-1: Für die Folge $\{a_n\} = \left\{ \dfrac{n}{n^2+1} \right\}_{n=1,2,\ldots}$ bestimme man

♦ die ersten fünf Folgenglieder

♦ das Monotonieverhalten

♦ die Schranken, falls sie existieren.

Aufgabe 8.1-2: Für die Folge, deren erste vier Glieder durch

$$(8.07) \qquad \frac{2}{3}, -\frac{2}{5}, \frac{2}{7}, -\frac{2}{9}, \ldots$$

gegeben sind, sucht man die Bildungsvorschrift für die Folgenglieder.

Danach ist die Folge auf Monotonie und Beschränktheit zu untersuchen.

8.1.3 Lösungen

Wenn anstelle ausführlicher Lösungen nur die Ergebnisse angegeben sind, dann findet man die ausführlichen Lösungen im Internet unter

www.w-g-m.de/bwl-ueb.html

Lösung zur Aufgabe 8.1-1:

Zu untersuchen ist die Folge $\{a_n\} = \left\{ \dfrac{n}{n^2+1} \right\}_{n=1,2,\ldots}$.

Die ersten fünf Glieder dieser Folge lauten

(8.06a_L) $\dfrac{1}{2}, \dfrac{2}{5}, \dfrac{3}{10}, \dfrac{4}{17}, \dfrac{5}{26}, \ldots$

Bei ihrer Betrachtung lässt sich vermuten, dass die Folge streng monoton fallend ist.

Das lässt sich beweisen, indem die Ungleichung

(8.06b_L) $\dfrac{n}{n^2+1} > \dfrac{n+1}{(n+1)^2+1}$

mit dem Produkt aus beiden Nennern multipliziert wird.

Da alle Folgenelemente unterhalb vom ersten Folgenelement 1/2 liegen, hat man mit 1/2 eine obere Schranke gefunden, es ist sogar die *kleinste obere Schranke*.

Eine *untere Schranke* findet man mit der Null, denn alle Folgenglieder sind Quotienten positiver Zahlen.

Antwortsatz: Die Folge liegt also vollständig in einem Streifen zwischen 0 und 1/2.

Lösung zur Aufgabe 8.1-2: Da das Vorzeichen zwischen den Folgenliedern ständig wechselt, hat man es hier mit einer so genannten *alternierenden Folge* zu tun.

Diesen *regelmäßigen Vorzeichenwechsel* kann man in der allgemeinen Bildungsvorschrift durch geeignete Potenzen von (–1) darstellen:

(8.07a_L) $a_n = (-1)^{n+1} \dfrac{2}{2n+1} \qquad n = 1, 2, \ldots$

Als alternierende Folge kann $\{a_n\}$ weder monoton wachsend noch monoton fallend sein.

Betrachtet man jedoch die Beträge der Folgenglieder

(8.07b_L) $|a_n| = \dfrac{2}{2n+1}$

so sieht man, dass mit wachsendem n diese immer kleiner werden. Somit ist mit 2/3 eine obere Schranke und mit –2/5 eine untere Schranke gefunden.

Zusammenfassung: Die alternierende Folge $\{a_n\} = \left\{ (-1)^{n+1} \dfrac{2}{2n+1} \right\}_{n=1,2,\ldots}$ liegt vollständig

in einem Streifen, der bei –2/5 beginnt und bei 2/3 endet.

8.2 Reihen

Eine Reihe $\sum\limits_{k=1}^{n} a_k$ ist eine *Folge von Partialsummen* $\{s_n\}_{n=1,2,\ldots}$.

Anstelle der Vokabel *Partialsummenfolge* wird oft auch der Begriff *Teilsummenfolge* verwendet.

Diese (Partialsummen-) Folge entsteht nach folgender Vorgehensweise:

$$s_1 = a_1$$
(8.08)　　$$s_2 = s_1 + a_2 = a_1 + a_2$$
$$s_3 = s_2 + a_3 = a_1 + a_2 + a_3$$
$$\ldots$$

Hier ist interessant, ob diese Folge der Partialsummen $\{s_n\}_{n=1,2,\ldots}$ mit wachsendem n gegen einen festen Wert strebt oder über alle Grenzen wächst.

Man untersucht also, ob die unendliche Reihe

(8.09)　　$$\sum\limits_{k=1}^{\infty} a_k$$

konvergiert oder nicht.

Wenn es – in Ausnahmefällen – gelingt, eine *Bildungsvorschrift* für die Teilsummenfolge $\{s_n\}$ anzugeben, dann ist die Frage von Konvergenz oder Divergenz relativ leicht zu klären.

8.2.1 Beispiele dafür, wie es richtig gemacht wird

Beispiel 8.2-1: Was kann man über die Konvergenz der Reihe

(8.10)　　$$\sum\limits_{k=1}^{\infty} \frac{1}{(3k-2)(3k+1)}$$

aussagen?

Zunächst betrachten wir die Reihenglieder genauer:

(8.11)　　$$a_k = \frac{1}{(3k-2)(3k+1)} = \frac{1}{3}\left[\frac{1}{(3k-2)} - \frac{1}{(3k+1)}\right]$$

Die Gültigkeit dieser Umformung kann man feststellen, indem die rechts erscheinende Differenz nach den Regeln der Bruchrechnung unter Verwendung des Produkt-Hauptnenners (3k-2)(3k+1) zusammengefasst wird.

Nun ist es möglich, die ersten Glieder der zu dieser Reihe gehörigen Teilsummenfolge {sₙ} aufzuschreiben:

$$s_1 = \sum_{k=1}^{1} \frac{1}{3}\left[\frac{1}{(3k-2)} - \frac{1}{(3k+1)}\right] = \frac{1}{3}\left[\frac{1}{(3-2)} - \frac{1}{(3+1)}\right] = \frac{1}{3}\left[1 - \frac{1}{4}\right]$$

(8.12) $$s_2 = \sum_{k=1}^{2} \frac{1}{3}\left[\frac{1}{(3k-2)} - \frac{1}{(3k+1)}\right] = \frac{1}{3}\left[1 - \frac{1}{4}\right] + \frac{1}{3}\left[\frac{1}{4} - \frac{1}{7}\right] = \frac{1}{3}\left[1 - \frac{1}{7}\right]$$

$$s_3 = \sum_{k=1}^{3} \frac{1}{3}\left[\frac{1}{(3k-2)} - \frac{1}{(3k+1)}\right] = \frac{1}{3}\left[1 - \frac{1}{7}\right] + \frac{1}{3}\left[\frac{1}{7} - \frac{1}{10}\right] = \frac{1}{3}\left[1 - \frac{1}{10}\right]$$

Für die Teilsummenfolge {sₙ} ist jetzt eine Bildungsvorschrift erkennbar:

(8.13) $$s_n = \frac{1}{3}\left[1 - \frac{1}{3n+1}\right]$$

Für den Grenzwert überlegt man sich, welcher Wert erreicht werden wird, wenn n über alle Grenzen wachsen wird:

(8.14) $$\lim_{n\to\infty} s_n = \lim_{n\to\infty} \frac{1}{3}\left[1 - \frac{1}{3n+1}\right] = \frac{1}{3}$$

Lösung der Aufgabe: Die Reihe $\sum_{k=1}^{\infty} \dfrac{1}{(3k-2)(3k+1)}$ *ist konvergent, ihr Grenzwert ist 1/3.*

Weitere Möglichkeiten, die Konvergenz oder Divergenz einer unendlichen Reihe zu prüfen, liefern die *notwendige Konvergenzbedingung* bzw. für *alternierende Reihen* der *Satz von LEIBNIZ*.

Sie lauten wie folgt:

Konvergiert die *Folge der Zuwächse* {aₖ}ₖ₌₁,₂,... *nicht* gegen Null, dann kann die Reihe $\sum_{k=1}^{\infty} a_k$ nicht konvergieren.

Satz von LEIBNIZ: Eine *alternierende Reihe* $\sum_{k=1}^{\infty} a_k$ konvergiert dann, wenn die Folge der Beträge der Zuwächse eine *streng monotone Nullfolge* bildet.

Beispiel 8.2-2: *Man untersuche die Reihen*

(8.15) $$\sum_{k=1}^{\infty} (-1)^{k+1} \frac{k+1}{3k^2 - 1}$$

und

(8.16) $$\sum_{k=1}^{\infty} \frac{3k+1}{5k+1}$$

auf Konvergenz. Beschäftigen wir uns zuerst mit der alternierenden Reihe (8.15).

Die Beträge der Zuwächse

(8.15a) $|a_k| = \dfrac{k+1}{3k^2-1} \xrightarrow[k\to\infty]{} 0$

bilden offenbar eine Nullfolge. Es muss jetzt noch geprüft werden, ob diese Nullfolge streng monoton ist, das heißt, ob

(8.15b) $|a_k| > |a_{k+1}|$

für beliebige k gilt.

Gehen wir wieder von der Behauptung aus und zeigen, dass sie richtig ist:

$$\frac{k+1}{3k^2-1} > \frac{(k+1)+1}{3(k+1)^2-1}$$

(8.15c) $$\frac{k+1}{3k^2-1} > \frac{k+2}{3k^2+6k+2} \mid \cdot (3k^2-1)(3k^2+6k+2)$$

$$(k+1)(3k^2+6k+2) > (k+2)(3k^2-1)$$

$$\cdots$$

$$3k^2+9k+4 > 0$$

Diese Ungleichung ist wahr für alle natürlichen Zahlen k=1,2,... Die Folge der Absolutbeträge der Zuwächse ist eine streng monoton fallende Nullfolge. *Nach dem Satz von LEIBNIZ können wir also die Konvergenz der Reihe (8.15) feststellen.*

Betrachten wir nun die Reihe (8.16). Untersuchen wir sie mit dem erstgenannten Kriterium auf Konvergenz, schreiben wir die ersten Glieder der zugehörigen Teilsummenfolge auf:

$$s_1 = \sum_{k=1}^{1} \frac{3k+1}{5k+1} = \frac{3\cdot 1+1}{5\cdot 1+1} = \frac{4}{6}$$

$$s_2 = \sum_{k=1}^{2} \frac{3k+1}{5k+1} = s_1 + \frac{3\cdot 2+1}{5\cdot 2+1} = \frac{4}{6} + \frac{7}{11}$$

(8.16a)

$$s_3 = \sum_{k=1}^{3} \frac{3k+1}{5k+1} = s_2 + \frac{3\cdot 3+1}{5\cdot 3+1} = \frac{4}{6} + \frac{7}{11} + \frac{10}{16}$$

$$s_4 = \sum_{k=1}^{4} \frac{3k+1}{5k+1} = s_3 + \frac{3\cdot 4+1}{5\cdot 4+1} = \frac{4}{6} + \frac{7}{11} + \frac{10}{16} + \frac{13}{21}$$

Die Folge der Zuwächse bildet ersichtlich keine Nullfolge, es gilt vielmehr

(8.16b) $$\lim_{k\to\infty} a_k = \lim_{k\to\infty} \frac{3k+1}{5k+1} = \lim_{k\to\infty} \frac{k(3+\frac{1}{k})}{k(5+\frac{1}{k})} = \frac{3}{5}$$

Damit kann die Reihe (8.16) nicht konvergieren - sie ist divergent.

8.2.2 Aufgaben

Aufgabe 8.2-1: Man bestimme die ersten vier Glieder der Teilsummenfolge für die Reihe

(8.17) $\quad \sum_{k=1}^{\infty} \dfrac{1}{16k^2 - 8k - 3}$.

Konvergiert die Reihe?

Zur Lösung der Aufgabe sollten Sie zuerst zeigen, dass die folgende Gleichheit gilt:

(8.17a) $\quad \dfrac{1}{16k^2 - 8k - 3} = \dfrac{1}{4}\left[\dfrac{1}{4k-3} - \dfrac{1}{4k+1}\right]$

Dann können Sie, wie im Beispiel 8.2-1 vorgeführt, für die Teilsummenfolge $\{s_n\}_{n=1,2,...}$ eine Formel finden.

Aufgabe 8.2-2: Man untersuche die alternierende Reihe

(8.18) $\quad \sum_{k=1}^{\infty} (-1)^{k+1} \dfrac{k^2 + 1}{2k^2 + 3k + 1}$

auf Konvergenz.

Aufgabe 8.2-3: Kann die Reihe

(8.19) $\quad \sum_{k=1}^{\infty} \sqrt[k]{3}$

konvergieren?

8.2.3 Lösungen

Wenn anstelle ausführlicher Lösungen nur die Ergebnisse angegeben sind, dann findet man die ausführlichen Lösungen im Internet unter www.w-g-m.de/bwl-ueb.html

Lösung zur Aufgabe 8.2-1: Man erhält für die Teilsummenfolge die Darstellung

(8.17a_L) $s_n = \dfrac{1}{4}\left[1 - \dfrac{1}{4n+1}\right]$

Daraus folgt

(8.17b_L) $\lim\limits_{n \to \infty} s_n = \lim\limits_{n \to \infty} s_n \dfrac{1}{4}\left[1 - \dfrac{1}{4n+1}\right] = \dfrac{1}{4}$

Die Folge der Partialsummen konvergiert - und damit ist auch die unendliche Reihe (8.17) konvergent.

Lösung zur Aufgabe 8.2-2: Wenn die alternierende Reihe (8.18) konvergieren soll, dann müsste die Folge der Beträge der Zuwächse eine monotone Nullfolge sein.

Das trifft aber nicht zu:

$$(8.18a\_L) \quad \lim_{k \to \infty} |a_k| = \lim_{k \to \infty} \frac{k^2 + 1}{2k^2 + 3k + 1} = \lim_{k \to \infty} \frac{k^2(1 + \frac{1}{k^2})}{k^2(2 + \frac{3}{k} + \frac{1}{k^2})} = \frac{1}{2} \neq 0$$

Die alternierende Reihe (8.18) kann nicht konvergieren!

Lösung zur Aufgabe 8.2-3 Wir schreiben zuerst die Wurzel als *Potenz mit gebrochenem Exponenten* (siehe Seite 29) und betrachten dann die Folge der Partialsummen:

$$\sum_{k=1}^{\infty} \sqrt[k]{3} = \sum_{k=1}^{\infty} 3^{\frac{1}{k}}$$

$$s_1 = 3$$

$(8.19a\_L)$
$$s_2 = 3 + 3^{\frac{1}{2}}$$

$$s_3 = 3 + 3^{\frac{1}{2}} + 3^{\frac{1}{3}}$$

$$\dots$$

Konvergiert die Folge der Zuwächse gegen Null? Nein, denn es gilt

$$(8.19b\_L) \quad \lim_{n \to \infty} 3^{\frac{1}{n}} = 3^0 = 1$$

Demzufolge kann die Reihe (8.19) nicht konvergieren, sie ist divergent.

9. Grundlagen der Finanzmathematik

Wie im Abschnitt 13.1 von [51] ausgeführt wird, machen Fragestellungen der Finanzmathematik nur Sinn, wenn man annimmt, dass das eingezahlte oder ausgeliehene Kapital verzinst wird.

Betrachten wir dazu einige typische Probleme, wobei einstweilen davon ausgegangen wird, dass die Einzahlungen am Jahresanfang, die Auszahlungen am Jahresende erfolgen.

9.1 Die Zinseszinsformel

9.1.1 Beispiele, wie man es richtig macht

Beispiel 9.1-1: *Ein Kapital $K_0=5\,000\,€$ wird zu einem Zinssatz von $i=7\%$ p. a. angelegt.*

  a) *Welcher Betrag steht nach 15 Jahren zur Verfügung?*

  b) *Wie viele Jahre hätte man das Kapital K_0 anlegen müssen, damit bei gleichem Zinssatz ein Endkapital von $20\,000\,€$ zur Verfügung steht?*

Lösung von a): Gegeben sind $K_0=5\,000$, $i=0,07$ und $n=15$. Mit der Zinseszinsformel aus Abschnitt 13.2.1 von [51] ergibt sich durch Einsetzen dieser Werte:

$$(9.01) \qquad K_{15} = 5\,000 \cdot 1,07^{15} = 13\,795,16 \; .$$

Antwortsatz: Am Ende des 15-ten Jahres stehen $13\,795,16\,€$ zur Verfügung.

Lösung von b): Gegeben sind jetzt $K_0=5\,000$, $K_n=20\,000$ und $i=0,07$. Diese Werte werden in die Zinseszinsformel eingesetzt

$$(9.02a) \qquad 20\,000 = 5\,000 \cdot 1,07^{\,n} \, ,$$

und anschließend wird unter Verwendung der Logarithmengesetze nach n umgestellt:

$$4 = 1,07^{\,n}$$

$$(9.02b) \qquad \ln 4 = \ln 1,07^{\,n} = n \cdot \ln 1,07$$

$$n = \frac{\ln 4}{\ln 1,07} = 20,489$$

Antwortsatz: Nach 20 Jahren und 6 Monaten befinden sich auf dem Konto die erwünschten $20\,000\,€$ - sie stehen also bei der Abhebung am Ende des 21. Jahres zur Verfügung.

Beispiel 9.1-2: *Eine Spareinlage von $1500\,€$ ist nach 8 Jahren auf $2\,675\,€$ angewachsen.*

  a) *Mit welchem Zinssatz wurde das Kapital verzinst?*

  b) *Welchen Betrag hätte man einzahlen müssen, um bei einem Zinssatz von $i=4\%$ p. a. das gleiche Endkapital nach 8 Jahren ausgezahlt zu bekommen?*

Lösung von a): Gegeben sind $K_0=1500$, $K_8=2675$ und $n=8$. Aus der Zinseszinsformel erhält man

(9.03a) $2675 = 1500 \cdot (1+i)^8$

und mit Hilfe der Potenzgesetze ergibt sich daraus

(9.03b) $\dfrac{2675}{1500} = (1+i)^8 \Rightarrow (1+i) = \sqrt[8]{\dfrac{2675}{1500}} \Rightarrow i = \sqrt[8]{\dfrac{2675}{1500}} - 1 = 1,07499 - 1 = 0,07499$

Antwortsatz: Das Kapital war zu einem Zinssatz von $i=7.5\%$ p. a. angelegt.

Lösung von b): Gegeben sind nun $K_8=2675$, $n=8$ und $i=0,04$. Eingesetzt in die Zinseszinsformel ergibt sich

(9.04a) $2675 = K_0 \cdot (1+0,04)^8$.

Die Umstellung nach K_0 (gleichbedeutend mit einer Diskontierung des Endbetrages) liefert dann

(9.04b) $K_0 = \dfrac{2675}{(1,04)^8} = 1954,596$.

Antwortsatz: Man hätte $1954,60\,€$ einzahlen müssen, um den gleichen Endbetrag zu erhalten.

Beispiel 9.1-3: *Ein Kapital der Höhe $K_0=10000\,€$ wird 2 Jahre lang mit 6% p. a. verzinst, danach weitere 5 Jahre mit 7% p. a. und anschließend wird es noch 3 Jahre mit 4% p. a. verzinst.*

   a)   Auf welchen Betrag ist es angewachsen?

   b)   Zu welchem durchschnittlichen jährlichen Zinssatz war das Kapital angelegt?

Lösung von a): Wir setzen $K_0=10000$, $i_1=0,06$, $n_1=2$, $i_2=0,07$, $n_2=5$, $i_3=0,04$, $n_3=3$

Benötigt wird auch hier wieder die Zinseszinsformel. Zunächst aber sollten die gegebenen Daten an einem Zeitstrahl grafisch veranschaulicht werden:

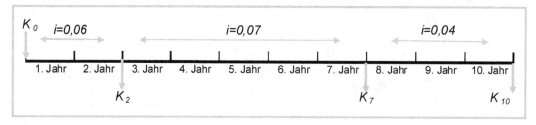

     Bild 9.01: Zeitstrahl

Zunächst wird K_0 zwei Jahre lang mit $i=6\%$ p. a. verzinst, dadurch entsteht am Ende des zweiten Jahres das erste Endkapital

(9.05a) $K_2 = 10000 \cdot 1,06^2 = 11236$.

Dieses Endkapital K_2 ist dann das Startkapital für die nachfolgende fünfjährige Verzinsung:

(9.05b) $K_7 = 11236 \cdot 1,07^5 = 15759,07$.

Anschließend erfolgt drei Jahre lang eine Verzinsung von K_7 mit 4% p. a.:

(9.05c) $K_{10} = 15\,759{,}07 \cdot 1{,}04^3 = 17\,726{,}81$.

Antwortsatz: *Am Ende des zehnten Jahres befinden sich 17 726,81 € auf dem Konto.*

Bemerkung: Anstelle der drei einzelnen Rechenschritte hätte man das Endkapital nach zehn Jahren auch durch eine einzige Formel erhalten können:

(9.05d) $K_{10} = 10\,000 \cdot 1{,}06^2 \cdot 1{,}07^5 \cdot 1{,}04^3 = 17\,726{,}81$

Lösung von b): Gegeben sind nun $K_0 = 10\,000$, $K_{10} = 17\,726{,}81$ und $n = 10$. Diese Werte werden in die Zinseszinsformel eingesetzt:

(9.06a) $17\,726{,}81 = 10\,000 \cdot (1+i)^{10}$.

Die Auflösung nach i liefert den gesuchten Zinssatz:

(9.06b) $(1+i) = \sqrt[10]{\dfrac{17\,726{,}81}{10\,000}} \Rightarrow i = \sqrt[10]{\dfrac{17\,726{,}81}{10\,000}} - 1 = 0{,}05\,89$.

Antwortsatz: *Das Kapital wurde mit einem durchschnittlichen Zinssatz von i=5,89 % p. a. zehn Jahre lang verzinst.*

Ergänzung: Aus

(9.06c) $10\,000 \cdot 1{,}06^2 \cdot 1{,}07^5 \cdot 1{,}04^3 = 10\,000 \cdot (1+i)^{10}$

lässt sich folgende Beziehung ableiten:

(9.06d) $i = \sqrt[10]{1{,}06^2 \cdot 1{,}07^5 \cdot 1{,}04^3} - 1$

Das bedeutet: Der gesuchte *durchschnittlichen Zinssatz* ergibt sich aus dem *geometrischen Mittel der Aufzinsungsfaktoren.*

Falsch wäre es jedoch, das arithmetische Mittel der Aufzinsungsfaktoren zu bilden und damit zu arbeiten. Denn das arithmetische Mittel (der Durchschnitt) der einzelnen Aufzinsungsfaktoren ergibt sich zu $(2 \cdot 0{,}06 + 5 \cdot 0{,}07 + 3 \cdot 0{,}04)/10 = 0{,}059$: Würde mit diesem (falschen!) durchschnittlichen Zinssatz gerechnet, so ergibt sich offensichtlich ein beachtlicher Fehler:

(9.06e) $10\,000 \cdot 1{,}059^{10} - 17\,726{,}81 = 13{,}43$

9.1.2 Aufgaben

Aufgabe 9.1-1: Ein Betrag von 100 000 € soll durch eine Einmalzahlung von 25 000 € zum jetzigen Zeitpunkt nach n Jahren zur Verfügung stehen. Wie lange muss bei einem Zinssatz von i=7,5 % p. a. auf das Geld gewartet werden?

Aufgabe 9.1-2: Welcher Betrag müsste heute eingezahlt werden, damit bei einem konstanten Zinssatz von i=2,5 % p. a. nach 20 Jahren ein Betrag von 50 000 € zur Verfügung steht?

Aufgabe 9.1-3: Max Großmaul behauptet, dass sich seine ersten ehrlich verdienten 1 000 €
bereits nach 10 Jahren vervierfacht haben werden. Seine Bank hätte ihm als guten Kun-
den einen Zinssatz von i=4,5 % p. a. für diese zehn Jahre zugesichert. Was halten Sie von
dieser Behauptung?

9.1.3 Lösungen

Wenn anstelle ausführlicher Lösungen nur die Ergebnisse angegeben sind, dann findet man die
ausführlichen Lösungen im Internet unter
www.w-g-m.de/bwl-ueb.html

Lösung zur Aufgabe 9.1-1: Nach dem Einsetzen der gegebenen Werte in die Zinseszinsformel und Auflösung nach n durch beidseitiges Logarithmieren ergibt sich

$$(9.01\_L) \quad n = \frac{\ln 4}{\ln 1,075} = 19,17 \quad .$$

Antwortsatz: Es müsste ca. 19 Jahre und 2 Monate auf das Geld gewartet werden.

Lösung zur Aufgabe 9.1-2: Werden die gegebenen Werte in die Zinseszinsformel eingesetzt und dann nach K_0 umgestellt, so erhält man

$$(9.02\_L) \quad K_0 = \frac{50000}{1,025^{20}} = 30513,55 \quad .$$

Antwortsatz: Es müsste heute ein Betrag von 30 513,55 € eingezahlt werden.

Lösung zur Aufgabe 9.1-2: Aus der Zinseszinsformel erhält man

$$(9.03\_L) \quad K_{10} = 1000 \cdot 1,045^{10} = 1552,97 \quad .$$

Antwortsatz: Die Behauptung ist falsch, der entstehende Betrag liegt weit unter dem Vier-
fachen der eingezahlten 1 000 €.

9.2 Vergleich von Angeboten

Eine Vielzahl von Aufgabenstellungen der Finanzmathematik beschäftigt sich mit dem
Vergleich von Angeboten. Dabei ist das Äquivalenzprinzip der Finanzmathematik, wie
es in [51] im Abschnitt 13.2.2 formuliert wurde, die Grundlage für Entscheidungen.

Es empfiehlt sich, die Zahlungsverläufe immer auf einem Zeitstrahl grafisch darzustellen,
um z. B. einen Barwertvergleich (oder auch einen Endwertvergleich) korrekt durchführen
zu können.

9.2.1 Beispiele dafür, wie es richtig gemacht wird

Beispiel 9.2-1: *Der Verkäufer eines Hauses erhielt drei Angebote:*

Angebot 1: 220 000 € sofort

Angebot 2: 240 000 € in 2 Jahren

Angebot 3: jeweils am Jahresende 60 000 € über vier Jahre.

Für welches Angebot wird sich der Verkäufer bei einem Zinssatz von i=4,5 % p. a. entscheiden?

Lösung: *Zunächst werden die drei Angebote grafisch dargestellt.*

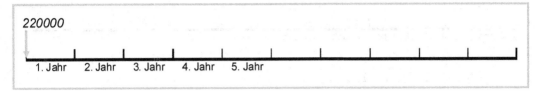

Bild 9.02a: Angebot 1

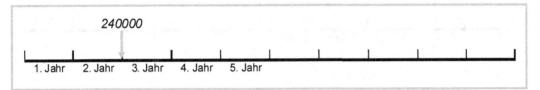

Bild 9.02b: Angebot 2

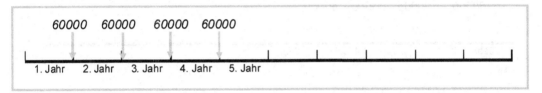

Bild 9.02c: Angebot 3

Da für das Angebot 1 bereits der Barwert bekannt ist, wird ein Barwertvergleich durchgeführt, das heißt, die beiden anderen Angebote werden auf den Zeitpunkt t=0 („sofort") abgezinst. Man erhält dabei für das Angebot 2 einen Barwert von

$$(9.07a) \quad K_0 = \frac{240000}{(1{,}045)^2} = 219775{,}19 \quad .$$

Der Barwert für das Angebot 3 liegt dagegen bei

$$(9.07b) \quad K_0 = \frac{60000}{(1{,}045)} + \frac{60000}{(1{,}045)^2} + \frac{60000}{(1{,}045)^3} + \frac{60000}{(1{,}045)^4} = 215251{,}54 \quad .$$

Antwortsatz: *Obwohl das Angebot 1 das nominal schlechteste ist, sollte sich der Verkäufer für dieses Angebot entscheiden, da es den größten Barwert garantiert.*

> Bemerkung: Die Entscheidung des Verkäufers ändert sich auch nicht, wenn der *Tag der letzten Zahlung* als Stichtag für den Vergleich gewählt wird.

Dann müsste das Angebot 1 für den Endwertvergleich vier Jahre aufgezinst werden:

$$(9.07c) \quad K_4 = 220000 \cdot 1{,}045^4 = 262354{,}09$$

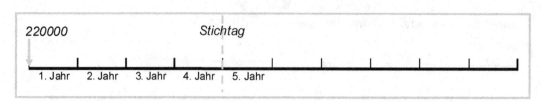

Bild 9.03a: Angebot 1

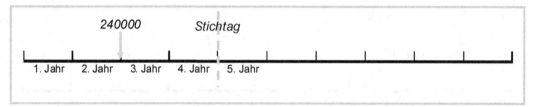

Bild 9.03b: Angebot 2

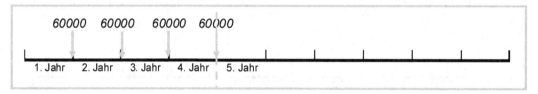

Bild 9.03c: Angebot 3

Das Angebot 2 würde nur zwei Jahre aufgezinst:

(9.07d) $K_4 = 240\,000 \cdot 1,045^2 = 262\,086,00$

Für das Angebot 3 schließlich erhält man einen Endwert von

(9.07e) $K_4 = 60\,000 \cdot 1,045^3 + 60\,000 \cdot 1,045^2 + 60\,000 \cdot 1,045 + 60\,000 = 256\,691,47$

Fazit: *Auch beim Endwertvergleich erweist sich das erste Angebot als das beste für den Verkäufer des Hauses.*

9.2.2 Aufgaben

Aufgabe 9.2-1: Beim Verkauf eines Grundstückes geht folgendes Angebot vom Interessenten M. ein: 20000€ sofort, 20000€ nach zwei Jahren, 30000€ nach weiteren drei Jahren.

Welche Einmalzahlung müsste M. sofort leisten, damit der Verkäufer am Tag der letzten Zahlung über die gleiche Summe verfügen kann? Der Zinssatz sei i=4,5% p. a. über die gesamte Laufzeit.

Aufgabe 9.2-2: Für den Verkauf eines Grundstücks erhielt ein Verkäufer die folgenden Angebote:

Angebot 1: 200000€ bei sofortiger Bezahlung

Angebot 2: 220000€ in zwei Jahren

Angebot 3: 50000€ in einem Jahr und 177500€ nach weiteren zwei Jahren.

a)   Welches Angebot ist bei einem Zinssatz von i=5% p. a. das Beste?

b)   Der Zinssatz hat sich auf i=8% p. a. erhöht., Welches Angebot ist jetzt das Beste?

Aufgabe 9.2-3: Beim Anbieter eines Oldtimers gingen für den angebotenen Wagen folgende Angebote ein:

Angebot 1: 25 000 € sofort, 20 000 € nach einem Jahr, 35 000 € nach weiteren zwei Jahren

Angebot 2: 35 000 € nach einem Jahr, 45 000 € nach weiteren vier Jahren

Angebot 3: 30 000 € nach zwei Jahren, 50 000 € nach weiteren zwei Jahren.

Welches der Angebote ist bei einem Zinssatz von i=7% p. a. für den Anbieter das beste Angebot? Verwenden Sie als Stichtag für Ihre Rechnung den Tag der letzten Zahlung.

Aufgabe 9.2-4: Eine Zahlungsverpflichtung besteht aus zwei Zahlungen: 150 000 €, fällig in 5 Jahren, und 100 000 €, fällig in 7 Jahren. Die Zahlungsverpflichtung soll durch

    - eine sofortige Zahlung

    - eine einzige Zahlung in vier Jahren

    - zwei gleichgroße Zahlungen in zwei und vier Jahren

abgelöst werden. Welcher Betrag ist zu zahlen, wenn mit einem Zinssatz von i=6% p. a. gerechnet wird? Stellen Sie in jedem Fall die Zahlungsverläufe grafisch dar.

9.2.3 Lösungen

> Wenn anstelle ausführlicher Lösungen nur die Ergebnisse angegeben sind, dann findet man die ausführlichen Lösungen im Internet unter
> www.w-g-m.de/bwl-ueb.html

Lösung von Aufgabe 9.2-1: Das eingegangene Angebot wird zunächst grafisch dargestellt:

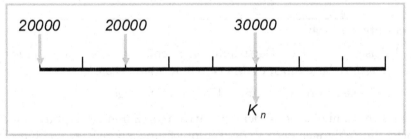

Bild 9.04: Darstellung der eingegangenen Angebote

Den Endwert K_5 für dieses Angebot erhält man durch Aufzinsen der ersten beiden Beträge:

(9.04a_L) $K_5 = 20\,000 \cdot 1{,}045^5 + 20\,000 \cdot 1{,}045^3 + 30\,000 = 77\,746{,}96$

Dieser Endbetrag sollte durch Aufzinsen eines Einmalbetrages erreicht werden, d. h., gesucht ist K_0 mit

(9.04b_L) $77\,746{,}96 = K_0 \cdot 1{,}045^5$.

Man erhält folglich $K_0 = 62\,388{,}13$.

Antwortsatz: M. müsste sofort einen Betrag von 62 388,13 € zahlen.

Lösung von Aufgabe 9.2-2:

Lösung zu a): Aus der grafischen Darstellung der drei Angebote lässt sich ableiten, dass hier der Barwertvergleich (d.h. das Abzinsen auf den Zeitpunkt t = 0) zweckmäßig ist:

Für das Angebot (1) ist bereits der Barwert bekannt: $K_0 = 200\,000$.

Für das Angebot (2) ergibt sich $K_0 = 199\,546,49$.

Für das Angebot (3) ergibt sich $K_0 = 200\,950,22$.

Antwortsatz zu Aufgabe a): Bei einem Zinssatz von i=5% p. a. ist das Angebot (3) das Beste für den Verkäufer.

Lösung zu b):

Für das Angebot (1) ist bereits der Barwert bekannt: $K_0 = 200\,000$.

Für das Angebot (2) ergibt sich $K_0 = 188\,614,54$.

Für das Angebot (3) ergibt sich $K_0 = 187\,201,52$.

Antwortsatz zu Aufgabe b): Bei einem Zinssatz von i=8% p. a. ist das Angebot (1) das Beste für den Verkäufer.

Lösung von Aufgabe 9.2-3: Aus der Aufgabenstellung ergibt sich hier, dass als Stichtag für den Vergleich der *Tag der letzten Zahlung* gewählt werden soll:

Für das Angebot (1) ergibt sich: $K_5 = 101\,351,21$.

Für das Angebot (2) ergibt sich $K_5 = 90\,877,86$.

Für das Angebot (3) ergibt sich $K_5 = 90\,251,29$.

Antwortsatz: Für den Anbieter des Oldtimers ist das Angebot (1) das beste Angebot.

Lösung von Aufgabe 9.2-4:

Lösung zu a): Aus der grafischen Darstellung ist zu entnehmen, dass der *Barwert der Zahlungsverpflichtungen* zu bestimmen ist. Man erhält $K_0 = 178\,594,43$.

Antwortsatz zu a): Die Sofortzahlung muss 178 594,43 € betragen.

Lösung zu b): Hier kann man entweder den Barwert der Zahlungsverpflichtungen 4 Jahre *aufzinsen* oder die Zahlungen der Zahlungsverpflichtung auf den gewünschten Zeitpunkt *abzinsen*.

Antwortsatz zu b): Nach vier Jahren kann die Zahlungsverpflichtung durch eine Zahlung von 225 471,36 € abgelöst werden.

Lösung zu c): Bei einer solchen Zahlungsweise muss der Barwert durch Abzinsen der beiden gewünschten Beträge entstehen.

Antwortsatz zu c): Um die Zahlungsverpflichtung abzulösen, sind zwei Zahlungen von jeweils 106 174,12 € in zwei und vier Jahren nötig.

9.3 Einfache Verzinsung

> Bei dieser Form der Verzinsung werden Ein- und Auszahlung innerhalb des Kalenderjahres betrachtet, wobei für jeden Tag der Verweilzeit die Tageszinsen bestimmt werden und diese dann bei der Rückzahlung dem Kapital zugeschlagen werden.

Hierbei tritt kein Zinseszinseffekt auf, deshalb spricht man auch von *einfacher Verzinsung*.

Gerechnet wird hier nach der so genannten deutschen Methode, bei der das Jahr mit 12 Monaten zu je 30 Tagen betrachtet wird. Das Bankjahr hat also nur 360 Zinstage.

> Beachtet werden muss außerdem, dass der Einzahlungstag nicht verzinst wird, für den Tag der Rückzahlung werden dagegen Zinsen gezahlt.

9.3.1 Beispiele dafür, wie es richtig gemacht wird

Beispiel 9.3-1: *Am 12. Februar eines Jahres war eine Rechnung fällig, die jedoch erst am 18. August mit einer Überweisung in Höhe von 12 775 € einschließlich 12,5 % p. a. Verzugszinsen bezahlt wurde. Wie hoch war der Rechnungsbetrag?*

Lösung: *Zunächst wird die Laufzeit (in Tagen) bestimmt:*

(9.08a) $n = 18 + 150 + 18 = 186$ **T a g e** .

Damit entsteht

(9.08b) $12\,775 = K_0 (1 + \dfrac{0,125}{360} \cdot 186)$.

Wird diese Formel nach K_0 umgestellt, so ergibt sich $K_0 = 12\,000\,€$.

Antwortsatz: *Der Rechnungsbetrag hatte die Höhe von 12 000 €.*

Beispiel 9.3-2: *Regelmäßig am Monatsende kann Herr K. die in diesem Monat gesparten 125 € auf ein mit i=2,5 % p. a. verzinstes Konto einzahlen. Welcher Betrag ist am Jahresende auf diesem Konto?*

Lösung: *Zunächst stellen wir die Zahlungsverläufe grafisch dar:*

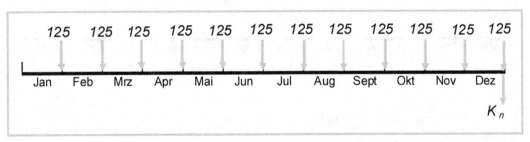

Bild 9.05: Einzahlungen am Monatsende

Jetzt kann man erkennen, dass die Januar-Einzahlung elf Monate verzinst wird, die Februar-Einzahlung wird um zehn Monatszinsen aufgestockt und so weiter, während die letzte, die Dezember-Einzahlung, gar nicht verzinst wird.

Somit ergibt sich:

$$K_n = 125 \cdot (1 + \frac{0{,}025}{12} \cdot 11) + 125 \cdot (1 + \frac{0{,}025}{12} \cdot 10) + ... + 125 \cdot (1 + \frac{0{,}025}{12} \cdot 1) + 125$$

(9.09)
$$= 125 \cdot 12 + 125 \cdot \frac{0{,}025}{12} \cdot (11 + 10 + 9 + ... + 2 + 1)$$

$$= 125 \cdot 12 + 125 \cdot \frac{0{,}025}{12} \cdot 66 = 1517{,}19$$

Antwortsatz: Am Jahresende beträgt der Kontostand 1517,19 €.

Beispiel 9.3-3: *Eine Schuld sollte durch drei gleich hohe Raten von je 10 000€, die am 1.4., am 1.7. und am 1.10. fällig waren, getilgt werden.*

Der Schuldner bittet darum, stattdessen fünf gleichgroße Raten, die am 1.4., 1.6., 1.8., 1.10 und 1.12. gezahlt werden, zur Tilgung dieser Schuld zahlen zu dürfen. Wie hoch müssten diese Raten bei einem Zinssatz von i=8,5% p. a. sein?

Lösung: Zunächst werden beide Zahlungen grafisch dargestellt.

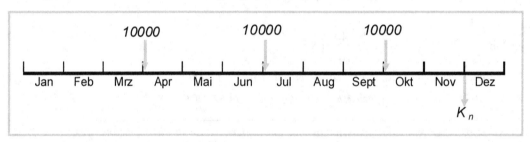

Bild 9.06a: Vereinbart - drei gleichgroße Raten

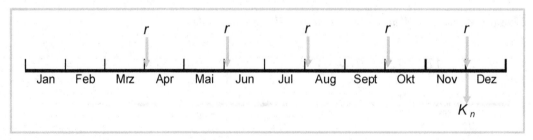

Bild 9.06b: Gewünscht - fünf gleich große Raten

Nach dem Äquivalenzprinzip *der Finanzmathematik müssten beide Zahlungsreihen am 1.12. des Jahres den gleichen Betrag darstellen.*

Das bedeutet für den vereinbarten Zahlungsverlauf nach dem oberen Bild:

(9.10a)
$$K_n = 10\,000 \cdot (1 + \frac{0{,}085}{12} \cdot 8) + 10\,000 \cdot (1 + \frac{0{,}085}{12} \cdot 5) + 10\,000 \cdot (1 + \frac{0{,}085}{12} \cdot 2)$$

$$= 31062{,}50$$

Für den gewünschten Zahlungsablauf nach den Vorstellungen des Schuldners mit fünf Raten ergibt sich dagegen zum Stichtag 1.12.:

$$K_n = r \cdot (1+\frac{0,085}{12}\cdot 8)+r \cdot (1+\frac{0,085}{12}\cdot 6)+r \cdot (1+\frac{0,085}{12}\cdot 4)+r \cdot (1+\frac{0,085}{12}\cdot 2)+r$$

(9.10b)

$$= r \cdot (5+\frac{0,085}{12}\cdot 20)$$

Aus der dem Äquivalenzprinzip folgenden Gleichheit ergibt sich schließlich der Wert für r:

(9.10c) $31\,062,50 = r \cdot (5+\frac{0,085}{12}\cdot 20) \Rightarrow r = 6\,041,33$

Antwortsatz: *Der Schuldner müsste fünf Raten in Höhe von je 6 041,33 € zu den gewünschten Zeitpunkten zahlen.*

9.3.2 Aufgaben

Aufgabe 9.3-1: Ein Schuldner überweist seinem Gläubiger am 5.12. nur die Verzugszinsen in Höhe von 821,37 € für einen seit dem 18.4. desselben Jahres ausstehenden Rechnungsbetrag in Höhe von 10 600 €. Welchem Zinssatz entspricht diese Zahlung?

Aufgabe 9.3-2: Eine am 18. Mai fällige Rechnung wurde erst am 2. Dezember mit einer Überweisung in Höhe von 4768 € einschließlich 8 % p. a. Verzugszinsen bezahlt. Wie hoch war der Rechnungsbetrag?

Aufgabe 9.3-3: Regelmäßig am Monatsanfang zahlt ein Hausverwalter die eingegangenen Mieten des von ihm verwalteten Hauses in Höhe von 18 500 € auf ein mit i=4,5 % p. a. verzinstes Konto ein. Welcher Betrag ist am Jahresende auf dem Konto?

Aufgabe 9.3-4: Am Jahresende soll ein Betrag von 12 000 € für eine Anschaffung zur Verfügung stehen. Dieser Betrag soll durch sechs gleichgroße Einzahlungen am 1.2., 1.4., 1.6., 1.8., 1.10. und 1.12. auf ein mit i=3 % p. a. verzinstes Konto angespart werden. Wie hoch müssen die Einzahlungen sein?

9.3.3 Lösungen

Wenn anstelle ausführlicher Lösungen nur die Ergebnisse angegeben sind, dann findet man die ausführlichen Lösungen im Internet unter www.w-g-m.de/bwl-ueb.html

Lösung zur Aufgabe 9.3-1: Aus

(9.05a_L) $K_n = K_0 \cdot (1+\frac{i}{360}\cdot n)$

kann der Zinsbetrag mit

(9.05b_L) $K_0 \cdot \frac{i}{360}\cdot n$

entnommen werden. Die Laufzeit liegt bei 227 Tagen. Damit entsteht

(9.05c_L) $821,37 = 10\,600 \cdot \frac{i}{360}\cdot 227 \cdot$

Daraus wird i=0,1229 errechnet.

Antwortsatz: Der Zinssatz lag bei 12,29 % p. a.

Lösung zur Aufgabe 9.3-2: Es wird die *Formel für die einfache Verzinsung* benötigt:

Gegeben sind K_n=4768, i=8 % p. a. und n=194. Nach Einsetzen in die Formel und Umstellung nach K_0 ergibt sich K_0=4570,94.

Antwortsatz: Der Rechnungsbetrag lag bei 4570,94 €.

Lösung zur Aufgabe 9.3-3: Die jeweils am Monatsanfang eingezahlten Beträge sind in allen Monaten gleich hoch, r=18500. In folgendem Bild werden die Einzahlungen grafisch dargestellt:

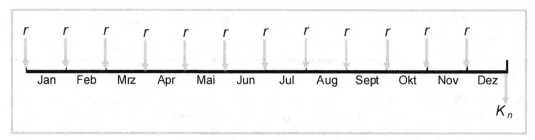

Bild 9.07: Einzahlungen am Monatsende

Unter Verwendung der Formel für die einfache Verzinsung ergibt sich damit

$$(9.06\_L) \quad K_n = r \cdot (1 + \frac{i}{12} \cdot 12) + r \cdot (1 + \frac{i}{12} \cdot 11) + \dots + r \cdot (1 + \frac{i}{12} \cdot 2) + r \cdot (1 + \frac{i}{12} \cdot 1)$$

Setzt man r=18500 und i=0,045 ein, dann erhält man K_n=227411,25.

Antwortsatz: Am Jahresende sind 227411,25 € auf dem Konto.

Lösung zur Aufgabe 9.3-4: Nach grafischer Darstellung der Einzahlungen ergibt sich aus der Formel für die einfache Verzinsung der Zusammenhang

$$(9.07\_L) \quad K_n = r \cdot (6 + \frac{i}{12} \cdot 36)$$

Mit K_n=12000 und i=0,03 ergibt sich daraus r=1970,44.

Antwortsatz: Zu den genannten Zeitpunkten müssen jeweils 1970,44 € eingezahlt werden, um am Jahresende über 12000 € verfügen zu können.

9.4 Ratenverträge und Renten

Bei ökonomischen Fragestellungen geht es häufig nicht nur um eine einzelne Ein- und Auszahlung. Vielmehr werden z. B. *regelmäßige Einzahlungen* gleicher Höhe (hier nur jeweils am Jahresbeginn betrachtet) auf ein Konto vorgenommen, um nach n Jahren über einen gewissen Betrag verfügen zu können.

Oder aber – andererseits – soll ein angesparter Betrag durch *regelmäßige Auszahlungen gleicher Höhe* in n Jahren vollständig verbraucht werden.

In den Abschnitten 13.6 und 13.7 von [51] wurden dazu die benötigten Formeln entwickelt.

9.4.1 Beispiele dafür, wie es richtig gemacht wird

Beispiel 9.4-1: *In eine Lebensversicherung werden 30 Jahre lang jeweils am Jahresende 1500€ eingezahlt. Welcher Betrag steht bei einer Verzinsung mit dem Zinssatz i=4% p. a. nach diesen 30 Jahren zur Verfügung?*

Lösung: *Da die Einzahlungen am Jahresende erfolgen, muss mit der Beziehung*

$$(9.11a) \qquad K_n = r \cdot \frac{1-(1+i)^n}{1-(1+i)}$$

gearbeitet werden, die sich mit der in Abschnitt 13.6.3 von [51] beschriebenen Methodik herleiten lässt. Denn man muss berücksichtigen, dass nur n-1 Einzahlungen verzinst werden - durch die Einzahlungen am Jahresende geht ein Zinsjahr „verloren".

Setzen wir in (9.11a) ein: r=1500, n=30, i=0,04:

$$(9.11b) \qquad K_{30} = 1500 \cdot \frac{1-(1+0,04)^{30}}{1-(1+0,04)} = 841\,274,07 \cdot$$

Antwortsatz: *Es steht am Ende des dreißigsten Jahres ein Betrag von 841 274,07€ in der Lebensversicherung zur Verfügung.*

Beispiel 9.4-2: *Wie lange hätte man am Ende eines jeden Jahres einen Beitrag von 400€ einzahlen müssen, damit bei einem Zinssatz von i=8% p. a. nach diesen n Jahren ein Kapital von 20000€ zur Verfügung steht?*

Lösung: *Da wiederum Einzahlungen am Jahresende betrachtet werden, muss die Formel (9.11a) verwendet werden. Sie ist nach n aufzulösen, dazu werden wieder die Gesetze der Logarithmenrechnung verwendet:*

$$K_n = r \cdot \frac{1-(1+i)^n}{1-(1+i)} = r \cdot \frac{(1+i)^n - 1}{i}$$

$$\Rightarrow (1+i)^n = \frac{K_n}{r} i + 1$$

$$(9.12a) \qquad \Rightarrow n \cdot \ln(1+i) = \ln(\frac{K_n}{r} i + 1)$$

$$\Rightarrow n = \frac{\ln(\frac{K_n}{r} i + 1)}{\ln(1+i)}$$

Nun wird eingesetzt: K_n=20000, r=400, i=0,08:

$$(9.12b) \qquad n = \frac{\ln(\frac{K_n}{r} i + 1)}{\ln(1+i)} = \frac{\ln(\frac{20\,000}{400} \cdot 0,08 + 1)}{\ln(1+0,08)} = 20,9$$

Antwortsatz: *Bei dem gegebenen Jahreszinssatz müssen über einen Zeitraum von 21 Jahren jeweils am Jahresende 400€ eingezahlt werden.*

Beispiel 9.4-3: *Von einem mit i=3,5% p. a. verzinsten Konto sollen über 20 Jahre regelmäßig am Jahresanfang 12 000€ ausgezahlt werden.*

Welcher Betrag muss dafür angespart worden sein?

Als Rentenbarwert könnte ein Lottogewinn von 100 000€, der 15 Jahre lang mit i=4% p. a. verzinst wurde, zur Verfügung stehen. Wäre der damit angesparte Betrag ausreichend für diese Rentenzahlungen?

Lösung von a): *Gefragt ist hier nach dem Barwert B_0 einer vorschüssigen Rente. Dafür ist in [51] in Abschnitt 13.7.3 eine Formel hergeleitet worden:*

$$(9.13a) \qquad B_0 = r \cdot \frac{(\frac{1}{1+i})^n - 1}{\frac{1}{1+i} - 1}$$

Mit den Zahlenwerten r=12 000, n=20 und i=0,035 erhält man

$$(9.13b) \qquad B_0 = 12\,000 \cdot \frac{(\frac{1}{1+0,035})^{20} - 1}{\frac{1}{1+0,035} - 1} = 176\,518,05 \;\cdot$$

Antwortsatz: *Wenn das Rentenkonto mit 176 518,05€ eröffnet wird, kann die gewünschte vorschüssige Jahresrente 20 Jahre lang gezahlt werden.*

Lösung von b): *Jetzt wird nur die Zinseszinsformel benötigt, da lediglich geprüft werden muss, ob sich K_0=100 000 durch das Verzinsen ausreichend bis zum benötigten Rentenbarwert erhöht:*

$$(9.13c) \qquad K_{15} = 100\,000 \cdot (1+0,04)^{15} = 180094,35$$

Antwortsatz: *Zur Finanzierung der vorschüssigen Rente werden 176 518,05€ benötigt, da der Lottogewinn durch die Verzinsung auf den noch größeren Betrag von 180 049,35€ anwächst, reicht er zur Finanzierung der Rente sicher aus.*

Beispiel 9.4-4: *Ein Unternehmer setzte sich am 1.1.1968 mit 250 000 DM, zu 8% p. a. angelegt, zur Ruhe.*

a) *Welche gleichbleibende nachschüssige Rente konnte er ab 1970 jährlich davon 16 Jahre lang abheben, so dass dann das Kapital aufgebraucht ist?*

b) *Welchen Betrag hat er am 1.1.1974 noch auf seinem Konto, wenn er ab 1968 jährlich vorschüssig 30 000 DM abgehoben hat?*

Lösung zu a): *Stellen wir zunächst in einem Bild die Zahlungsverläufe grafisch dar. Zunächst werden die 250 000 DM zwei Jahre lang aufgezinst – dieser Zeitraum ist in der Bildunterschrift als Ansparphase bezeichnet worden.*

Im Ergebnis dieser Ansparphase entsteht der Rentenbarwert B_0, der als Ausgangspunkt für die 16 nachschüssig zu zahlenden Renten gilt.

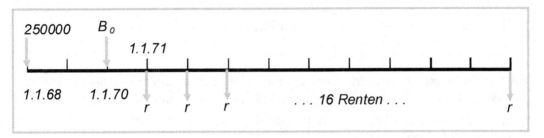

Bild 9.08a: Ansparphase und danach 16 nachschüssige Renten

Nach der Zinseszinsformel erhält man zuerst den Rentenbarwert:

$$(9.14a) \qquad B_0 = 250\,000 \cdot (1+0,08)^2 = 291\,600$$

Anschließend ist die Barwertformel einer nachschüssigen Rente (siehe Abschnitt 13.7.2 in [51])

$$(9.14b) \qquad B_0 = r \cdot \frac{1}{1+i} \cdot \frac{(\frac{1}{1+i})^n - 1}{\frac{1}{1+i} - 1}$$

nach r umzustellen:

$$(9.14c) \qquad r = \frac{B_0(1+i)(\frac{1}{1+i} - 1)}{(\frac{1}{1+i})^n - 1} = \frac{B_0 \cdot i}{1-(\frac{1}{1+i})^n}$$

Nun können die Zahlenwerte B_0=291 600, i=0,08 und n=16 eingesetzt werden:

$$(9.14d) \qquad r = \frac{B_0 \cdot i}{1-(\frac{1}{1+i})^n} = \frac{291\,600 \cdot 0,08}{1-(\frac{1}{1+0,08})^{16}} = 32\,944,06$$

Antwortsatz: Es könnten nachschüssig 16 Renten zu je 32 944,06 DM gezahlt werden.

Lösung zu b): Wieder dient der Zeitstrahl zur Veranschaulichung der Zahlungsverläufe.

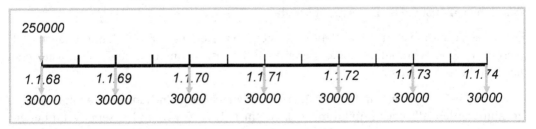

Bild 9.08b: Einige Renten, nicht geleertes Rentenkonto

Da aus dem Text nicht klar hervorgeht, ob der Kontostand vor oder nach der Rentenzahlung gesucht ist, wird hier der Kontostand nach der Rentenzahlung bestimmt.

Zur Zahlung der sieben vorschüssigen Renten müsste am 1. 1. 1968 lediglich ein Betrag von

$$(9.15a) \quad B_0 = 30\,000 \cdot \frac{1-(\frac{1}{1+0,8})^7}{1-\frac{1}{1+0,8}} = 168\,686,39$$

auf dem Rentenkonto bereitgestellt werden. Demzufolge wird von den zur Verfügung gestellten 250 000 DM der Differenzbetrag in Höhe von 81 313,61 DM zur Rentenzahlung nicht benötigt.

Dieser Betrag wird vielmehr sechs Jahre lang mit 8 % p. a. verzinst, er wächst damit an auf den Betrag von 129 034,48 €:

$$(9.15b) \quad 81\,313,61 \cdot (1+0,08)^6 = 129\,034,48$$

Antwortsatz: Der Kontostand am 1. 1. 1974 würde nach der Zahlung der sieben Renten bei 129 034,48 DM liegen.

9.4.2 Aufgaben

Aufgabe 9.4-1: Lisa Fürsorgend zahlt für ihre Altersvorsorge regelmäßig am Jahresende einen Betrag von 500 € auf ein mit 5 % p. a. verzinstes Konto ein. Wie lange muss sie einzahlen, um einen Betrag von 40 000 € abheben zu können?

Aufgabe 9.4-2: Auf einem Konto befinden sich 50 000 €, die durch regelmäßige Sparraten von 2 500 € angespart wurden. Die Sparraten sind jeweils am Jahresanfang eingezahlt worden, das Konto wurde mit i=8 % p. a. verzinst. Wie lange ist gespart worden?

Aufgabe 9.4-3: Ein Vater will seinem Sohn zur Finanzierung seines Studiums einen Betrag von 36 000 € zur Verfügung stellen. Wie lange muss der Vater sparen, wenn er jeweils am Jahresende einen Betrag von 4 000 € einzahlen kann und dieses Geld mit 4,5 % p. a. verzinst wird? Wie lange könnte der Sohn studieren, wenn er am Jahresanfang jeweils einen Betrag von 7 200 € gezahlt bekommt, der Zinssatz jetzt aber nur noch bei 4 % p. a. liegt?

Aufgabe 9.4-4: Gegeben ist eine in den Jahren 2005 bis 2018 nachschüssig zahlbare Rente der Höhe r=24 000 €. Der Zinssatz ist konstant i=7 % p. a.

Wie groß ist der Barwert dieser Rente? Die gegebene Rente soll äquivalent umgewandelt werden in eine zehnmalige Rente, deren erste Jahresrate am 1. 1. 2007 fällig war. Wie hoch ist diese Jahresrente?

Aufgabe 9.4-5: Beginnend mit dem 1. 1. 2005 soll vorschüssig eine Jahresrente mit r=6 000 € gezahlt werden. Welches Kapital muss dazu am 1. 1. 2005 vorhanden sein, wenn bei einem Zinssatz von i=5 % p. a. eine Zahlungsdauer von 10 Jahren vereinbart wurde?

Welches Kapital hätte am 1. 1. 2000 eingezahlt werden müssen, damit eine solche Rentenzahlung möglich ist? Der Zinssatz soll auch hier i=5 % p. a. betragen.

Aufgabe 9.4-6: Welchen Betrag muss man 40 Jahre lang jeweils am Jahresende einzahlen, um anschließend 20 Jahre lang über eine jährliche vorschüssige Rente von 36 000 € verfügen zu können? Der Zinssatz beträgt in der Sparphase 5 % p. a. und in der anschließenden Rentenphase 4 % p. a.

Aufgabe 9.4-7: Wie lange kann man von einem mit i=5,5 % p. a. verzinsten Konto jeweils am Jahresanfang 500 € abheben, wenn zu Beginn 40 000 € auf diesem Konto vorhanden waren?

Aufgabe 9.4-8: Franz F. wurde 32 Jahre alt. Er entschloss sich, ab dem 1. 1. 2009 über 20 Jahre jährlich 2 400 € mit fest vereinbartem Zinssatz von i=4 % p. a. zu sparen.

In den folgenden 8 Jahren (ab 1. 1. 2029) wird der angesparte Betrag mit einem Zinssatz von i=6 % p. a. festgelegt. Ab 1. 1. 2037 soll jeweils am 1. Januar eine Jahresrente über 15 Jahre ausgezahlt werden. Für diese Zeit ist ein Zinssatz von i=5 % p. a. vereinbart.

Mit welcher Rente kann Franz F. rechnen?

9.4.3 Lösungen

Wenn anstelle ausführlicher Lösungen nur die Ergebnisse angegeben sind, dann findet man die ausführlichen Lösungen im Internet unter www.w-g-m.de/bwl-ueb.html

Lösung zur Aufgabe 9.4-1: Die Einzahlungen erfolgen am Jahresende. Mit r=500, i=5 % p. a. und K_n=40 000 erhält die Beziehung (9.11a) von Seite 121 die Form

$$(9.08a\_L) \quad 40\,000 = 500 \cdot \frac{1-1{,}05^n}{1-1{,}05} = 500 \cdot \frac{1{,}05^n-1}{0{,}05} \ .$$

Die Auflösung nach n kann wieder unter Verwendung des natürlichen Logarithmus erfolgen:

$$(9.08b\_L) \quad n = \frac{\ln 5}{\ln 1{,}05} = 32{,}986$$

Antwortsatz: Es muss 33 Jahre lang eingezahlt werden.

Lösung zur Aufgabe 9.4-2: Bei dieser Zahlungsart erfolgen die *Einzahlungen am Jahresanfang*, folglich findet bereits im Einzahlungsjahr der ersten Rate eine Verzinsung statt. Deshalb ist hier die Formel

$$(9.09\_L) \quad K_n = r(1+i)\frac{1-(1+i)^n}{1-(1+i)} = r(1+i)\frac{(1+i)^n-1}{(1+i)-1} = r(1+i)\frac{(1+i)^n-1}{i}$$

anzuwenden.

Nach dem Einsetzen der gegebenen Werte, anschließender Auflösung nach dem Term $1{,}08^n$ sowie der Verwendung des natürlichen Logarithmus ergibt sich n=11,81.

Antwortsatz: Es wurde 12 Jahre lang gespart.

Lösung zur Aufgabe 9.4-3: Die Einzahlung erfolgt am Jahresende, deshalb kommt die Formel (9.11a) von Seite 121 zur Anwendung. Nach Einsetzen der Werte und Umstellung nach $1{,}045^n$ sowie Verwendung des natürlichen Logarithmus erhält man $n=7{,}7$:

Erster Antwortsatz: Der Vater muss 8 Jahre lang sparen, um die gewünschten 36 000 € zur Verfügung zu haben.

Dieses Kapital wird dann zum *Barwert einer vorschüssigen Rente* von $r=7200$ €, die von einem mit $i=4\%$ p. a. verzinsten Konto gezahlt wird. Somit ergibt sich aus der Barwertformel für vorschüssige Renten durch Einsetzen der gegebenen Werte der Zusammenhang

$$(9.10\text{a\_L}) \quad 36000 = 7200 \frac{1-(\frac{1}{1+0{,}04})^n}{1-(\frac{1}{1+0{,}04})} = 7200 \frac{(\frac{1}{1{,}04})^n -1}{(\frac{1}{1{,}04})-1} \ .$$

Diese Beziehung wird nach n umgestellt:

$$(9.10\text{b\_L}) \quad n = \frac{\ln 0{,}80769}{-\ln 1{,}04} = 5{,}445$$

Zweiter Antwortsatz: Der Sohn kann fast 5,5 Jahre studieren.

Lösung zur Aufgabe 9.4-4: Hier handelt es sich um eine *nachschüssige Rentenzahlung*. Aus der *Barwertformel für eine nachschüssige Rente* ergibt sich nach Einsetzen der gegeben Werte 209 891,23 € - das ist der Betrag, der am 1. 1. 2005 auf dem Konto sein muss.

Für die Umwandlung in eine zehnmalige Rente, die – beginnend mit dem 1. 1. 2007 – gezahlt werden soll, werden in folgendem Bild die Zahlungsverläufe grafisch dargestellt.

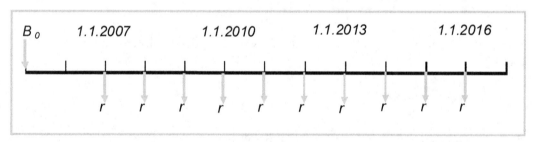

Bild 9.09: Zeitstrahl der Zahlungsverläufe

Zinst man den oben erhaltenen Barwert $B_0=209891{,}23$ zwei Jahre auf, so ergibt sich als Barwert für die zehnmal zu zahlende vorschüssige Rente ab dem 1. 1. 2007 der Betrag von $B_0^*=240304{,}47$. Mit diesem neuen Barwert B_0^* errechnet sich diese Rente r aus der Barwertformel für vorschüssige Renten:

$$(9.11\text{\_L}) \quad 240304{,}47 = r \frac{1-(\frac{1}{1{,}07})^{10}}{1-\frac{1}{1{,}07}} = r \frac{(\frac{1}{1{,}07})^{10} -1}{\frac{1}{1{,}07}-1}$$

Daraus ergibt sich $r=31957{,}65$.

Antwortsatz: Es kann 10 Jahre lang eine vorschüssige Rente von 31 957,65 € gezahlt werden.

Lösung zur Aufgabe 9.4-5: Es handelt sich um eine *vorschüssige Rentenzahlung*. Aus der entsprechenden Barwertformel ergibt sich B_0=48 646,93.

Antwort zur ersten Teilaufgabe: Am 1. 1. 2005 musste ein Kapital von 48 646,93 € zur Verfügung stehen, um die zehn vorschüssigen Renten zahlen zu können.

Um die Höhe der Einzahlung am 1. 1. 2000 zu ermitteln, muss in die Zinseszinsformel eingesetzt werden, der oben ermittelte Rentenbarwert B_0 wird um fünf Jahre abgezinst. Man erhält K_0=38 116,14.

Antwort zur zweiten Teilaufgabe: Am 1. 1. 2000 hätte man 38 116,14 € einzahlen müssen.

Lösung zur Aufgabe 9.4-6: Zunächst wird der Rentenbarwert für 20 vorschüssige Renten von r=36 000 bei i=4 % p. a. mit Hilfe der passenden Barwertformel bestimmt – man erhält B_0=508 821,82.

Dieser Rentenbarwert ist nun zu betrachten als das Endkapital eines Sparprozesses mit n=40 und i=0,05, wobei die Einzahlung der letzten Sparrate am Ende des vierzigsten Jahres mit der Auszahlung der ersten Rente zusammenfällt.

Antwortsatz: Man müsste 40 Jahre lang jeweils einen Betrag von 4 212,11 € auf ein mit 5 % p. a. verzinstes Konto einzahlen, um danach 20 vorschüssige Renten von 36 000 € zu bekommen, wobei dann i=4 % p. a. gilt.

Lösung zur Aufgabe 9.4-7: Setzt man die Werte B_0=40 000, r=500 und i=0,055 in die Barwertformel für vorschüssige Rentenzahlung ein, so ergibt sich ein überraschender, aber nicht unerwarteter Effekt:

(9.12_L)
$$40 000 = 500 \cdot \frac{1-(\frac{1}{1,055})^n}{1-\frac{1}{1,055}} = 500 \cdot \frac{(\frac{1}{1,055})^n -1}{\frac{1}{1,055}-1}$$

$$\Rightarrow (\frac{1}{1,055})^n = \frac{40 000}{500} \cdot (\frac{1}{1,055}-1)+1 = -3,171$$

Um n zu bestimmen, müsste nun von beiden Seiten der unteren Gleichung der Logarithmus gebildet werden – das ist aber nicht möglich, da die *rechte Seite negativ* ist!

Erklärung: Das war eigentlich zu erwarten, denn betrachtet man die Zinsen, die am Ende des ersten Jahres gezahlt werden, so liegen diese bei mehr als 2 000 €.

Antwortsatz: Das vorhandene Kapital wird nicht verzehrt, die Zahlungen könnten unendlich lange erfolgen.

Lösung zur Aufgabe 9.4-8: Zunächst werden die Zahlungsverläufe grafisch dargestellt. In der Ansparphase werden 20 Raten zu je 2 400 € auf ein mit i=4 % p. a. verzinstes Konto gezahlt. Daraus entsteht bis zum Jahresende 2028 das Kapital K_{20}=74 326,08.

Dieses Kapital wird anschließend über 8 Jahre mit i=6 % p. a. verzinst und bildet dann den Barwert für die anschließende Rentenzahlung: B_0=118 464,48.

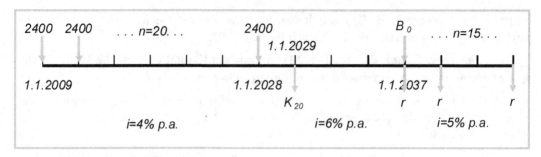

Bild 9.10: Zahlungsverläufe

B_0 ist der Rentenbarwert einer vorschüssigen Rente, die 15mal gezahlt werden soll, wobei der Zinssatz nun bei 5% p. a. liegt. Aus der passenden Rentenbarwertformel ergibt sich schließlich die Rente: $r = 10\,869,66$.

Antwortsatz: Es kann 15mal eine Rente in Höhe von 10 869,66 € am Jahresanfang gezahlt werden.

9.5 Tilgungen

Einen breiten Problemkreis von Aufgaben der Finanzmathematik kann man mit der Überschrift „Tilgungen" versehen. Dabei werden solche Fragen betrachtet, wie zum Beispiel die Frage nach der Höhe eines möglichen Kredits, wenn der Schuldzinssatz, die jährliche Belastung und die Laufzeit der Tilgungszahlungen bekannt sind.

Es wird auch hier in Jahresscheiben gedacht, d. h., die Kreditaufnahme erfolgt am Jahresanfang, die Überweisungen zur Kredittilgung erfolgen am Jahresende.

Um einen guten Überblick über die Entwicklung der Restschuld zu bekommen, werden wir für unterschiedliche Zahlungsweisen jeweils den *Tilgungsplan* aufstellen.

9.5.1 Beispiele dafür, wie es richtig gemacht wird

Beispiel 9.5-1: *Ein Unternehmen muss einen Kredit in Höhe von 300 000 € innerhalb von sechs Jahren zurückzahlen, der Schuldzinssatz sei konstant i=9% p. a. Für folgende Vereinbarungen sind die zugehörigen Tilgungspläne aufzustellen:*

   a) *Rückzahlung inklusive aller Zinsen in einem Betrag am Ende des letzten Jahres*

   b) *Jährliche Zinszahlung (Tilgungsstreckung), aber Tilgung nur in einem Betrag am Ende des letzten Jahres*

   c) *Ratentilgung*

   d) *Annuitätentilgung*

   e) *Tilgungsbeträge: 100 000 € nach 2 Jahren, 150 000 € nach 4 Jahren, Resttilgung am Ende des 6. Jahres, Zinszahlungen jährlich*

Lösung zu a): Dieser Weg der Rückzahlung ist der teuerste Weg, denn die Bank wird natürlich in jedem Jahr die anfallenden Zinsen der Restschuld zuschlagen. Am Ende des 6. Jahres müssen daher $300\,000 \cdot 1,09^6 = 503\,130,03$ € *an die Bank überwiesen werden.*

Hier verteuert der Zinseszinseffekt den Kredit erheblich.

Jahr	Jahresbeginn	Jahresende		
	Restschuld	Zins	Tilgung	Annuität = Zins + Tilgung
1	300.000,00	27.000,00		
2	327.000,00	29.430,00		
3	356.430,00	32.078,70		
4	388.508,70	34.965,78		
5	423.474,48	38.112,70		
6	461.587,19	41.542,85	461.587,19	503.130,03

Bild 9.11a: Tilgungsplan für Variante a)

Lösung zu b): *Bedient man in jedem Jahr wenigstens die Zinsen, wählt also ein Modell der Tilgungsstreckung, so entfällt der Zinseszinseffekt, der Kredit kann insgesamt günstiger getilgt werden:*

Jahr	Jahresbeginn	Jahresende		
	Restschuld	Zins	Tilgung	Annuität = Zins + Tilgung
1	300.000,00	27.000,00		27.000,00
2	300.000,00	27.000,00		27.000,00
3	300.000,00	27.000,00		27.000,00
4	300.000,00	27.000,00		27.000,00
5	300.000,00	27.000,00		27.000,00
6	300.000,00	27.000,00	300.000,00	327.000,00

Bild 9.11b: Tilgungsplan für Variante b)

Die Gesamtkosten für den Kredit liegen damit bei $300\,000 + 6 \cdot 27\,000 = 462\,000$€.

Lösung zu c): *Beim Modell der Ratentilgung wird die Kredithöhe (hier 300 000 €) in n gleichgroße Tilgungsbeiträge geteilt (hier sind es 6 Raten zu je 50 000 €). Damit entsteht folgender Tilgungsplan:*

Jahr	Jahresbeginn	Jahresende		
	Restschuld	Zins	Tilgung	Annuität = Zins + Tilgung
1	300.000,00	27.000,00	50.000,00	77.000,00
2	250.000,00	22.500,00	50.000,00	72.500,00
3	200.000,00	18.000,00	50.000,00	68.000,00
4	150.000,00	13.500,00	50.000,00	63.500,00
5	100.000,00	9.000,00	50.000,00	59.000,00
6	50.000,00	4.500,00	50.000,00	54.500,00

Bild 9.11c: Tilgungsplan für Variante c)

Die Gesamtkosten des Kredits (d. h. die Summe aller Annuitäten) betragen bei dieser Zahlungsweise 394 500 €.

Wie im Bild 9.11c zu erkennen ist, ist bei der Ratentilgung die jährliche Belastung in den ersten Jahren sehr hoch. Um dieses zu vermeiden, wählt man besser die Annuitätentilgung *– ein Tilgungsmodell mit konstanter jährlicher Belastung.*

Lösung zu d): *Für das betrachtete Modell mit* $K_0=300000$, $n=6$ *und* $i=0,09$ *muss zuerst die konstante Annuität bestimmt werden. Dazu wird die Annuitätenformel aus Abschnitt 13.8 von [51] verwendet:*

$$(9.16) \qquad a = K_0(1+i)^n \cdot \frac{1-(1+i)}{1-(1+i)^n}$$

Nach Einsetzen der Zahlenwerte ergibt sich eine Annuität (d. h. die konstante jährliche Belastung) von 66 875,93 €:

Jahr	Jahresbeginn	Jahresende		
	Restschuld	Zins	Tilgung	Annuität
1	300.000,00	27.000,00	39.875,93	66.875,93
2	260.124,07	23.411,17	43.464,76	66.875,93
3	216.659,31	19.499,34	47.376,59	66.875,93
4	169.282,71	15.235,44	51.640,49	66.875,93
5	117.642,23	10.587,80	56.288,13	66.875,93
6	61.354,10	5.521,87	61.354,10	66.875,97

Bild 9.11d: Tilgung mit konstanter jährlicher Belastung

Aufgrund von Rundungsfehlern ergibt sich bei der letzten Annuität eine geringfügige Abweichung von dem nach (9.16) ermittelten Wert. Die Kosten des Kredits liegen bei diesem Tilgungsmodell bei insgesamt 401 255,62 €. Durch die Tilgungszahlungen, auch wenn sie in den ersten Jahren nicht sehr hoch sind, sinkt die Restschuld. Man nennt die Annuitätentilgung deshalb auch „Tilgung inklusive ersparter Zinsen".

Lösung von e): *Bei dem letztgenannten Tilgungsmodell werden durch unregelmäßige Tilgungszahlungen und unregelmäßige Überweisungen der Zinsen die jährlichen Belastungen sehr unregelmäßig sein.*

Jahr	Jahresbeginn	Jahresende		Annuität = Zins + Tilgung
	Restschuld	Zins	Tilgung	
1	300.000,00	27.000,00		27.000,00
2	300.000,00	27.000,00	100.000,00	127.000,00
3	200.000,00	18.000,00		18.000,00
4	200.000,00	18.000,00	150.000,00	168.000,00
5	50.000,00	4.500,00		4.500,00
6	50.000,00	4.500,00	50.000,00	54.500,00

Bild 9.11e: Tilgungsplan nach Tilgungsmodell e)

Der Kredit kostet bei dem letztgenannten Tilgungsmodell insgesamt 399 000 €.

Beispiel 9.5-2: *Schlaubi hat ausgerechnet, dass er bei größter Sparsamkeit eine jährliche Belastung von a = 12 000 € zur Tilgung eines Kredits tragen kann. Als Kreditsumme denkt er bei einer Laufzeit von n = 20 Jahren und einem Schuldzins von i = 8,5 % p. a. an einen Betrag von $K_0 = 200\,000\,€$.*

Wird seine Hausbank ernsthaft über eine Kreditgewährung in dieser Höhe nachdenken?

Welchen Kredit könnte er stattdessen bekommen?

Lösung zu a): *Bei einem Kreditbetrag von $K_0 = 200\,000\,€$ sind im ersten Jahr bereits 17500€ an Zinsen fällig – Schlaubi könnte nicht einmal die Zinsen bedienen, an eine Tilgung wäre erst recht nicht zu denken. Eine seriöse Bank würde ihm einen solchen Kredit niemals gewähren!*

Lösung zu b): *Mit $K_{20} = 0$ erhält man nach Abschnitt 13.8 aus [51]:*

$$(9.17a) \quad 0 = K_0 \cdot (1+0,085)^{20} - 12000 \cdot \frac{1-(1+0,085)^{20}}{1-(1+0,085)}$$

Nach Umstellung und Auflösung nach K_0 ergibt sich schließlich

$$(9.17b) \quad K_0 = \frac{12\,000}{1,085^{20}} \cdot \frac{1,085^{20}-1}{0,085} = 113560,04 \ .$$

Antwortsatz zu b): *Die Bank kann ihm bei der von ihm vorgeschlagenen Annuität höchstens einen Kredit in Höhe von 113560,04 € gewähren.*

Beispiel 9.5-3: *Eine Anleihe soll in gleichen Annuitäten mit 8,5% p. a. verzinst und mit 2% (zuzüglich ersparter Zinsen) getilgt werden.*

a) *Welche Laufzeit hat die Anleihe bis zur vollständigen Tilgung?*

b) *Nach welcher Zeit sind 51% der Schuld getilgt?*

Lösung zu a): *Die Annuität im ersten Tilgungsjahr erhält man über die Summe aus dem Zins (also $0,085 \cdot K_0$) und Tilgung (also $0,02 \cdot K_0$):*

$$(9.18a) \quad a = 0,085 \cdot K_0 + 0,02 \cdot K_0 = 0,105 \cdot K_0$$

Diese Annuität $a = 0,105 \cdot K_0$ soll konstant über die gesamt Laufzeit sein. Da mit dieser Annuität nach n Jahren der Kredit getilgt sein soll, folgt eine Beziehung, die nur von K_0 und n abhängt:

$$(9.18b) \quad 0 = K_0 \cdot (1+0,085)^n - 0,105 \cdot K_0 \cdot \frac{1-(1+0,085)^n}{1-(1+0,085)}$$

Beide Seiten dieser Gleichung können nun durch K_0 dividiert werden und enthalten danach nur noch die Unbekannte n:

$$(9.18c) \quad 0 = (1+0,085)^n - 0,105 \cdot \frac{1-(1+0,085)^n}{1-(1+0,085)}$$

Anschließend wird der Ausdruck $(1+0,085)^n$ einfacher geschrieben als $1,085^n$, und die Gleichung wird nach $1,085^n$ aufgelöst:

$$0 = 1,085^n - 0,105 \cdot \frac{1 - 1,085^n}{-0,085}$$

$$= 1,085^n - \frac{0,105}{0,085} 1,085^n + \frac{0,105}{0,085}$$

(9.18d) $$= 1,085^n (1 - \frac{0,105}{0,085}) + \frac{0,105}{0,085}$$

$$\Rightarrow 1,085^n = - \frac{\dfrac{0,105}{0,085}}{(1 - \dfrac{0,105}{0,085})} = 5,25$$

Durch Anwendung der Logarithmengesetze lässt sich dann n bestimmen:

$$1,085^n = 5,25$$

(9.18e) $$\Rightarrow n \cdot \ln 1,085 = \ln 5,25$$

$$\Rightarrow n = \frac{\ln 5,25}{\ln 1,085} = 20,33$$

Antwortsatz zu a): *Die Laufzeit der Anleihe bis zur vollständigen Tilgung liegt bei 20,33 Jahren.*

Lösung von b): *Wenn 51 % der Schuld getilgt sind, liegt die Restschuld noch bei 49 %. Die passende Formel aus Abschnitt 13.8 von [51] liefert damit:*

$$0,49 \cdot K_0 = K_0 \cdot (1 + 0,085)^n - 0,105 \cdot K_0 \frac{1 - (1 + 0,085)^n}{1 - (1 + 0,085)}$$

(9.19a) $$0,49 \cdot K_0 = K_0 \cdot 1,085^n - 0,105 \cdot K_0 \frac{1 - 1,085^n}{1 - 1,085}$$

$$0,49 \cdot K_0 = K_0 \cdot 1,085^n - 0,105 \cdot K_0 \frac{1,085^n - 1}{0,085}$$

Nun können beide Seiten dieser Gleichung durch K_0 dividiert werden – dann ergibt sich eine Gleichung, die nur noch von n abhängt. Diese Gleichung wird anschließend wieder nach $1,085^n$ aufgelöst:

$$0,49 = 1,085^n - 0,105 \frac{1,085^n - 1}{0,085}$$

$$= 1,085^n - \frac{0,105}{0,085} 1,085^n + \frac{0,105}{0,085}$$

(9.19b) $$= 1,085^n (1 - \frac{0,105}{0,085}) + \frac{0,105}{0,085}$$

$$\Rightarrow 1,085^n = \frac{0,49 - \dfrac{0,105}{0,085}}{1 - \dfrac{0,105}{0,085}} = 3,1675$$

Schließlich kann mit Hilfe des natürlichen Logarithmus der Zahlenwert für n bestimmt werden:

$$1{,}085^n = 3{,}1675$$

(9.19c) $\quad \Rightarrow n \cdot \ln 1{,}085 = \ln 3{,}1675$

$$\Rightarrow n = \frac{\ln 3{,}1675}{\ln 1{,}085} = 14{,}13$$

Antwortsatz zu b): *Nach etwas mehr als 14 Jahren sind 51 % der Schuld getilgt.*

9.5.2 Aufgaben

Aufgabe 9.5-1: Eine Hypothek zu 7 % p. a. über 120000 € soll nach 30 Jahren getilgt sein. Wie hoch sind die Annuität a und die Anfangstilgung?

Aufgabe 9.5-2: Ein Kreditnehmer kann Annuitäten von 24000 € zahlen.

Welche Kreditsumme kann bei einem Zinssatz von i=7 % p. a. und einer vereinbarten Laufzeit von 20 Jahren höchstens beantragt werden ?

Aufgabe 9.5-3: Für den Bau eines Mietshauses wurde am 1. 1. 2002 ein Kredit in Höhe von 2,5 Millionen € zu einem Zinssatz von i=8 % p. a. aufgenommen.

Der jährliche Gewinn aus diesem Haus liegt bei 400000 €, die zur Tilgung des Darlehens und zur Bedienung der Zinsen aufgenommen werden können, also gilt a=400000 €.

Wann ist die Restschuld Null, d.h., wann hat sich der Bau amortisiert?

Wie hoch ist die Restschuld nach 5 Jahren der Tilgung?

9.5.3 Lösungen

Wenn anstelle ausführlicher Lösungen nur die Ergebnisse angegeben sind, dann findet man die ausführlichen Lösungen im Internet unter
www.w-g-m.de/bwl-ueb.html

Lösung zu Aufgabe 9.5-1: Der Aufgabe können folgende Angaben entnommen werden: K_0=120000, n=30 und i=0,07.

Aus der Annuitätenformel (9.16) von Seite 130 ergibt sich dann

$$(9.13\_L) \quad a = 120000 \cdot (1{,}07)^{30} \cdot \frac{0{,}07}{(1{,}07)^{30} - 1} = 9670{,}37$$

Der vorgelegte Tilgungsplan (siehe Bild 9.12) überzeugt davon, dass mit dieser Annuität tatsächlich nach 30 Jahren alle Zinsen bedient und der aufgenommene Kredit getilgt ist (die leicht veränderte letzte Annuität ergibt sich aus den Rundungseffekten).

Die Kosten des Kredits liegen bei insgesamt 290110,95 € = 29·9670,37 €+9670,22 €

Wie zu erkennen ist, führt der recht hohe Anfangs-Zinsbetrag von 8400 € dazu, dass im ersten Jahr von der vereinbarten Annuität lediglich 1270,37 € zur Tilgung verwendet werden können.

Jahr	Jahresbeginn	Jahresende		
	Restschuld	Zins	Tilgung	Annuität
1	120.000,00	8.400,00	1.270,37	9.670,37
2	118.729,63	8.311,07	1.359,30	9.670,37
3	117.370,33	8.215,92	1.454,45	9.670,37
4	115.915,89	8.114,11	1.556,26	9.670,37
5	114.359,63	8.005,17	1.665,20	9.670,37
6	112.694,43	7.888,61	1.781,76	9.670,37
7	110.912,67	7.763,89	1.906,48	9.670,37
8	109.006,19	7.630,43	2.039,94	9.670,37
9	106.966,25	7.487,64	2.182,73	9.670,37
10	104.783,52	7.334,85	2.335,52	9.670,37
11	102.448,00	7.171,36	2.499,01	9.670,37
12	99.948,99	6.996,43	2.673,94	9.670,37
13	97.275,05	6.809,25	2.861,12	9.670,37
14	94.413,93	6.608,98	3.061,39	9.670,37
15	91.352,54	6.394,68	3.275,69	9.670,37
16	88.076,84	6.165,38	3.504,99	9.670,37
17	84.571,85	5.920,03	3.750,34	9.670,37
18	80.821,51	5.657,51	4.012,86	9.670,37
19	76.808,65	5.376,61	4.293,76	9.670,37
20	72.514,88	5.076,04	4.594,33	9.670,37
21	67.920,56	4.754,44	4.915,93	9.670,37
22	63.004,63	4.410,32	5.260,05	9.670,37
23	57.744,58	4.042,12	5.628,25	9.670,37
24	52.116,33	3.648,14	6.022,23	9.670,37
25	46.094,10	3.226,59	6.443,78	9.670,37
26	39.650,32	2.775,52	6.894,85	9.670,37
27	32.755,47	2.292,88	7.377,49	9.670,37
28	25.377,99	1.776,46	7.893,91	9.670,37
29	17.484,07	1.223,89	8.446,48	9.670,37
30	9.037,59	632,63	9.037,59	9.670,22

Bild 9.12: Tilgungsplan zu Aufgabe 9.5-1

Erst nach 20 Jahren ist der Tilgungsbetrag höher als der Zins für die aktuelle Restschuld!

Antwortsatz: Mit einer Annuität (d. h. konstanter jährlicher Belastung) von 9670,37 € wird der aufgenommene Kredit von 120000 € in 30 Jahren getilgt, wenn die Kreditzinsen 7 % p. a. betragen.

Der Kredit kostet dann insgesamt 290110,95 €.

Lösung zu Aufgabe 9.5-2:

Es ist gegeben: $a = 24\,000$, $i = 0,07$ und $n = 20$.

Aus der Restschuldformel kann mit $K_{20} = 0$ der Wert für K_0 berechnet werden:

$$0 = K_0 \cdot (1,07)^{20} - 24\,000 \cdot \frac{1 - (1,07)^{20}}{1 - 1,07}$$

(9.14_L)
$$= K_0 \cdot (1,07)^{20} - 24\,000 \cdot \frac{(1,07)^{20} - 1}{0,07}$$

$$\Rightarrow K_0 = 24\,000 \cdot \frac{(1,07)^{20} - 1}{0,07} \cdot \frac{1}{(1,07)^{20}}$$

$$= 254\,256,34$$

Antwortsatz: Bei den vorliegenden Angaben kann ein Kredit von höchstens 254 256,34 € beantragt werden.

Lösung zu Aufgabe 9.5-3: Es gilt $K_0 = 2\,500\,000$, $i = 0,08$, $a = 400\,000$.

Lösung zu a): Aus der Restschuldformel erhält man mit $K_n = 0$ eine Gleichung für n:

$$0 = 2\,500\,000 \cdot (1,08)^n - 400\,000 \cdot \frac{1 - (1,08)^n}{1 - 1,08}$$

(9.15_L)
$$= 2\,500\,000 \cdot (1,08)^n - 400\,000 \cdot \frac{(1,08)^n - 1}{0,08}$$

Nach einigen Umformungen ergibt sich $1,08^n = 2$, damit entsteht $n \approx 9$.

Antwortsatz zu a): Der Bau hat sich nach ca. 9 Jahren amortisiert.

Lösung zu b): Gefragt wird nach der Restschuld nach 5 Jahren Tilgung. Sie kann sofort aus der Restschuldformel berechnet werden:

(9.16_L) $\quad K_5 = 2\,500\,000 \cdot (1,08)^5 - 400\,000 \cdot \dfrac{1 - (1,08)^5}{1 - 1,08} = 1\,326\,679,81$

Jahr	Jahresbeginn	Jahresende		
	Restschuld	Zins	Tilgung	Annuität
1	2.500.000,00	200.000,00	200.000,00	400.000,00
2	2.300.000,00	184.000,00	216.000,00	400.000,00
3	2.084.000,00	166.720,00	233.280,00	400.000,00
4	1.850.720,00	148.057,60	251.942,40	400.000,00
5	1.598.777,60	127.902,21	272.097,79	400.000,00
6	1.326.679,81	106.134,38	293.865,62	400.000,00
7	1.032.814,19	82.625,14	317.374,86	400.000,00
8	715.439,33	57.235,15	342.764,85	400.000,00
9	372.674,47	29.813,96	372.674,47	402.488,43

Bild 9.13: Tilgungsplan zu Aufgabe 9.5-3

Antwortsatz zu b): Nach fünf Jahren der Tilgung steht immer noch eine Restschuld von 1 326 679,81 € in den Büchern der Bank.

Die Tabelle in Bild 9.13 erklärt diesen Effekt – die anfänglich sehr hohe Zinsbelastung verhindert die schnellere Tilgung.

10. Matrizen und Determinanten

10.1 Matrizen

Matrizen stellen ein wichtiges Hilfsmittel dar, um Strukturen sauber beschreiben und Zusammenhänge herstellen zu können.

Dazu ist es erforderlich, die Besonderheiten beim Umgang mit Matrizen zu kennen und die Regeln zum Rechnen mit Matrizen (wie sie zum Beispiel im Buch „Mathematik für BWL-Bachelor" [51] im Abschnitt 14 ausführlich beschrieben sind) richtig anzuwenden.

10.1.1 Beispiele dafür, wie es richtig gemacht wird

Beispiel 10.1-1: Gegeben sind die Matrizen

$$(10.01) \quad A = \begin{pmatrix} 3 & 2 & 1 \\ 4 & 1 & 2 \end{pmatrix} \quad B = \begin{pmatrix} 3 & 2 \\ 1 & 3 \\ 2 & 4 \end{pmatrix} \quad C = \begin{pmatrix} 6 & 2 \\ 3 & 1 \end{pmatrix}$$

Man gebe zuerst die Formate *der Matrizen an: Die Matrix A besitzt zwei Zeilen und drei Spalten, dieser Sachverhalt wird abkürzend durch die Schreibweise $A_{(2,3)}$ mitgeteilt. Folglich gilt $B_{(3,2)}$ und $C_{(2,2)}$.*

Kann der Matrixausdruck $\boxed{A \cdot A^T + 3C}$ *gebildet werden? Um diese Frage beantworten zu können, müssen* vier wichtige Gesetze *wiederholt werden:*

Hat eine Matrix A das Format $A_{(m,n)}$, so besitzt ihre Transponierte A^T das Format $A^T_{(n,m)}$.

Das Format einer Matrix ändert sich nicht, wenn sie mit einer Zahl multipliziert wird.

Zwei Matrizen A und B mit den Formaten $A_{(m,n)}$ und $B_{(r,s)}$ dürfen in der Reihenfolge A·B nur dann multipliziert werden, wenn die Spaltenzahl von A gleich der Zeilenzahl von B ist, d. h. wenn n=r gilt. Das resultierende Produkt P=A·B ist dann eine Matrix mit dem Format $P_{(m,s)}$ – sie erhält aus dem ersten (linken) Matrixfaktor die Zeilenzahl und aus dem zweiten (rechten) Matrixfaktor die Spaltenzahl.

Nur Matrizen gleichen Formats dürfen addiert und voneinander subtrahiert werden.

Durch Anwendung dieser Gesetze ergibt sich, dass der Matrixausdruck $\boxed{A \cdot A^T + 3C}$ *gebildet werden darf:*

Wegen $A_{(2,3)}$ wird $A^T_{(3,2)}$, folglich kann $A \cdot A^T$ gebildet werden. Das Produkt $A \cdot A^T$ bekommt das Format (2,2). Da das Format des Produkts $A \cdot A^T$ mit dem Format von $3C_{(2,2)}$ übereinstimmt, ist auch die nachfolgende Addition möglich.

Da der Matrixausdruck $\boxed{A \cdot A^T + 3C}$ *gebildet werden darf, ist er nun zu berechnen. Für die Matrizenmultiplikation wird dabei das FALKsche Schema verwendet, das in [51] im Abschnitt 14.5.3 ausführlich vorgestellt wurde:*

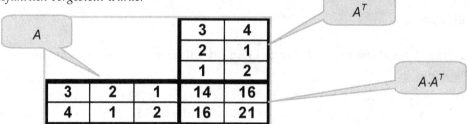

Bild 10.01: FALKsches Schema zur Berechnung von $A \cdot A^T$

Die weitere Rechnung folgt den Regeln der Matrizenaddition:

$$(10.02) \quad \begin{pmatrix} 14 & 16 \\ 16 & 21 \end{pmatrix} + 3 \cdot \begin{pmatrix} 6 & 2 \\ 3 & 1 \end{pmatrix} = \begin{pmatrix} 14 & 16 \\ 16 & 21 \end{pmatrix} + \begin{pmatrix} 18 & 6 \\ 9 & 3 \end{pmatrix} = \begin{pmatrix} 32 & 22 \\ 25 & 24 \end{pmatrix}$$

Betrachten wir noch einmal die Matrizen A, B und C aus (10.01) mit ihren festgestellten Formaten $A_{(2,3)}$, $B_{(3,2)}$ und $C_{(2,2)}$ und untersuchen wir nun, ob auch der Matrixausdruck $\boxed{B \cdot A - A^T \cdot B^T}$ *berechnet werden kann:*

Das Produkt $P = B \cdot A$ existiert und bekommt das Format $P_{(3,3)}$. Mit den Formaten $A^T_{(3,2)}$ und $B^T_{(2,3)}$ ist auch das andere Produkt $Q = A^T \cdot B^T$ berechenbar und es bekommt ebenfalls das Format $Q_{(3,3)}$.

		A	3	2	1	A^T	B^T		3	1	2
			4	1	2				2	3	4
B	3	2	17	8	7		3	4	17	15	22
	1	3	15	5	7		2	1	8	5	8
	2	4	22	8	10		1	2	7	7	10

Bild 10.02: FALKsches Schema für die beiden Produkte

Folglich darf auch die Differenz der beiden Produkte gebildet werden.

$$(10.03) \quad B \cdot A - A^T \cdot B^T = \begin{pmatrix} 0 & -7 & -15 \\ 7 & 0 & -1 \\ 15 & 1 & 0 \end{pmatrix}$$

Vergleicht man das links stehende Produkt $B \cdot A$ mit dem rechts stehenden Produkt $A^T \cdot B^T$, so erkennt man ein weiteres allgemein gültiges Gesetz aus der Welt der Matrizen:

$$(10.04) \quad (B \cdot A)^T = A^T \cdot B^T$$

Schließlich soll noch geprüft werden, ob auch der Matrixausdruck $\boxed{4C \cdot C^T \cdot A}$ *möglich ist: Wegen $4C_{(2,2)}$ und $C^T_{(2,2)}$ ist das Produkt $R = 4C \cdot C^T$ möglich und erhält das Format $R_{(2,2)}$.*

Mit $R_{(2,2)}$ lässt sich wegen $A_{(2,3)}$ das Produkt $R \cdot A$ bilden, dabei entsteht eine (2,3)-Matrix. Solche Mehrfachmultiplikationen lassen sich im FALKschen Schema gut durchführen:

C		C^T		A		
		6	3	3	2	1
		2	1	4	1	2
6	2	40	20	200	100	80
3	1	20	10	100	50	40

Bild 10.03: Mehrfachmultiplikation mit dem FALKschen Schema

Es fehlt noch die abschließende Multiplikation mit der Zahl vier:

$$(10.05) \qquad 4 \cdot C \cdot C^T \cdot A = 4 \begin{pmatrix} 200 & 100 & 80 \\ 100 & 50 & 40 \end{pmatrix} = \begin{pmatrix} 800 & 400 & 320 \\ 400 & 200 & 160 \end{pmatrix}$$

Beispiel 10.1-2: *Beginnen wir dieses letzte Beispiel mit einer der wichtigsten Definitionen aus der Welt der Matrizen (siehe auch Abschnitt 14.6.2 von [51]):*

Eine Matrix B, für die gilt

$(10.06) \quad A \cdot B = B \cdot A = E$

heißt *inverse Matrix* A^{-1} zur Matrix A.

Aufgabe: Man zeige, dass die Matrix B mit

$$(10.07a) \quad B = \begin{pmatrix} 3 & -8 & 3 & 6 \\ -3 & 3 & 0 & -2 \\ -1 & -1 & 1 & 1 \\ 1 & -1 & 0 & 1 \end{pmatrix}$$

die Inverse zu der Matrix A aus (10.7b) ist

$$(10.07b) \quad A = \begin{pmatrix} 1 & 2 & -3 & 1 \\ 1 & 3 & -3 & 3 \\ 2 & 4 & -5 & 1 \\ 0 & 1 & 0 & 3 \end{pmatrix} .$$

Lösung: Es ist durch Anwendung des FALKschen Schemas zu prüfen, ob beide Produkte A·B und B·A die (4,4)-Einheitsmatrix liefern.

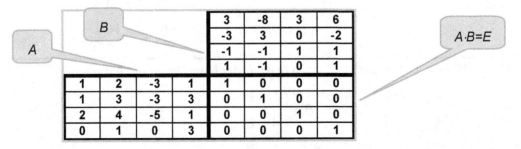

A				B				A·B=E			
				3	-8	3	6				
				-3	3	0	-2				
				-1	-1	1	1				
				1	-1	0	1				
1	2	-3	1	1	0	0	0				
1	3	-3	3	0	1	0	0				
2	4	-5	1	0	0	1	0				
0	1	0	3	0	0	0	1				

Bild 10.04a: Das Produkt A·B liefert die Einheitsmatrix

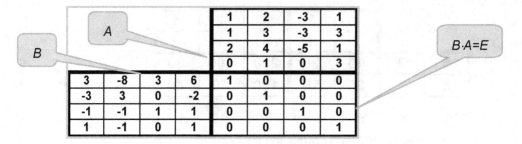

Bild 10.04b: Auch das Produkt B·A liefert die Einheitsmatrix

10.1.2 Aufgaben

Aufgabe 10.1-1: Bilden Sie mit den Matrizen

$$(10.08) \quad A = \begin{pmatrix} 5 & 3 \\ 7 & 5 \end{pmatrix} \quad B = \begin{pmatrix} 1 & 0 & 1 & 1 \\ 0 & 1 & 1 & 1 \end{pmatrix} \quad C = \begin{pmatrix} 1 & 2 \\ 1 & 3 \\ 2 & 4 \\ 2 & 1 \end{pmatrix}$$

die Produkte A·B, B·C, C·A und B·C·A, falls diese Produkte existieren.

Aufgabe 10.1-2: Man bestimme die Matrix X aus der Gleichung

$$(10.09a) \quad 3X - 2A = 2C + 5X$$

mit

$$(10.09b) \quad A = \begin{pmatrix} 0 & 1 & 0 \\ 1 & 0 & 1 \end{pmatrix} \quad C = \begin{pmatrix} 2 & 2 & -1 \\ 3 & 0 & 2 \end{pmatrix}.$$

Aufgabe 10.1-3: Man bestimme die Matrix X aus der Gleichung

$$(10.10a) \quad A + X \cdot B = X \cdot C$$

mit

$$(10.10b) \quad A = \begin{pmatrix} 1 & 3 & 2 \\ 4 & -2 & 3 \end{pmatrix} \quad B = \begin{pmatrix} 3 & 1 & 2 \\ 2 & 1 & -1 \\ 6 & 2 & 8 \end{pmatrix} \quad C = \begin{pmatrix} 5 & 1 & 2 \\ 2 & 3 & -1 \\ 6 & 2 & 10 \end{pmatrix}.$$

Aufgabe 10.1-4: Überzeugen Sie sich am Beispiel der Matrizen A und B mit

$$(10.11) \quad A = \begin{pmatrix} 2 & -1 \\ 3 & 2 \end{pmatrix} \quad \text{und} \quad B = \begin{pmatrix} 1 & 3 \\ 4 & 1 \end{pmatrix}$$

davon, dass im allgemeinen A·B ungleich B·A ist.

Wenn anstelle ausführlicher Lösungen nur die Ergebnisse angegeben sind, dann findet man die
ausführlichen Lösungen im Internet unter
www.w-g-m.de/bwl-ueb.html

10.1.3 Lösungen

Lösungen zu Aufgabe 10.1-1:

Es können alle vier Produkte gebildet werden:

$$(10.08a\_L) \quad A \cdot B = \begin{pmatrix} 5 & 3 & 8 & 8 \\ 7 & 5 & 12 & 12 \end{pmatrix}$$

$$(10.08b\_L) \quad B \cdot C = \begin{pmatrix} 5 & 7 \\ 5 & 8 \end{pmatrix}$$

$$(10.08c\_L) \quad C \cdot A = \begin{pmatrix} 19 & 13 \\ 26 & 18 \\ 38 & 26 \\ 17 & 11 \end{pmatrix}$$

$$(10.08d\_L) \quad B \cdot C \cdot A = \begin{pmatrix} 74 & 50 \\ 81 & 55 \end{pmatrix}$$

Lösungen zu Aufgabe 10.1-2: Nach Anwendung einfacher Regeln der Matrizenrechnung ergibt sich die Lösung der Aufgabe durch Differenzbildung:

$$3X - 2A = 2C + 5X \quad | \quad -3X - 2C$$

$$(10.09a\_L) \qquad -2A - 2C = 2X \qquad | \quad \cdot \frac{1}{2}$$

$$-A - C = X$$

Man erhält damit

$$(10.09b\_L) \quad X = \begin{pmatrix} -2 & -3 & 1 \\ -4 & 0 & -3 \end{pmatrix} .$$

Lösungen zu Aufgabe 10.1-3:

$$A + X \cdot B = X \cdot C$$

$$(10.10a\_L) \quad A = X \cdot C - X \cdot B$$

$$A = X \cdot (C - B)$$

Eine „Auflösung nach X durch Division" ist bei Matrizen nicht möglich – dort gibt es keine Division.

Weil jedoch C und B quadratisch sind, könnte durch Rechtsmultiplikation beider Seiten der Gleichung mit der Inversen von C–B (*wenn sie existiert !*) die Matrix X bestimmt werden.

Berechnen wir deshalb zunächst die Differenz C–B:

(10.10b_L) $\quad C - B = \begin{pmatrix} 5 & 1 & 2 \\ 2 & 3 & -1 \\ 6 & 2 & 10 \end{pmatrix} - \begin{pmatrix} 3 & 1 & 2 \\ 2 & 1 & -1 \\ 6 & 2 & 8 \end{pmatrix} = \begin{pmatrix} 2 & 0 & 0 \\ 0 & 2 & 0 \\ 0 & 0 & 2 \end{pmatrix} = 2E$

Damit ergibt sich der Sonderfall, dass X sofort aufgeschrieben werden kann:

$$A = X \cdot (C - B) = X \cdot (2E) = 2 \cdot (X \cdot E) = 2X$$

(10.10c_L) $\quad X = \dfrac{1}{2} A$

$$X = \frac{1}{2} \begin{pmatrix} 1 & 3 & 2 \\ 4 & -2 & 3 \end{pmatrix}$$

10.2 Determinanten

Determinanten sind *Kennzahlen quadratischer Matrizen*. Jede quadratische Matrix besitzt eine Determinante, nichtquadratische Matrizen haben keine Determinante.

Mit Hilfe der Determinante kann z. B. festgestellt werden, ob eine quadratische Matrix eine Inverse besitzt.

Ebenfalls ist es möglich, die Lösung von kleinen, eindeutig lösbaren linearen quadratischen Gleichungssystemen mit Hilfe von Determinanten zu ermitteln. Dazu kann die CRAMERsche Regel benutzt werden.

10.2.1 Beispiele dafür, wie es richtig gemacht wird

Beispiel 10.2-1: *Man berechne die Determinante*

(10.12) $\quad D = \begin{vmatrix} 2 & -5 & 1 & 2 \\ -3 & 7 & -1 & 4 \\ 5 & -9 & 2 & 7 \\ 4 & -6 & 1 & 2 \end{vmatrix}$

Lösung: *Für Determinanten mit zwei oder drei Zeilen und Spalten (man spricht von zweireihigen bzw. dreireihigen Determinanten) gibt es spezielle Berechnungsverfahren (siehe [51], Abschnitt 15.3.1). Für größere Determinanten, wie schon für die vierreihige Determinante dieses Beispiels, bleibt nur die Anwendung des Entwicklungssatzes, wie er ausführlich z. B. in [51] im Abschnitt 15.3.2 beschrieben wird.*

Würde jedoch auf die Determinante (10.12) sofort der Entwicklungssatz angewandt, dann wären – ganz gleich, welche Zeile oder Spalte für die Entwicklung ausgewählt wird – vier dreireihige Unterdeterminanten zu berechnen.

Vor der Anwendung des Entwicklungssatzes empfiehlt sich deshalb, mit Hilfe *erlaubter Umformungen* in der Determinante möglichst *viele Nullen* zu schaffen.

Als wichtigste erlaubte Umformung gilt dabei der folgende Satz:

Der Wert einer Determinante ändert sich nicht, wenn zu einer Zeile das Vielfache einer anderen Zeile oder zu einer Spalte das Vielfache einer anderen Spalte addiert wird.

Dabei ist unter „Vielfaches" auch des „minus-eins-fache" oder „minus-drei-fache" usw. zu verstehen.

Wenden wir diesen Satz an, um in der dritten Spalte drei Nullen zu erzeugen. Dazu addieren wir zur zweiten Zeile das „eins-fache" der ersten Zeile, zur dritten Zeile das „minus-zwei-fache" der ersten Zeile und zur vierten Zeile das „minus-eins-fache" der ersten Zeile:

$$(10.13) \quad D = \begin{vmatrix} 2 & -5 & 1 & 2 \\ -1 & 2 & 0 & 6 \\ 1 & 1 & 0 & 3 \\ 2 & -1 & 0 & 0 \end{vmatrix}$$

neue 2. Zeile=alte 2. Zeile + (+1)-mal 1. Zeile

neue 3. Zeile=alte 3. Zeile + (-2)-mal 1. Zeile

neue 4. Zeile=alte 4. Zeile + (-1)-mal 1. Zeile

Nun kann der Entwicklungssatz angewandt werden, entwickelt wird natürlich nach der dritten Spalte. Es ergeben sich zuerst vier Dreierprodukte, bestehend aus dem Vorzeichen gemäß Schachbrettmuster, dem Spaltenelement und der dreireihigen Unterdeterminante, die durch Streichung von Zeile und Spalte des jeweiligen Entwicklungselements entsteht:

$$(10.14)$$

$$D = (+1) \cdot 1 \cdot \begin{vmatrix} -1 & 2 & 6 \\ 1 & 1 & 3 \\ 2 & -1 & 0 \end{vmatrix} + (-1) \cdot 0 \cdot \begin{vmatrix} 2 & -5 & 2 \\ 1 & 1 & 3 \\ 2 & -1 & 0 \end{vmatrix} + (+1) \cdot 0 \cdot \begin{vmatrix} 2 & -5 & 2 \\ -1 & 2 & 6 \\ 2 & -1 & 0 \end{vmatrix} + (-1) \cdot 0 \cdot \begin{vmatrix} 2 & -5 & 2 \\ -1 & 2 & 6 \\ 1 & 1 & 3 \end{vmatrix}$$

Nun zeigt sich der Nutzen der zielgerichteten Vorbehandlung der Determinante zur Erzeugung von Nullen, denn nur die erste der dreireihigen Determinanten braucht berechnet zu werden:

$$(10.15) \quad D = \begin{vmatrix} -1 & 2 & 6 \\ 1 & 1 & 3 \\ 2 & -1 & 0 \end{vmatrix}$$

Für die Berechnung dieser dreireihige Determinante gibt es nun zwei Möglichkeiten:

Möglichkeit 1: Erneute Anwendung des Entwicklungssatzes nach geeigneter Vorbehandlung. Dazu werden z. B. in der ersten Spalte in zweiter und dritter Zeile Nullen erzeugt:

$$(10.16) \quad D = \begin{vmatrix} -1 & 2 & 6 \\ 0 & 3 & 9 \\ 0 & 3 & 12 \end{vmatrix}$$

neue 2. Zeile=alte 2. Zeile + (+1)-mal 1. Zeile

neue 3. Zeile=alte 3. Zeile + (+2)-mal 1. Zeile

Nun kann nach der ersten Spalte entwickelt werden, zur Demonstration werden aber alle drei entstehenden Dreierprodukte angegeben:

$$(10.17) \quad D = (+1)\cdot(-1)\cdot\begin{vmatrix} 3 & 9 \\ 3 & 12 \end{vmatrix} + (-1)\cdot 0 \cdot \begin{vmatrix} 2 & 6 \\ 3 & 12 \end{vmatrix} + (+1)\cdot 0 \cdot \begin{vmatrix} 2 & 6 \\ 3 & 9 \end{vmatrix}$$

Es bleibt eine zweireihige Determinante übrig, die sofort berechnet werden kann:

$$(10.18) \quad D = -\begin{vmatrix} 3 & 9 \\ 3 & 12 \end{vmatrix} = -[3\cdot 12 - 9\cdot 3] = -9$$

Möglichkeit 2: Anwendung der SARRUSschen Regel (siehe [51], Abschnitt 15.3.2): Diese Regel, die allerdings nur für dreireihige Determinanten gilt, verlangt als Erstes, dass die ersten beiden Spalten rechts neben die Determinante geschrieben werden:

$$(10.19) \quad D = \begin{vmatrix} -1 & 2 & 6 \\ 1 & 1 & 3 \\ 2 & -1 & 0 \end{vmatrix} \begin{matrix} -1 & 2 \\ 1 & 1 \\ 2 & -1 \end{matrix}$$

Dann werden sechs Dreierprodukte gebildet, wobei die drei Dreierprodukte von links oben nach rechts unten positiv in die Bilanz eingehen, die drei Dreierprodukte von rechts oben nach links unten dagegen negativ:

$$(10.20) \quad D = \begin{vmatrix} -1 & 2 & 6 \\ 1 & 1 & 3 \\ 2 & -1 & 0 \end{vmatrix} \begin{matrix} -1 & 2 \\ 1 & 1 \\ 2 & -1 \end{matrix}$$

$$-\quad -\quad -\quad +\quad +\quad +$$

$$(10.21) \quad D = +[(-1)\cdot 1\cdot 0 + 2\cdot 3\cdot 2 + 6\cdot 1\cdot(-1)] - [6\cdot 1\cdot 2 + (-1)\cdot 3\cdot(-1) + 2\cdot 1\cdot 0] = -9$$

Beispiel 10.2-2: Für welche Werte des Parameters k besitzt die Matrix

$$(10.22) \quad A = \begin{pmatrix} 1 & 2 & 2 \\ 2 & k & -2 \\ 2 & -2 & k \end{pmatrix}$$

keine Inverse?

Lösung: A besitzt keine Inverse, wenn det(A)=0 ist (mit anderen Worten – wenn sie eine verschwindende Determinante besitzt).

Berechnen wir die Determinante, wieder mit dem Entwicklungssatz, nachdem durch sinnvolle Vorbehandlung in der ersten Spalte zwei Nullen erzeugt wurden:

$$(10.23) \quad \det(A) = \begin{vmatrix} 1 & 2 & 2 \\ 2 & k & -2 \\ 2 & -2 & k \end{vmatrix} = \begin{vmatrix} 1 & 2 & 2 \\ 0 & k-4 & -6 \\ 0 & -6 & k-4 \end{vmatrix} = \begin{vmatrix} k-4 & -6 \\ -6 & k-4 \end{vmatrix} = (k-4)^2 - 36$$

Wenn die quadratische Gleichung

$$(10.24) \quad (k-4)^2 - 36 = 0$$

reelle Lösungen hat, dann sind das diejenigen Parameterwerte, für die die Matrix keine Inverse hat:

$$(k-4)^2 - 36 = 0$$
$$k^2 - 8k + 16 - 36 = 0$$
$$(10.25) \quad k^2 - 8k - 20 = 0$$
$$k_{1,2} = 4 \pm \sqrt{16 + 20}$$
$$k_1 = 10 \quad k_2 = -2$$

Lösung der Aufgabe: *Für k=–2 und für k=10 hat die Matrix (10.22) keine Inverse.*

Beispiel 10.2-3: *Zu lösen ist die Gleichung*

$$(10.26) \quad D = \begin{vmatrix} 3 & x & -x \\ 2 & -1 & 3 \\ x+10 & 1 & 1 \end{vmatrix} = 0 \ .$$

Lösung: *Zuerst muss der Wert der Determinante berechnet werden – als Vorbehandlung für den Entwicklungssatz empfiehlt sich hier die Schaffung von Nullen in der zweiten Zeile, in der ersten und dritten Spalte.*

(10.27)

$$D = \begin{vmatrix} 3 & x & -x \\ 2 & -1 & 3 \\ x+10 & 1 & 1 \end{vmatrix} = \begin{vmatrix} 2x+3 & x & 2x \\ 0 & -1 & 0 \\ x+12 & 1 & 4 \end{vmatrix} = (-1) \begin{vmatrix} 2x+3 & 2x \\ x+12 & 4 \end{vmatrix} = 2x^2 + 16x - 12$$

Nun ist die entstandene quadratische Gleichung zu lösen:

$$2x^2 + 16x - 12 = 0$$

$$x^2 + 8x - 6 = 0$$

(10.28)
$$x_{1,2} = -4 \pm \sqrt{16 + 6}$$

$$x_1 = -4 + \sqrt{22} \qquad x_2 = -4 - \sqrt{22}$$

Damit sind die beiden Lösungen der Aufgabe (10.26) gefunden.

Beispiel 10.2-4: *Mit der CRAMERschen Regel löse man das lineare Gleichungssystem mit quadratischer Koeffizientenmatrix*

$$x_1 + x_2 - 2x_3 = 6$$

(10.29)
$$2x_1 + 3x_2 - 7x_3 = 16 \quad .$$

$$5x_1 + 2x_2 + x_3 = 16$$

Zunächst muss geprüft werden, ob die Determinante der Koeffizientenmatrix von Null verschieden ist.

Mit anderen Worten, es muss geprüft werden, ob die Koeffizientenmatrix *eine* nichtverschwindende Determinante *besitzt:*

(10.30)
$$D = \begin{vmatrix} 1 & 1 & -2 \\ 2 & 3 & -7 \\ 5 & 2 & 1 \end{vmatrix} = \begin{vmatrix} 1 & 1 & -2 \\ 0 & 1 & -3 \\ 0 & -3 & 11 \end{vmatrix} = \begin{vmatrix} 1 & -3 \\ -3 & 11 \end{vmatrix} = 2$$

Das ist der Fall, also besitzt das quadratische lineare Gleichungssystem (10.29) genau eine Lösung (siehe [51], Abschnitt 16.2).

Die CRAMERsche Regel (siehe Abschnitt 16.3 in [51]) schreibt nun vor, wie die Werte der drei Unbekannten zu ermitteln sind:

Während in den drei Nennern jeweils die *Determinante der Koeffizientenmatrix* erscheint, ist in den *Zählerdeterminanten* die entsprechende Spalte durch die rechte Seite zu ersetzen:

(10.31)
$$x_1 = \frac{\begin{vmatrix} 6 & 1 & -2 \\ 16 & 3 & -7 \\ 16 & 2 & 1 \end{vmatrix}}{\begin{vmatrix} 1 & 1 & -2 \\ 2 & 3 & -7 \\ 5 & 2 & 1 \end{vmatrix}} \qquad x_2 = \frac{\begin{vmatrix} 1 & 6 & -2 \\ 2 & 16 & -7 \\ 5 & 16 & 1 \end{vmatrix}}{\begin{vmatrix} 1 & 1 & -2 \\ 2 & 3 & -7 \\ 5 & 2 & 1 \end{vmatrix}} \qquad x_3 = \frac{\begin{vmatrix} 1 & 1 & 6 \\ 2 & 3 & 16 \\ 5 & 2 & 16 \end{vmatrix}}{\begin{vmatrix} 1 & 1 & -2 \\ 2 & 3 & -7 \\ 5 & 2 & 1 \end{vmatrix}}$$

Nach Berechnung der Determinantenwerte (im Nenner ist es ja immer die Determinante D) erhält man sofort die Lösung des linearen quadratischen Gleichungssystems:

$$(10.32) \qquad x_1 = \frac{6}{2} = 3 \qquad x_2 = \frac{2}{2} = 1 \qquad x_3 = \frac{-2}{2} = -1$$

Beispiel 10.2-5: *Gelöst werden soll die Matrixgleichung*

$$(10.33) \qquad AX + 2B = C - X$$

mit den Matrizen

$$(10.34) \qquad A = \begin{pmatrix} 2 & 1 \\ 0 & 1 \end{pmatrix} \qquad B = \begin{pmatrix} 3 & 1 \\ 4 & 2 \end{pmatrix} \qquad C = \begin{pmatrix} 2 & -2 \\ -1 & 1 \end{pmatrix} \; .$$

Lösung: Zunächst wird die Matrixgleichung mit Hilfe von Rechenregeln für Matrizen umgestellt:

$$
\begin{aligned}
AX + 2B &= C - X \quad | +X - 2B \\
AX + X &= C - 2B \\
(A + E)X &= C - 2B
\end{aligned}
$$

(10.35)

Wenn eine Inverse vom Linksfaktor von X, d. h. von (A+E) existieren würde, dann könnten beide Seiten der letzten Gleichung in (10.35) von links mit dieser Inversen multipliziert werden:

Die unbekannte Matrix würde dann allein stehen und könnte berechnet werden. Andernfalls ist die Aufgabe auf diesem Weg nicht lösbar.

Prüfen wir also mit Hilfe der Determinante von (A+E) die Existenz der Inversen:

$$(10.36) \qquad \det(A + E) = \left| \begin{pmatrix} 2 & 1 \\ 0 & 1 \end{pmatrix} + \begin{pmatrix} 1 & 0 \\ 0 & 1 \end{pmatrix} \right| = \begin{vmatrix} 3 & 1 \\ 0 & 2 \end{vmatrix} = 6$$

Die Inverse existiert, also kann die in (10.35) begonnene Rechnung zu Ende gebracht werden:

$$
\begin{aligned}
(A + E)^{-1} \cdot \; | \;\; (A + E)X &= C - 2B \\
(A + E)^{-1}(A + E)X &= (A + E)^{-1}(C - 2B) \\
X &= (A + E)^{-1}(C - 2B)
\end{aligned}
$$

(10.37)

Die Matrix (C–2B) kann damit sofort aufgeschrieben werden:

$$(10.38) \qquad C - 2B = \begin{pmatrix} 2 & -2 \\ -1 & 1 \end{pmatrix} - 2\begin{pmatrix} 3 & 1 \\ 4 & 2 \end{pmatrix} = \begin{pmatrix} -4 & -4 \\ -9 & -3 \end{pmatrix}$$

Für die Berechnung der Inversen einer (2,2)-Matrix ist die nachfolgende Vorschrift *bekannt:*

Die *Elemente der Hauptdiagonale* werden *vertauscht*, die *Elemente der Nebendiagonale wechseln das Vorzeichen*, dann wird mit dem *Reziprokwert der Determinante* multipliziert.

$$(10.39) \quad \left.\begin{array}{c} (A+E) = \begin{pmatrix} 3 & 1 \\ 0 & 2 \end{pmatrix} \\ \det(A+E) = 6 \end{array}\right\} \Rightarrow (A+E)^{-1} = \frac{1}{6}\begin{pmatrix} 2 & -1 \\ 0 & 3 \end{pmatrix}$$

Das endgültige Aussehen der gesuchten Matrix X ergibt sich schließlich durch Matrizenmultiplikation in der richtigen Reihenfolge, auszuführen mit dem Schema von FALK:

$$(10.40) \quad X = (A+E)^{-1}(C-2B) = \frac{1}{6}\begin{pmatrix} 2 & -1 \\ 0 & 3 \end{pmatrix}\begin{pmatrix} -4 & -4 \\ -9 & -3 \end{pmatrix} = \frac{1}{6}\begin{pmatrix} 1 & -5 \\ -27 & -9 \end{pmatrix}$$

10.2.2 Aufgaben

Aufgabe 10.2-1: Berechnen Sie den Wert folgender Determinanten:

$$(10.41) \quad \begin{vmatrix} 1 & -2 \\ 3 & 4 \end{vmatrix}$$

$$(10.42) \quad \begin{vmatrix} 1 & 3 & 2 \\ -1 & 0 & 1 \\ 2 & 1 & 2 \end{vmatrix}$$

$$(10.43) \quad \begin{vmatrix} 3 & 4 & 1 \\ 2 & 1 & -1 \\ 1 & 3 & 2 \end{vmatrix}$$

$$(10.44) \quad \begin{vmatrix} 1 & 2 & 3 & 1 \\ 3 & 5 & 4 & 2 \\ -2 & -3 & 1 & 4 \\ 2 & 4 & 0 & 7 \end{vmatrix}$$

Aufgabe 10.2-2: Für welche Werte der Parameter k bzw. t besitzen die folgenden Matrizen keine Inverse?

(10.45) $\quad A = \begin{pmatrix} 2 & 1 \\ k & 3 \end{pmatrix}$

(10.46) $\quad B = \begin{pmatrix} 3 & 1 & 2 \\ t & 1 & 3 \\ 2 & 0 & 1 \end{pmatrix}$

(10.47) $\quad C = \begin{pmatrix} 2 & 1 & 4 \\ t & 2 & 1 \\ 1 & 1 & -3 \end{pmatrix}$

(10.48) $\quad D = \begin{pmatrix} 2 & 1 & 3 & 1 \\ -4 & -3 & 1 & 0 \\ 6 & 1 & 2 & 1 \\ -2 & -1 & 2 & k \end{pmatrix}$

Aufgabe 10.2-3: Lösen Sie die Gleichungen:

(10.49) $\quad \begin{vmatrix} 1 & 2 & -1 \\ 2 & 1 & 3 \\ 3 & 2 & 0 \end{vmatrix} = \begin{vmatrix} x & -1 & 2 \\ 3 & 1 & 1 \\ 4 & 2 & -1 \end{vmatrix}$

(10.50) $\quad \begin{vmatrix} 2 & 1 & 1 \\ -2 & 0 & \ln x \\ 4 & 3 & 3 \end{vmatrix} = 4$

Aufgabe 10.2-4: Lösen Sie das folgende lineare Gleichungssystem mit der CRAMERschen Regel:

(10.51)
$$2x_1 - 3x_2 + x_3 = -7$$
$$x_1 + 4x_2 + 2x_3 = -1$$
$$x_1 - 4x_2 = -5$$

Aufgabe 10.2-5: Lösen Sie folgende Matrixgleichungen, geben Sie die Matrix X an:

(10.52) $\begin{pmatrix} 1 & 2 \\ 3 & 4 \end{pmatrix} \cdot X = \begin{pmatrix} 3 & 5 \\ 5 & 9 \end{pmatrix}$

(10.53) $X \cdot \begin{pmatrix} 3 & -2 \\ 5 & -4 \end{pmatrix} = \begin{pmatrix} -1 & 2 \\ -5 & 6 \end{pmatrix}$

(10.54) $\begin{pmatrix} 2 & -3 \\ 4 & -5 \end{pmatrix} \cdot X \cdot \begin{pmatrix} 2 & 3 \\ 4 & 5 \end{pmatrix} = \begin{pmatrix} 1 & 1 \\ 1 & 1 \end{pmatrix}$

10.2.3 Lösungen

Wenn anstelle ausführlicher Lösungen nur die Ergebnisse angegeben sind, dann findet man die ausführlichen Lösungen im Internet unter
www.w-g-m.de/bwl-ueb.html

Lösungen zur Aufgabe 10.2-1:

(10.41_L) $\begin{vmatrix} 1 & -2 \\ 3 & 4 \end{vmatrix} = 10$

(10.42_L) $\begin{vmatrix} 1 & 3 & 2 \\ -1 & 0 & 1 \\ 2 & 1 & 2 \end{vmatrix} = 9$

(10.43_L) $\begin{vmatrix} 3 & 4 & 1 \\ 2 & 1 & -1 \\ 1 & 3 & 2 \end{vmatrix} = 0$

(10.44_L) $\begin{vmatrix} 1 & 2 & 3 & 1 \\ 3 & 5 & 4 & 2 \\ -2 & -3 & 1 & 4 \\ 2 & 4 & 0 & 7 \end{vmatrix} = -40$

Lösungen zur Aufgabe 10.2-2:

Die Matrix $A = \begin{pmatrix} 2 & 1 \\ k & 3 \end{pmatrix}$ besitzt für k=6 keine Inverse.

Die Matrix $B = \begin{pmatrix} 3 & 1 & 2 \\ t & 1 & 3 \\ 2 & 0 & 1 \end{pmatrix}$ besitzt für t=5 keine Inverse.

Die Matrix $C = \begin{pmatrix} 2 & 1 & 4 \\ t & 2 & 1 \\ 1 & 1 & -3 \end{pmatrix}$ besitzt für t=3 keine Inverse.

Die Matrix $D = \begin{pmatrix} 2 & 1 & 3 & 1 \\ -4 & -3 & 1 & 0 \\ 6 & 1 & 2 & 1 \\ -2 & -1 & 2 & k \end{pmatrix}$ besitzt für k=3/7 keine Inverse.

Lösungen zur Aufgabe 10.2-3:

Zur Lösung der Gleichung

$$(10.49\text{a\_L}) \quad \begin{vmatrix} 1 & 2 & -1 \\ 2 & 1 & 3 \\ 3 & 2 & 0 \end{vmatrix} = \begin{vmatrix} x & -1 & 2 \\ 3 & 1 & 1 \\ 4 & 2 & -1 \end{vmatrix}$$

werden die beiden Determinanten berechnet – hier wieder unter Verwendung des Entwicklungssatzes nach *Vorbehandlung zur Erzeugung von Nullen*:

$$(10.49\text{b\_L})$$

$$\begin{vmatrix} 1 & 2 & -1 \\ 2 & 1 & 3 \\ 3 & 2 & 0 \end{vmatrix} = \begin{vmatrix} 1 & 2 & -1 \\ 0 & -3 & 5 \\ 0 & -4 & 3 \end{vmatrix} = \begin{vmatrix} -3 & 5 \\ -4 & 3 \end{vmatrix} = 11$$

$$\begin{vmatrix} x & -1 & 2 \\ 3 & 1 & 1 \\ 4 & 2 & -1 \end{vmatrix} = \begin{vmatrix} x+8 & 3 & 0 \\ 7 & 3 & 0 \\ 4 & 2 & -1 \end{vmatrix} = -\begin{vmatrix} x+8 & 3 \\ 7 & 3 \end{vmatrix} = -3x - 3$$

Zu lösen ist folglich die Gleichung

$(10.49\text{c\_L}) \quad -3x - 3 = 11$.

Damit ergibt sich der Wert x=−14/3 als Lösung der Gleichung (10.49).

Zur Lösung der Gleichung

$$(10.50\text{a\_L}) \quad \begin{vmatrix} 2 & 1 & 1 \\ -2 & 0 & \ln x \\ 4 & 3 & 3 \end{vmatrix} = 4$$

wird wiederum zuerst die links stehende Determinante berechnet. Nachdem das „minus-drei-fache" der ersten Zeile zur dritten Zeile addiert wurde, wird nach der zweiten Spalte entwickelt:

$$(10.50\text{b\_L}) \quad \begin{vmatrix} 2 & 1 & 1 \\ -2 & 0 & \ln x \\ 4 & 3 & 3 \end{vmatrix} = \begin{vmatrix} 2 & 1 & 1 \\ -2 & 0 & \ln x \\ -2 & 0 & 0 \end{vmatrix} = -\begin{vmatrix} -2 & \ln x \\ -2 & 0 \end{vmatrix} = -2\ln x$$

Es ergibt sich für x die Gleichung

$$(10.50\text{c\_L}) \quad -2\ln x = 4 \ ,$$

die durch Anwendung der Logarithmengesetze (siehe z. B. [51], Abschnitt 2.1.7) gelöst werden kann:

$$\ln x = -2$$
$$(10.50\text{d\_L}) \quad e^{\ln x} = e^{-2}$$
$$x = e^{-2}$$

Lösungen zur Aufgabe 10.2-4: Die Determinante der Koeffizientenmatrix des linearen Gleichungssystems

$$(10.51\text{a\_L}) \quad \begin{aligned} 2x_1 - 3x_2 + x_3 &= -7 \\ x_1 + 4x_2 + 2x_3 &= -1 \\ x_1 - 4x_2 &= -5 \end{aligned}$$

ist von Null verschieden, also gibt es genau eine Lösung. Sie lautet

$$(10.51\text{b\_L}) \quad x_1 = -1 \quad x_2 = 1 \quad x_3 = -2$$

Lösungen zur Aufgabe 10.2-5:

Unter der Voraussetzung, dass die Inverse der Matrix $\begin{pmatrix} 1 & 2 \\ 3 & 4 \end{pmatrix}$ existiert, kann die gegebe-

ne Matrixgleichung (10.52) durch Linksmultiplikation beider Seiten mit dieser Inversen so umgeformt werden, dass die unbekannte Matrix X allein auf einer Seite steht:

$$(10.52\text{a\_L}) \quad \begin{pmatrix} 1 & 2 \\ 3 & 4 \end{pmatrix} X = \begin{pmatrix} 3 & 5 \\ 5 & 9 \end{pmatrix} \Rightarrow X = \begin{pmatrix} 1 & 2 \\ 3 & 4 \end{pmatrix}^{-1} \cdot \begin{pmatrix} 3 & 5 \\ 5 & 9 \end{pmatrix}$$

Da diese Inverse existiert, ergibt sich folgende Lösung:

$$\text{(10.52b\_L)} \quad X = \begin{pmatrix} 1 & 2 \\ 3 & 4 \end{pmatrix}^{-1} \cdot \begin{pmatrix} 3 & 5 \\ 5 & 9 \end{pmatrix} = \frac{1}{-2} \begin{pmatrix} 4 & -2 \\ -3 & 1 \end{pmatrix} \cdot \begin{pmatrix} 3 & 5 \\ 5 & 9 \end{pmatrix} = \begin{pmatrix} -1 & -1 \\ 2 & 3 \end{pmatrix}$$

Unter der Voraussetzung, dass die Inverse der Matrix $\begin{pmatrix} 3 & -2 \\ 5 & -4 \end{pmatrix}$ existiert, kann die gegebene Matrixgleichung (10.53) durch Rechtsmultiplikation beider Seiten mit dieser Inversen so umgeformt werden, dass die unbekannte Matrix X allein auf einer Seite steht:

$$\text{(10.53a\_L)} \quad X \begin{pmatrix} 3 & -2 \\ 5 & -4 \end{pmatrix} = \begin{pmatrix} -1 & 2 \\ -5 & 6 \end{pmatrix} \Rightarrow X = \begin{pmatrix} -1 & 2 \\ -5 & 6 \end{pmatrix} \cdot \begin{pmatrix} 3 & -2 \\ 5 & -4 \end{pmatrix}^{-1}$$

Da diese Inverse existiert, ergibt sich folgende Lösung:

$$\text{(10.53b\_L)} \quad X = \begin{pmatrix} -1 & 2 \\ -5 & 6 \end{pmatrix} \cdot \begin{pmatrix} 3 & -2 \\ 5 & -4 \end{pmatrix}^{-1} = \begin{pmatrix} -1 & 2 \\ -5 & 6 \end{pmatrix} \cdot \frac{1}{-2} \begin{pmatrix} -4 & 2 \\ -5 & 3 \end{pmatrix} = \begin{pmatrix} 3 & -2 \\ 5 & -4 \end{pmatrix}$$

Unter der Voraussetzung, dass sowohl die Matrix $\begin{pmatrix} 2 & -3 \\ 4 & -5 \end{pmatrix}$ als auch die Matrix $\begin{pmatrix} 2 & 3 \\ 4 & 5 \end{pmatrix}$ Inverse besitzen, kann die gegebene Matrixgleichung (10.54) durch Rechts- und Linksmultiplikation beider Seiten mit den Inversen so umgeformt werden, dass die unbekannte Matrix X allein auf einer Seite steht:

$$\text{(10.54a\_L)} \quad \begin{pmatrix} 2 & -3 \\ 4 & -5 \end{pmatrix} X \begin{pmatrix} 2 & 3 \\ 4 & 5 \end{pmatrix} = \begin{pmatrix} 1 & 1 \\ 1 & 1 \end{pmatrix} \Rightarrow X = \begin{pmatrix} 2 & -3 \\ 4 & -5 \end{pmatrix}^{-1} \begin{pmatrix} 1 & 1 \\ 1 & 1 \end{pmatrix} \begin{pmatrix} 2 & 3 \\ 4 & 5 \end{pmatrix}^{-1}$$

Da beide Inversen existieren, ergibt sich folgende Lösung:

(10.54b_L)

$$X = \begin{pmatrix} 2 & -3 \\ 4 & -5 \end{pmatrix}^{-1} \begin{pmatrix} 1 & 1 \\ 1 & 1 \end{pmatrix} \begin{pmatrix} 2 & 3 \\ 4 & 5 \end{pmatrix}^{-1} = \frac{1}{2} \begin{pmatrix} -5 & 3 \\ -4 & 2 \end{pmatrix} \cdot \begin{pmatrix} 1 & 1 \\ 1 & 1 \end{pmatrix} \cdot \frac{1}{-2} \begin{pmatrix} 5 & -3 \\ -4 & 2 \end{pmatrix} = \frac{1}{2} \begin{pmatrix} 1 & -1 \\ 1 & -1 \end{pmatrix}$$

11. Lineare Gleichungssysteme

11.1 Beispiele, Übungsaufgaben und Lösungen

Das Lösen linearer Gleichungssysteme gehört zu den Grundtechniken bei der Betrachtung ökonomischer Fragestellungen.

> Rohstoffbilanzen, Teilebedarfsprobleme oder Fragen der innerbetrieblichen Leistungsverrechnung führen auf lineare Gleichungssysteme.

Deren Lösungen werden benötigt, um richtige Entscheidungen treffen zu können.

Das GAUSSsche Eliminationsverfahren (auch als *GAUSSscher Algorithmus* bezeichnet), wie es z. B. im Buch [51] „Mathematik für BWL-Bachelor" im Kapitel 16 beschrieben ist, liefert eine sichere Methode, die Lösbarkeit linearer Gleichungssysteme festzustellen, bei eindeutiger Lösung diese zu ermitteln bzw. beim Vorhandensein unendlich vieler Lösungen diese Lösungsmannigfaltigkeit beschreiben zu können.

11.1.1 Beispiele dafür, wie es richtig gemacht wird

Beispiel 11.1-1: *Zu untersuchen ist das lineare Gleichungssystem mit vier Gleichungen für vier Unbekannte*

$$(11.01) \quad \begin{aligned} x_1 + 2x_2 - 2x_3 + 3x_4 &= 5 \\ x_1 + 3x_2 + 2x_3 + 5x_4 &= 11 \\ x_1 + 2x_2 - x_3 + x_4 &= 6 \\ x_2 + 4x_3 + 3x_4 &= 6 \end{aligned} \quad .$$

Grundsätzliche Überlegung: Dieses Gleichungssystem besitzt die quadratische Koeffizientenmatrix

$$(11.02) \quad A = \begin{pmatrix} 1 & 2 & -2 & 3 \\ 1 & 3 & 2 & 5 \\ 1 & 2 & -1 & 1 \\ 0 & 1 & 4 & 3 \end{pmatrix} ,$$

es wird deshalb auch oft als quadratisches lineares Gleichungssystem *bezeichnet.*

> Lineare Gleichungssysteme mit quadratischer Koeffizientenmatrix können keine, genau eine oder unendlich viele Lösungen besitzen.

Zur Feststellung der Lösungssituation, zur Ermittlung der einen Lösung oder zur Beschreibung der unendlich vielen Lösungen wird nun der GAUSSsche Algorithmus in seiner Basisversion verwendet.

Das Verfahren beginnt damit, dass das lineare Gleichungssystem in ein Tableau eingetragen wird:

x_1	x_2	x_3	x_4	=
1	2	-2	3	5
1	3	2	5	11
1	2	-1	1	6
0	1	4	3	6

Bild 11.01: Tableau-Form des linearen Gleichungssystems (11.01)

Jetzt wird dieses Tableau so umgeformt, dass schrittweise Variable eliminiert werden (man sagt auch umgangssprachlich, dass „Nullen erzeugt werden"), um ein gestaffeltes lineares Glei-chungssystem *zu erhalten.*

Dafür ist zuerst ein Pivot-Element *auszuwählen.*

Bemerkung: *Grundsätzlich kann jedes Nicht-Null-Element der Koeffizientenmatrix (also un-terhalb der Zeile mit den Unbekannten) als Pivot gewählt werden.*

Bei der Lösung von linearen Gleichungssystemen mit einem Computer *sollte man das be-tragsgrößte* Element *als Pivot-Element auswählen.*

Für die Lösung kleiner Übungsaufgaben – wie hier – empfiehlt sich dagegen die Auswahl einer Eins, sofern vorhanden.

Legen wir also eine der Einsen als Pivot-Element fest - zum Beispiel die Eins in der ersten Zeile und ersten Spalte:

Bild 11.02: Erster GAUSSscher Eliminationsschritt: Nullen erzeugen unter x_1

Das Ziel des ersten Eliminationsschrittes besteht darin, durch geeignete Kombination der Pi-votzeile *mit den* darunter stehenden Zeilen *in der Pivotspalte Nullen zu erzeugen.*

Das wird erreicht mit Hilfe der rechts neben der Pivotzeile stehenden Eliminationsfaktoren.

Bild 11.02 zeigt das Ergebnis: Da keine Widerspruchszeile *entstanden ist (nur Nullen unter den Unbekannten, aber keine Null unter dem Gleichheitszeichen), kann das Verfahren fortgesetzt werden.*

Im nächsten GAUSSschen Eliminationsschritt wird wieder eines der Nicht-Null-Elemente als Pi-vot-Element *ausgewählt, für die Rechen-Bequemlichkeit empfiehlt sich wieder eine der Einsen (siehe Bild 11.03).*

Wiederum ist keine Widerspruchszeile entstanden, das Verfahren kann mit dem dritten Eliminati-onsschritt (Bild 11.04) fortgesetzt werden.

x_1	x_2	x_3	x_4	=
1	2	-2	3	5
1	3	2	5	11
1	2	-1	1	6
0	1	4	3	6
0	1	4	2	6
0	0	1	-2	1
0	1	4	3	6
0	0	1	-2	1
0	0	0	1	0

Bild 11.03: Zweiter GAUSSscher Eliminationsschritt

x_1	x_2	x_3	x_4	=
1	2	-2	3	5
1	3	2	5	11
1	2	-1	1	6
0	1	4	3	6
0	1	4	2	6
0	0	1	-2	1
0	1	4	3	6
0	0	1	-2	1
0	0	0	1	0
0	0	0	1	0

Bild 11.04: Dritter und letzter GAUSSscher Eliminationsschritt

Damit ist die GAUSS-Elimination beendet, es gab keinen Abbruch infolge des Auftretens einer Widerspruchszeile (das wird im Beispiel 11.1-3 auf Seite 159 erfolgen), auch sind keine vollständigen Nullzeilen (siehe Beispiel 11.1-2 ab Seite 158) entstanden.

Aus den drei Pivotzeilen und der Ende-Zeile in Bild 11.04 wird nun die GAUSS-Zusammenstellung erzeugt:

x_1	x_2	x_3	x_4	=
1	2	-2	3	5
0	1	4	2	6
0	0	1	-2	1
0	0	0	1	0

Bild 11.04a: GAUSS-Zusammenstellung: Obere Dreiecksmatrix

Diagnose: *Da die GAUSS-Zusammenstellung ebenso viele Zeilen wie Unbekannte besitzt, hat das lineare Gleichungssystem (11.01) genau eine Lösung.*

Man sagt dann auch: Das lineare Gleichungssystem ist eindeutig lösbar. *Die Lösung erhält man schließlich durch* Rückrechnung *von unten nach oben:*

(11.03)
$$x_4 = 0$$
$$x_3 - 2x_4 = 1 \Rightarrow x_3 = 1$$
$$x_2 + 4x_3 + 2x_4 = 6 \Rightarrow x_2 = 2$$
$$x_1 + 2x_2 - 2x_3 + 3x_4 = 5 \Rightarrow x_1 = 3$$

Zusammenfassung: *Das lineare Gleichungssystem (11.01) ist eindeutig lösbar und besitzt als einzige Lösung $x_1=3$, $x_2=2$, $x_3=1$ und $x_4=0$.*

Beispiel 11.1-2: *Zu untersuchen ist das lineare Gleichungssystem mit fünf Gleichungen für vier Unbekannte*

(11.04)
$$2x_1 - 4x_2 + 2x_3 - x_4 = 2$$
$$3x_1 \qquad - 3x_3 + 2x_4 = 3$$
$$7x_1 - 8x_2 + x_3 \qquad = 7 \; .$$
$$x_1 + 4x_2 - 5x_3 + 3x_4 = 1$$
$$4x_1 + 4x_2 - 8x_3 + 5x_4 = 4$$

Dieses Gleichungssystem hat mehr Gleichungen als Unbekannte – es ist überbestimmt.

> Überbestimmte lineare Gleichungssysteme *haben entweder* keine, genau eine *oder* unendlich viele *Lösungen.*

Welcher Fall hier vorliegt, das werden wir mit dem GAUSSschen Algorithmus konstruktiv klären.

Für den zweiten Eliminationsschritt findet sich keine Eins mehr, die als Pivot-Element festgelegt werden kann – das macht die Rechnung ein wenig umständlicher. Auffallend aber ist, dass es keinen dritten Eliminationsschritt *geben kann, denn es gibt dann kein Nicht-Null-Element mehr, das als Pivot-Element festgelegt werden kann.*

x_1	x_2	x_3	x_4	=	
1	4	-5	3	1	(-2) (-3) (-7) (-4)
2	-4	2	-1	2	+
3	0	-3	2	3	+
7	-8	1	0	7	+
4	4	-8	5	4	+
0	-12	12	-7	0	(-1) (-3) (-1)
0	-12	12	-7	0	+
0	-36	36	-21	0	+
0	-12	12	-7	0	+
0	0	0	0	0	
0	0	0	0	0	
0	0	0	0	0	

Bild 11.05: GAUSS-Elimination führt auf drei vollständige Nullzeilen

Immerhin können wir feststellen, dass auch in diesem Beispiel keine Widerspruchszeile *entstanden ist, das lineare Gleichungssystem (11.04) ist also* lösbar.

Betrachten wir nun die GAUSS-Zusammenstellung, *die sich aus den Pivot-Zeilen der Schemata in Bild 11.05 - ohne die vollständigen Nullzeilen - ergibt:*

x_1	x_2	x_3	x_4	=
1	4	-5	3	1
0	-12	12	-7	0

Bild 11.06: GAUSS-Zusammenstellung

Diagnose: *Die GAUSS-Zusammenstellung enthält weniger Zeilen als Unbekannte, also besitzt das lineare Gleichungssystem (11.04) unendlich viele Lösungen.*

Jetzt ist nur unter den ersten beiden Unbekannten x_1 und x_2 eine obere (2,2)-Dreiecksmatrix erkennbar.

Für die Beschreibung der unendlichen Lösungsmenge *geht man jetzt so vor, dass die Unbekannten, die* nicht über der oberen Dreiecksmatrix *stehen, als* frei wählbar *festgelegt werden. Dafür benutzt man meist die griechischen Buchstaben λ und μ:*

$$(11.05) \quad \begin{aligned} x_3 &= \lambda \\ x_4 &= \mu \end{aligned}$$

λ *und μ sind dabei beliebig. Sie sind frei wählbar. Durch* Rückrechnung *von unten nach oben ergeben sich x_2 und x_1:*

$$(11.06) \quad \begin{aligned} -12x_2 + 12x_3 - 7x_4 = 0 &\Rightarrow x_2 = x_3 - \frac{7}{12}x_4 &= \lambda - \frac{7}{12}\mu \\ x_1 + 4x_2 - 5x_3 + 3x_4 = 1 &\Rightarrow x_1 = 1 - 4x_2 + 5x_3 - 3x_4 = 1 + \lambda - \frac{2}{3}\mu \end{aligned}$$

Damit sind alle Unbekannten berechnet. Für die endgültige Beschreibung der unendlich vielen Lösungen des linearen Gleichungssystems (11.04) benutzt man schließlich die vektorielle Form:

$$(11.07) \quad \begin{pmatrix} x_1 \\ x_2 \\ x_3 \\ x_4 \end{pmatrix} = \begin{pmatrix} 1 \\ 0 \\ 0 \\ 0 \end{pmatrix} + \lambda \begin{pmatrix} 1 \\ 1 \\ 1 \\ 0 \end{pmatrix} + \mu \begin{pmatrix} -2/3 \\ -7/12 \\ 0 \\ 1 \end{pmatrix} \qquad \lambda, \mu \in \Re$$

Beispiel 11.1-3: *Zu untersuchen ist das lineare Gleichungssystem mit drei Gleichungen für vier Unbekannte*

$$(11.08) \quad \begin{aligned} x_1 + 2x_2 \qquad\quad - x_4 &= 3 \\ 2x_1 \qquad + 3x_3 + 2x_4 &= -1 \\ 4x_1 + 4x_2 + 3x_3 \qquad &= 7 \end{aligned} .$$

Dieses Gleichungssystem hat weniger Gleichungen als Unbekannte – es ist unterbestimmt.

Unterbestimmte lineare Gleichungssysteme haben entweder keine *oder* unendlich viele Lösungen.

Welcher Fall hier vorliegt, das werden wir wieder mit dem GAUSSschen Algorithmus konstruktiv klären:

In der Bildunterschrift von Bild 11.07 ist es schon vermerkt – im zweiten GAUSS-Eliminationsschritt entsteht eine Widerspruchszeile: Unter den Unbekannten stehen nur Nullen, aber rechts unter dem Gleichheitszeichen eine von Null verschiedene Zahl (hier 2).

Diagnose: *Wegen einer aufgetretenen* Widerspruchszeile *bricht der GAUSSsche Algorithmus ab. Das lineare Gleichungssystem (11.08) hat* keine Lösung. *Es ist* unlösbar.

x_1	x_2	x_3	x_4	=		
1	2	0	-1	3	(-2) (-4)	
2	0	3	2	-1	+	
4	4	3	0	7		+
0	-4	3	4	-7		(-1)
0	-4	3	4	-5		+
0	0	0	0	2		

Bild 11.07: Die GAUSS-Elimination bricht wegen einer Widerspruchszeile ab

11.1.2 Aufgaben

Aufgabe 11.1-1: Untersuchen Sie die folgenden linearen Gleichungssysteme konstruktiv mit Hilfe des GAUSSschen Algorithmus auf Lösbarkeit. Geben Sie im Falle der Lösbarkeit entweder die einzige Lösung an oder beschreiben Sie in Vektorform die unendlich vielen Lösungen.

x_1	x_2	x_3	=
1	2	3	4
2	3	-2	1
3	-4	-5	8

Bild 11.08: Aufgabe 11.1a

x_1	x_2	x_3	x_4	=
1	0	-3	-1	0
1	2	-2	4	-8
2	-2	-1	0	7
0	1	1	1	-2

Bild 11.09: Aufgabe 11.1b

x_1	x_2	x_3	x_4	=
1	1	1	1	1
2	4	8	16	5
3	9	27	81	15
4	16	64	256	35

Bild 11.10: Aufgabe 11.1c

x_1	x_2	x_3	x_4	=
1	2	2	0	-1
2	4	3	-1	1
-1	-2	1	2	-8
-3	-6	2	3	-21

Bild 11.11: Aufgabe 11.1d

x_1	x_2	x_3	=
-1	-3	-12	-5
-1	2	5	2
3	-1	2	1
7	-4	-1	0
0	5	17	7

Bild 11.12: Aufgabe 11.1e

x_1	x_2	x_3	x_4	x_5	=
1	2	3	1	1	3
1	3	3	2	1	6
1	4	3	2	2	5
1	1	2	1	1	1
1	5	4	2	2	7
1	5	3	2	3	4

Bild 11.13: Aufgabe 11.1f

x_1	x_2	x_3	x_4	x_5	=
1	1	3	-2	3	1
2	2	4	-1	3	2
3	3	5	-2	3	1
2	2	8	-3	9	2

Bild 11.14: Aufgabe 11.1g

x_1	x_2	x_3	x_4	x_5	=
2	-1	1	2	3	2
6	-3	2	4	5	3
6	-3	4	8	13	9
4	-2	1	1	2	1
4	-2	3	6	10	7

Bild 11.15: Aufgabe 11.1h

x_1	x_2	x_3	x_4	=
1	2	3	3	10
1	3	2	4	8
1	1	5	3	15
2	5	4	7	18
2	5	6	8	21

Bild 11.16: Aufgabe 11.1i

11.1.3 Lösungen

Lösung zur Aufgabe 11.1-1a:

x_1	x_2	x_3	=
1	2	3	4
2	3	-2	1
3	-4	-5	8

Bild 11.08a_L: Aufgabenstellung

Feststellung: Es handelt sich um ein quadratisches lineares Gleichungssystem, das keine, genau eine oder unendlich viele Lösungen besitzen kann.

x_1	x_2	x_3	=
1	2	3	4
	-1	-8	-7
		66	66

Bild 11.08b_L: GAUSS-Zusammenstellung (Nullen sind weggelassen)

$$x_1 = 3, x_2 = -1, x_3 = 1$$

Bild 11.08c: Lösung

Lösung zur Aufgabe 11.1-1b:

x_1	x_2	x_3	x_4	=
1	0	-3	-1	0
1	2	-2	4	-8
2	-2	-1	0	7
0	1	1	1	-2

Bild 11.09a_L: Aufgabenstellung

Feststellung: Es handelt sich um ein quadratisches lineares Gleichungssystem, das keine, genau eine oder unendlich viele Lösungen besitzen kann.

x_1	x_2	x_3	x_4	=
1	0	-3	-1	0
	2	1	5	-8
		1	-3	4
			25	-25

Bild 11.09b_L: GAUSS-Zusammenstellung

$$x_1 = 2, x_2 = -2, x_3 = 1, x_4 = -1$$

Bild 11.09c_L: Lösung

Lösung zur Aufgabe 11.1-1c:

x_1	x_2	x_3	x_4	=
1	1	1	1	1
2	4	8	16	5
3	9	27	81	15
4	16	64	256	35

Bild 11.10a_L: Aufgabenstellung

Feststellung: Es handelt sich um ein quadratisches lineares Gleichungssystem, das keine, genau eine oder unendlich viele Lösungen besitzen kann.

x_1	x_2	x_3	x_4	=
1	1	1	1	1
	2	6	14	3
		6	36	3
			24	1

Bild 11.10b_L: GAUSS-Zusammenstellung

$$x_1 = \frac{1}{4}, x_2 = \frac{11}{24}, x_3 = \frac{1}{4}, x_4 = \frac{1}{24}$$

Bild 11.10c_L: Lösung

Lösung zur Aufgabe 11.1-1d:

x_1	x_2	x_3	x_4	=
1	2	2	0	-1
2	4	3	-1	1
-1	-2	1	2	-8
-3	-6	2	3	-21

Bild 11.11a_L: Aufgabenstellung

Feststellung: Es handelt sich um ein quadratisches lineares Gleichungssystem, das keine, genau eine oder unendlich viele Lösungen besitzen kann.

x_1	x_2	x_3	x_4	=
1	2	2	0	-1
0	0	-1	-1	3
0	0	0	-1	0
0	0	0	0	0

Bild 11.11b_L: Ende der GAUSS-Elimination

$$x_1 = 5 - 2\lambda, x_2 = \lambda, x_3 = -3, x_4 = 0 \quad (\lambda \in \Re, \text{beliebig})$$

Bild 11.11c_L: Beschreibung der unendlich vielen Lösungen mit $x_2 = \lambda$

Lösung zur Aufgabe 11.1-1e:

x_1	x_2	x_3	=
-1	-3	-12	-5
-1	2	5	2
3	-1	2	1
7	-4	-1	0
0	5	17	7

Bild 11.12a_L: Aufgabenstellung

Feststellung: Es handelt sich um fünf Gleichungen für drei Unbekannte, das Gleichungssystem ist überbestimmt.

Es kann keine, genau eine oder unendlich viele Lösungen besitzen.

x_1	x_2	x_3	=
-1	-3	-12	-5
0	5	17	7

Bild 11.12b_L: GAUSS-Zusammenstellung nach Streichung der Nullzeilen

$$x_1 = \frac{4}{5} - \frac{9}{5}\lambda, x_2 = \frac{7}{5} - \frac{17}{5}\lambda, x_3 = \lambda \quad (\lambda \in \Re, \text{beliebig})$$

Bild 11.12c_L: Beschreibung der unendlich vielen Lösungen (x_2 oder x_3 kann als frei wählbar festgelegt werden, hier wurde x_3 gewählt)

Lösung zur Aufgabe 11.1-1f:

x_1	x_2	x_3	x_4	x_5	=
1	2	3	1	1	3
1	3	3	2	1	6
1	4	3	2	2	5
1	1	2	1	1	1
1	5	4	2	2	7
1	5	3	2	3	4

Bild 11.13a_L: Aufgabenstellung

Feststellung: Es handelt sich um sechs Gleichungen für fünf Unbekannte, das Gleichungssystem ist überbestimmt. Es kann keine, genau eine oder unendlich viele Lösungen besitzen.

x_1	x_2	x_3	x_4	x_5	=
1	2	3	1	1	3
	1	0	1	0	3
		-1	1	0	1
			-1	1	-4
				-2	1

Bild 11.13b_L: GAUSS-Zusammenstellung nach Streichung einer Nullzeile

$$x_1 = -\frac{13}{2}, x_2 = -\frac{1}{2}, x_3 = \frac{5}{2}, x_4 = \frac{7}{2}, x_4 = -\frac{1}{2}$$

Bild 11.13c_L: Lösung

Lösung zur Aufgabe 11.1-1g:

x_1	x_2	x_3	x_4	x_5	=
1	1	3	-2	3	1
2	2	4	-1	3	2
3	3	5	-2	3	1
2	2	8	-3	9	2

Bild 11.14a_L: Aufgabenstellung

Feststellung: Hier handelt es sich um vier Gleichungen für fünf Unbekannte, das Gleichungssystem ist unterbestimmt. Es kann keine oder unendlich viele Lösungen haben.

x_1	x_2	x_3	x_4	x_5	=
1	1	3	-2	3	1
0	0	-2	3	-3	0
0	0	0	-2	0	-2
0	0	0	0	0	-4

Bild L11.14b_L: Ende der GAUSS-Elimination mit einer Widerspruchszeile – das Gleichungssystem hat keine Lösung.

Lösung zur Aufgabe 11.1-1h:

x_1	x_2	x_3	x_4	x_5	=
2	-1	1	2	3	2
6	-3	2	4	5	3
6	-3	4	8	13	9
4	-2	1	1	2	1
4	-2	3	6	10	7

Bild 11.15a_L: Aufgabenstellung

Feststellung: Es handelt sich um fünf Gleichungen für fünf Unbekannte, das Gleichungssystem ist *quadratisch*.

Es kann keine, genau eine oder unendlich viele Lösungen besitzen.

x_1	x_2	x_3	x_4	x_5	=
2	-1	1	2	3	2
0	0	-1	-2	-4	-3
0	0	0	-1	0	0

Bild 11.15b_L: GAUSS-Zusammenstellung nach Streichung von zwei Nullzeilen

$$\begin{pmatrix} x_1 \\ x_2 \\ x_3 \\ x_4 \\ x_5 \end{pmatrix} = \begin{pmatrix} -\frac{1}{2} \\ 0 \\ 3 \\ 0 \\ 0 \end{pmatrix} + \lambda \begin{pmatrix} \frac{1}{2} \\ 1 \\ 0 \\ 0 \\ 0 \end{pmatrix} + \mu \begin{pmatrix} \frac{1}{2} \\ 0 \\ -4 \\ 0 \\ 1 \end{pmatrix} \quad (\lambda, \mu \in \Re, \text{beliebig})$$

Bild 11.15c_L: Lösung, wenn x_2 und x_5 als frei wählbar angenommen werden

Lösung zur Aufgabe 11.1-1i:

x_1	x_2	x_3	x_4	=
1	2	3	3	10
1	3	2	4	8
1	1	5	3	15
2	5	4	7	18
2	5	6	8	21

Bild 11.16a_L: Aufgabenstellung

Feststellung: Es handelt sich um fünf Gleichungen für vier Unbekannte, das Gleichungssystem ist überbestimmt.

Es kann keine, genau eine oder unendlich viele Lösungen besitzen.

x_1	x_2	x_3	x_4	=
1	2	3	3	10
	1	-1	1	-2
		1	1	3
			1	3

Bild 11.16b_L: GAUSS-Zusammenstellung nach Streichung einer Nullzeile

$$x_1 = 11, x_2 = -5, x_3 = 0, x_4 = 3$$

Bild 11.16c_L: Lösung

Teil II

Mathematik für die Betriebswirtschafts-lehre

12. Gleichungen und Ungleichungen in der Ökonomie

12.1 Beispiele, Übungsaufgaben und Lösungen

12.1.1 Beispiele dafür, wie es richtig gemacht wird

Beispiel 12.1-1: *Die Produktion von x Einheiten eines Gutes verursache Kosten in Höhe von*

(12.01a) $\quad 5000 + 2x + x^2 \qquad$ (in Geldeinheiten) .

Für welche produzierte Menge x betragen die Kosten 15.200 Geldeinheiten?

Mathematisches Modell: *Gesucht sind hier nur die positiven Lösungen der Gleichung*

(12.01b) $\quad 5000 + 2x + x^2 = 15200$,

denn negative Produktionsmengen sind ökonomisch sinnlos:

Lösung: *Die quadratische Gleichung (12.01b) wird zuerst in die Normalform überführt:*

(12.01c) $\quad x^2 + 2x - 10200 = 0$

Nun kann die bekannte p-q-Formel angewandt werden:

(12.01d) $\quad x_{1,2} = -1 \pm \sqrt{1 + 10200} \rightarrow x_1 = 100 \quad x_2 = -102$

Antwortsatz: *Bei der Produktion von 100 Einheiten des Gutes entstehen Kosten von 15.200 Geldeinheiten.*

Beispiel 12.1-2: *Ein Betrieb arbeitet bei der Produktion von x Einheiten eines Gutes mit einer Gewinnfunktion*

(12.02a) $\quad G(x) = 48x - 4x^2 - 108$

Man bestimme die Gewinnschwellen, d. h. die positiven Nullstellen dieser Gewinnfunktion.

Lösung: *Es ist die quadratische Gleichung*

(12.02b) $\quad 48x - 4x^2 - 108 = 0$

zu lösen. Wenn beide Seiten durch −4 dividiert werden, entsteht die Normalform, auf die die p-q-Formel angewandt werden kann:

(12.02c) $\quad x_{1,2} = 6 \pm \sqrt{36 - 27} \rightarrow x_1 = 3 \quad x_2 = 9$

Antwortsatz: *Bei der Produktion von entweder drei oder neun Einheiten des Gutes wechselt der Betrieb aus der Verlust- in die Gewinnzone.*

Beispiel 12.1-3: *Die in der Aufgabe 12.1-1 auf Seite 173 erwähnte Firma möchte den Umsatz, der durch den Verkauf von Zimmerspringbrunnen erzielt wird, auf über 5.200 steigern. Wie müssen dazu die Preise festgelegt werden, wenn die Umsatzfunktion durch*

(12.03) $U(p) = 300p - 2p^2$

gegeben ist?

Mathematisches Modell: *Zu bestimmen ist die Menge aller Zahlen p, die die Ungleichung*

(12.04) $300p - 2p^2 > 5200$

erfüllen.

Lösung: *Es wird dafür gesorgt, dass auf der rechten Seite der Ungleichung eine Null entsteht und auf der linken Seite die Normalform eines quadratischen Ausdrucks:*

$$300p - 2p^2 > 5200 \quad | -5200$$
(12.05) $$-2p^2 + 300p - 5200 > 0 \quad | : (-2)$$
$$p^2 - 150p + 2600 < 0$$

Die Anwendung der p-q-Formel auf die linke Seite liefert $p_1 = 20$ und $p_2 = 130$. Mit den beiden Linearfaktoren (p–20) und (p–130) ist demnach die Ungleichung

(12.06) $(p - 20)(p - 130) < 0$

zu lösen. Die folgende Feststellung führt wieder zur Fallunterscheidung:

> Ein Produkt aus zwei Faktoren ist negativ, wenn beide Faktoren unterschiedliche Vorzeichen haben.

Fall 1: *Es wird angenommen, dass der erste Faktor positiv, der zweite Faktor negativ ist:*

(12.07)
$$p - 20 > 0 \quad \text{und} \quad p - 130 < 0$$
$$p > 20 \quad \text{und} \quad p < 130$$

Die Forderung wird von allen Zahlen p zwischen 20 und 130 erfüllt.

Als erster Teil der Lösungsmenge ergibt sich $L_1 = (20, 130)$.

Fall 2: *Es wird angenommen, dass der erste Faktor negativ, der zweite Faktor positiv ist:*

(12.08)
$$p - 20 < 0 \quad \text{und} \quad p - 130 > 0$$
$$p < 20 \quad \text{und} \quad p > 130$$

Diese Forderungen sind widersprüchlich, es gibt keinen zweiten Teil der Lösungsmenge, oder besser: Als zweiter Teil der Lösungsmenge ergibt sich die leere Menge $L_2 = \varnothing$.

Die Gesamt-Lösungsmenge L ergibt sich als Vereinigung *aller Teile der Lösungsmenge:*

(12.09) $L = L_1 \cup L_2 = (20, 130) \cup \varnothing = (20, 130)$

Antwortsatz: *Mit Preisen zwischen 20 und 130 wird ein Umsatz oberhalb von 5200 erzielt.*

12.1.2 Aufgaben

Aufgabe 12.1-1: Eine Firma verkauft Zimmerspringbrunnen zum Preis von p Geldeinheiten. Der am Markt erreichbare Umsatz wird durch die Funktion

$$(12.10) \quad U(p) = 300p - 2p^2$$

beschrieben. Für welche Preise p wird der Umsatz Null?

Aufgabe 12.1-2: Als Gewinnzone eines Unternehmens bezeichnet man den Bereich aller x-Werte, für den die Gewinnfunktion G(x) positive Werte liefert. Dabei beschreibt die Gewinnfunktion G(x) den Gewinn G in Abhängigkeit von der abgesetzten Menge x.

Man bestimme die Gewinnzone bei einer Gewinnfunktion

$$(12.11) \quad G(x) = 10x - x^2 - 21 \ .$$

> Wenn anstelle ausführlicher Lösungen nur die Ergebnisse angegeben sind, dann findet man die ausführlichen Lösungen im Internet unter
> www.w-g-m.de/bwl-ueb.html

12.1.3 Lösungen

Lösung zur Aufgabe 12.1-1:

Antwortsatz: Bei einem Preis von $p_1 = 0$ bzw. $p_2 = 150$ wird der Umsatz Null.

Lösung zur Aufgabe 12.1-2: Mit der gegebenen Gewinnfunktion G(x) ergibt sich folgende Ungleichung: Zu bestimmen sind alle Zahlen x, für die gilt

$$(12.11a\_L) \quad 10x - x^2 - 21 > 0$$

Zuerst muss diese Ungleichung auf die *Normalform einer quadratischen Ungleichung* gebracht werden:

$$(12.11b\_L) \quad \begin{array}{l} -x^2 + 10x - 21 > 0 \quad | \cdot (-1) \\ x^2 - 10x + 21 < 0 \end{array}$$

Nachdem mit der *p-q-Formel* die beiden Lösungen der quadratischen Gleichung

$$(12.11c\_L) \quad x^2 - 10x + 21 = 0 \ \rightarrow \ x_1 = 7 \ , \ x_2 = 3$$

berechnet wurden, kann die Ungleichung (12.11b_L) in Produktform geschrieben werden:

$$(12.11d\_L) \quad (x-7)(x-3) < 0$$

Damit ein Produkt negativ wird, müssen beide Faktoren verschiedene Vorzeichen haben. Das führt zu einer *Fallunterscheidung*:

$$\left. \begin{array}{l} \text{Annahme 1}: (x-7) > 0 \text{ und } (x-3) < 0 \rightarrow L_1 = \phi \\ \text{Annahme 2}: (x-7) < 0 \text{ und } (x-3) > 0 \rightarrow L_2 = (3,7) \end{array} \right\} \rightarrow L = L_1 \cup L_2 = (3,7)$$

Antwortsatz: Liegt die abgesetzte Menge x im Bereich 3<x<7, so gilt G(x)>0.

13. Einfache Polynome in der Ökonomie

13.1 Beispiele, Übungsaufgaben und Lösungen

Funktionen stellen grundsätzlich ein wichtiges Hilfsmittel bei der Beschreibung ökonomischer Prozesse und Sachverhalte dar.

> Insbesondere die *Polynome ersten Grades* (auch bekannt unter dem Namen *lineare Funktionen*) sowie *Polynome zweiten Grades* (bekannt unter dem Namen *quadratische Funktionen*) sollten sicher beherrscht werden.

Der Umgang mit ihnen ist z. B. im Lehrbuch „Mathematik für BWL-Bachelor" [51] in den Abschnitten 4.1.5, 4.1.6 und 4.1.7 ausführlich beschrieben.

Lineare und quadratische Funktionen sind zwar recht einfache Funktionen, trotzdem können bereits mit ihrer Hilfe typische Zusammenhänge, zum Beispiel

♦ zwischen *nachgefragter Menge x* und *verlangtem Preis p*

oder

♦ zwischen dem *Verkaufserlös E* und der *verkauften Menge x*

beschrieben werden.

13.1.1 Beispiele dafür, wie es richtig gemacht wird

Beispiel 13.1-1: Gesucht ist die Gleichung der linearen Nachfragefunktion, die den Zusammenhang zwischen nachgefragter Menge x und gefordertem Preis p beschreibt, wenn die folgenden zwei Informationen vorliegen (GE = Geldeinheiten, ME = Mengeneinheiten):

♦ *Bei einem Preis von p = 4 GE/ME werden 100 ME nachgefragt.*

♦ *Sinkt der Preis um 1 GE, werden 20 ME mehr nachgefragt.*

Zur Lösung dieser Aufgabe geht man von einem passenden, hier also linearen Ansatz aus:

(13.01) $x = a_1 p + a_0$

Aus den beiden vorliegenden Informationen lassen sich zwei Gleichungen ableiten:

(13.02) $\begin{aligned} 100 &= a_1 \cdot 4 + a_0 \\ 120 &= a_1 \cdot 3 + a_0 \end{aligned}$

Zur Lösung kann z. B. die obere Gleichung nach a_0 umgestellt, und der für a_0 erhaltene Ausdruck wird in die untere Gleichung eingesetzt:

(13.03)
$$a_0 = 100 - 4a_1$$
$$\rightarrow 120 = 3a_1 + (100 - 4a_1)$$
$$\rightarrow 120 = 100 - a_1$$
$$\rightarrow \quad a_1 = -20$$

Wird der erhaltene Wert $a_1 = -20$ in die obere Gleichung eingesetzt, ergibt sich der Wert für a_0:

(13.04) $a_0 = 100 - 4(-20) = 180$

Damit ist die Gleichung der Nachfragefunktion vollständig:

(13.05) $x = -20p + 180$

> *Aus dieser Gleichung lässt sich ablesen, dass bei einem Preis von $p = 9$ GE/ME die nachgefragte Menge Null wird.*

Für $p > 9$ ME/GE verliert die Nachfragefunktion ihre ökonomisch sinnvolle Anwendbarkeit, weil die nachgefragte Menge dann negativ würde.

> *Verschenkt man das Produkt ($p = 0$), so werden 180 ME abgesetzt, mehr ist nicht möglich.*

Für eine Absatzmenge über 180 ME müsste man einen „negativen Preis" verlangen.

Beispiel 13.1-2: *Untersuchen wir nun den Zusammenhang zwischen gefordertem Preis und angebotener Menge aus der Sicht des Anbieters, beschäftigen wir uns in diesem Beispiel mit einer Angebotsfunktion.*

Aufgabenstellung: Gesucht ist die Gleichung der linearen Angebotsfunktion, die den Zusammenhang zwischen dem Angebotspreis p und der angebotenen Menge x beschreibt, wenn folgende Informationen vorliegen:

♦ *Bei einem Preis von $p = 2$ GE/ME werden 40 ME angeboten.*

♦ *Wäre der Preis doppelt so hoch (d. h. $p = 4$ GE/ME), dann würde der Anbieter 60 ME auf den Markt bringen.*

Zur Lösung dieser Aufgabe geht man wieder von einem passenden, hier also wieder linearen Ansatz aus:

(13.06) $x = a_1 p + a_0$

Aus den beiden vorliegenden Informationen lassen sich zwei Gleichungen ableiten:

(13.07) $\begin{aligned} 40 &= a_1 \cdot 2 + a_0 \\ 60 &= a_1 \cdot 4 + a_0 \end{aligned}$

Zur Ermittlung von a_0 und a_1 kann wieder dieselbe Vorgehensweise wie in Beispiel 13.1-1 gewählt werden:

Zuerst Auflösung der oberen Gleichung nach a_0, das Einsetzen in die untere Gleichung liefert a_1, damit erhält man a_0:

(13.08) $\begin{aligned} a_0 &= 40 - 2a_1 \\ \rightarrow \quad 60 &= 4a_1 + (40 - 2a_1) \\ \rightarrow \quad 60 &= 40 + 2a_1 \\ \rightarrow \quad a_1 &= 10 \\ \rightarrow \quad a_0 &= 20 \end{aligned}$

Mit den gefundenen Zahlenwerten für die Koeffizienten a_0 und a_1 ergibt sich nach Einsetzen in (13.06) die gesuchte Angebotsfunktion:

(13.09) $x = 10\,p + 20$

Betrachten wir diese Angebotsfunktion genauer:

Weil in ihr der Anstieg a_1 positiv ist ($a_1 = 10$), wird mit wachsendem Angebotspreis p auch die angebotene Menge steigen.

Bei einem Preis $p = 0$ würde der Anbieter noch 20 ME auf den Markt bringen.

Angebotsfunktionen werden im Folgenden kaum noch eine Rolle spielen.

Stattdessen wird grundsätzlich die *Nachfragefunktion*, also die *Preis-Absatz-Funktion*, verwendet, die die nachgefragte Menge in Abhängigkeit vom geforderten Preis betrachtet.

Beispiel 13.1-3: *In diesem Beispiel soll der Begriff des* Marktgleichgewichts *mathematisch erklärt werden. Gegeben seien die* Nachfragefunktion

(13.10) $x_N = 180 - 2\,p_N$

und die Angebotsfunktion

(13.11) $x_A = 60 + 2\,p_A$

Fragestellung: *Wann fallen die angebotene Menge x_A und die nachgefragte Menge x_N sowie die zugehörigen Preise p_A und p_N zusammen – wann befindet man sich also im* Marktgleichgewicht?

Aussage: *Im Marktgleichgewicht gilt $x_N = x_A$, außerdem stimmen Angebots- und Nachfragepreis überein: $p_N = p_A = p$.*

Mit diesen Aussagen und den Beziehungen (13.10) und (13.11) kann nun gerechnet werden:

(13.12)
$$
\begin{aligned}
x_N = x_A \quad &\rightarrow 180 - 2\,p_N = 60 + 2\,p_A \\
p_N = p_A = p \rightarrow\quad & 180 - 60 = 4p \\
&\rightarrow \qquad\qquad p = 30 \\
&\rightarrow \quad x_N = x_A = 120
\end{aligned}
$$

Antwortsatz: *Bei einem Preis von $p = 30$ gilt, dass die angebotene Menge von $x = 120$ gleich der nachgefragten Menge ist.*

Beispiel 13.1-4: *In diesem Beispiel sollen die* Zusammenhänge zwischen Preis und Erlös *mathematisch gefasst werden – es wird sich zeigen, dass hierfür Kenntnisse über* Polynome zweiten Grades *(d. h.* quadratische Funktionen*) benötigt werden.*

Fragestellung: *Gegeben sei eine Nachfragefunktion*

(13.13) $x = x(p) = 400 - 5p$.

Wie lautet die zugehörige Erlösfunktion?

Lösung: *Wir gehen dazu von der bekannten Formel*

> ### Verkaufserlös = Umsatz = Menge mal Preis

aus, benennen die so definierte Erlösfunktion mit dem Formelzeichen E(p) und setzen ein:

(13.14)
$$E(p) = x(p) \cdot p = (400 - 5p) \cdot p$$
$$E(p) = -5p^2 + 400p$$

Es zeigt sich, dass die zu der linearen Nachfragefunktion (13.13) gehörige Erlösfunktion eine quadratische Funktion *wird, d. h. ein Polynom zweiten Grades.*

Aufgabe: *Für welchen Preis wird maximaler Verkaufserlös erzielt?*

Lösung: *Die Erlösfunktion ist ersichtlich ein Polynom zweiten Grades. Deren Graph ist nach den Darlegungen im Buch „Mathematik für BWL-Bachelor"[51] im Abschnitt 4.1.5 stets eine symmetrische Parabel. Wegen der negativen Zahl vor p^2 wird diese Parabel nach unten geöffnet sein. Sie besitzt also genau einen Hochpunkt:*

> *Die Erlösfunktion E(p)=–5p²+400p wird genau ein Maximum besitzen.*

Dieses Maximum ist immer dann sehr leicht zu finden, wenn die Parabel die waagerechte Achse schneidet:

> *Schneidet der Graph der Erlösfunktion zweimal die waagerechte Achse, dann liegt das Maximum der Erlösfunktion in der Mitte zwischen den beiden Nullstellen.*

Zur Klärung der Frage, ob der Graph der Erlösfunktion die waagerechte Achse schneidet, muss die quadratische Gleichung

(13.15) $-5p^2 + 400p = 0$

gelöst werden. Nach Überführung dieser Gleichung in die Normalform (siehe Seite 35) gibt die p-q-Formel die gesuchte Antwort:

$$p^2 - 80p = 0$$

(13.16) $$p_{1,2} = -\frac{(-80)}{2} \pm \sqrt{(-\frac{80}{2})^2 - 0}$$

$$p_{1,2} = 40 \pm \sqrt{40^2} \rightarrow p_1 = 0 \qquad p_2 = 80$$

Da der Radikand (d. h. der Wurzelinhalt) positiv ist, gibt es zwei Schnittpunkte mit der waagerechten Achse bei 0 und 80.

Folglich befindet sich das Maximum der Erlösfunktion bei p=40.

Man erzielt den maximalen Verkaufserlös bei einem Preis von p=40. Der maximale Verkaufserlös liegt bei E(p=40)=8000 .

Aufgabe: *Bei welcher abgesetzten Menge wird der maximale Verkaufserlös erzielt?*

Lösungsweg 1: *Der gefundene Preis p=40 wird in die Nachfragefunktion (13.24) eingesetzt:*

$$(13.17) \quad x = x(40) = 400 - 5 \cdot 40 = 200$$

Lösung: *Die abgesetzte Menge liegt bei x(40)=200.*

Lösungsweg 2: *Die Nachfragefunktion (13.13) wird zuerst nach p aufgelöst:*

$$(13.18) \quad x(p) = 400 - 5p \rightarrow p(x) = 80 - \frac{1}{5}x$$

Damit erhält man eine Beziehung, die den Preis p in Anhängigkeit von der abgesetzten Menge x beschreibt.

Setzt man die erhaltene Preisformel in die Erlösfunktion E=x·p(x) ein, dann erhält man nun die Erlösfunktion E in Abhängigkeit von der abgesetzten Menge x:

$$(13.19) \quad E(x) = x \cdot p(x) = x(80 - \frac{1}{5}x)$$

$$E(x) = -\frac{1}{5}x^2 + 80x$$

Auch hier erkennt man ein Polynom zweiten Grades – eine quadratische Funktion. Der Graph dieser quadratischen Funktion ist wegen des negativen Koeffizienten vor x² eine nach unten geöffnete symmetrische Parabel.

Nach der Überführung der quadratischen Gleichung E(x)=0 in die Normalform liefert die p-q-Formel auch hier die Aussage, dass es zwei Schnittpunkte mit der waagerechten Achse (d. h. Nullstellen) gibt:

$$-\frac{1}{5}x^2 + 80x = 0$$

$$x^2 - 400x = 0$$

$$(13.20) \quad x_{1,2} = -\frac{-400}{2} \pm \sqrt{(\frac{-400}{2})^2 - 0}$$

$$x_{1,2} = 200 \pm \sqrt{200^2 - 0}$$

$$x_1 = 0 \quad x_2 = 400$$

Damit kann in der Mitte der beiden Nullstellen, die sich bei x=0 und x=400 befinden, der x-Wert für die abgesetzte Menge mit maximalem Verkaufserlös gefunden werden:

Lösung: *Der maximale Verkaufserlös von E=8.000 wird bei einer abgesetzten Menge von x=200 erzielt.*

Beispiel 13.1-5: *Eine große Rolle bei der Diskussion betriebswirtschaftlicher Zusammenhänge spielen auch die* Gesamtkostenfunktionen, *die bei einfachsten Modellen durch Polynome ersten Grades (lineare Funktionen) beschrieben werden können.*

Fragestellung: Ein Unternehmen stellt ein Produkt her, wobei die Produktion einer ME dieses Produkts 10 GE kostet. Die Fixkosten (Mietkosten u. Ä.) liegen bei 20.000 GE. Wie heißt die lineare Gesamtkostenfunktion?

Lösung: *Die Gesamtkosten K(x) setzen sich aus den variablen Kosten $K_v(x)$ und den Fixkosten $K_f(x)$ zusammen:*

(13.21) $K(x) = K_v(x) + K_f(x)$

Aus den vorliegenden Angaben dieses Beispiels gewinnt man:

(13.22) $K(x) = 10 \cdot x + 20000$

Fragestellung: *Wie heißt die zugehörige* Stückkostenfunktion?

Lösung: *Ist eine Gesamtkostenfunktion K(x) gegeben, so ist die zugehörige Stückkostenfunktion k(x) erklärt als Quotient k(x)=K(x)/x:*

(13.23) $k(x) = \dfrac{K(x)}{x} = \dfrac{10 \cdot x + 20000}{x} = 10 + \dfrac{20000}{x}$

Aufgabe: *Wie groß sind die Stückkosten bei einer produzierten Menge von x_1=100 ME und x_2=100.000 ME ?*

Lösung: *Durch Einsetzen in die Formel (13.23) ergeben sich die gesuchten Werte:*

(13.24)

$k(x_1 = 100) \quad = 10 + \dfrac{20000}{100} = 210$

$k(x_2 = 100000) = 10 + \dfrac{20000}{100000} = 10{,}20$

Da sich die Fixkosten auf immer mehr produzierte Einheiten verteilen, wird ihr Anteil an den Stückkosten immer geringer.

Beispiel 13.1-6: *Dieses Beispiel wird sich mit den Begriffen* Gewinn, Gewinnzone *und* Gewinnschwellen *beschäftigen: Ein Unternehmen, das mit einer Gesamtkostenfunktion*

(13.25) $K(x) = 36x + 40$

arbeitet, habe seine Nachfragefunktion (Preis-Absatz-Funktion) mit

(13.26) $p(x) = 60 - 2x$

ermittelt.

Fragestellung: *Wie heißt die Gewinnfunktion für dieses Unternehmen?*

Lösung: *Bekanntlich gilt der Zusammenhang*

Gewinn = Verkaufserlös minus Kosten

Wird die Gewinnfunktion und ihre Abhängigkeit von der abgesetzten Menge x mit G(x) bezeichnet, dann gilt folglich die Formel

(13.27) $G(x) = E(x) - K(x)$.

Dabei ist E(x) die Erlösfunktion und K(x) die Kostenfunktion. Während die Kostenfunktion K(x) mit (13.25) bereits gegeben ist, muss zunächst die Erlösfunktion E(x) mit Hilfe der gegebenen Nachfragefunktion p(x) berechnet werden:

(13.28) $E(x) = x \cdot p(x) = x(60 - 2x)$

Aus den Beziehungen (13.25), (13.27) und (13.28) ergibt sich nun die Gewinnfunktion G(x):

(13.29)
$$G(x) = E(x) - K(x)$$
$$= x(60 - 2x) - (36x + 40)$$
$$= -2x^2 + 24x - 40$$

Wiederum handelt es sich um ein Polynom zweiten Grades, eine quadratische Funktion.

Wegen der negativen Zahl vor x^2 ist ihr Graph eine nach unten geöffnete Parabel.

Fragestellung: *Für welche produzierte und abgesetzte Menge x wird der* Gewinn maximal?

Lösung: *Es ist dieselbe Überlegung wie schon in den beiden vorhergehenden Beispielen anzustellen: Wenn die Gleichung*

(13.30) $-2x^2 + 24x - 40 = 0$

zwei Lösungen besitzt, dann liegt das Gewinnmaximum in der Mitte dieser beiden Lösungen.

(13.31)
$$-2x^2 + 24x - 40 = 0$$
$$x^2 - 12x + 20 = 0$$
$$x_{1,2} = -(\frac{-12}{2}) \pm \sqrt{(\frac{-12}{2})^2 - 20}$$
$$x_{1,2} = 6 \pm \sqrt{36 - 20} \rightarrow x_1 = 2 \quad x_2 = 10$$

Das Gewinnmaximum befindet sich in der Mitte zwischen 2 und 10, also bei x=6:

Bei einer produzierten und abgesetzten Menge von x=6 ME ergibt sich ein Gewinnmaximum von G(x=6)=32 GE.

Fragestellung: *Wo liegt die Gewinnzone?*

Als Gewinnzone *wird derjenige x-Bereich bezeichnet, für den der Verkaufserlös über den Kosten liegt.*

Wenn aber für eine produzierte und abgesetzte Menge x die Differenz E(x) minus K(x) größer als Null ist, dann liefert nach Formel (13.27) die Gewinnfunktion G(x) einen positiven Wert.

Somit kann man gleichwertig formulieren:

Als Gewinnzone *wird derjenige x-Bereich bezeichnet, für den die Gewinnfunktion G(x) positiv ist.*

*Da der Graph der Gewinnfunktion eine nach unten geöffnete Parabel ist, kann eine weitere, gleich-
wertige Definition formuliert werden:*

> Als Gewinnzone *wird der x-Bereich bezeichnet, der zwischen den beiden Lösungen der Glei-
> chung G(x)=0 liegt.*

Die beiden Lösungen der Gleichung G(x)=0 sind in Formel (13.31) angegeben. Damit ergibt sich:

Alle produzierten und abgesetzten Mengen x mit 2<x<10 liegen in der Gewinnzone.

Fragestellung: *Wo liegen die Gewinnschwellen?*

> Als Gewinnschwellen *werden diejenigen x-Werte bezeichnet, für die der Verkaufserlös gleich
> den Kosten ist.*

Das heißt, die Gewinnschwellen sind die Nullstellen der Gewinnfunktion: x=2 und x=10.

Fragestellung: *Wie groß ist der Gewinn im Erlösmaximum?*

Lösung: *Zuerst muss die produzierte und abgesetzte Menge x gefunden werden, für die die Erlösfunktion (13.28) ihren Maximalwert annimmt:*

$$(13.32) \quad E(x) = x(60-2x) = -2x^2 + 60x \rightarrow \text{max!}$$

*Wiederum hilft hier die Überlegung, dass der Graph der Erlösfunktion eine nach unten geöffnete
Parabel ist. Das Erlösmaximum liegt also in der Mitte zwischen den beiden Nullstellen.*

Sie werden wie üblich bestimmt:

$$-2x^2 + 60x = 0$$
$$x^2 - 30x = 0$$

$$(13.33) \quad x_{1,2} = -(\frac{-30}{2}) \pm \sqrt{(\frac{-30}{2})^2 - 0}$$

$$x_{1,2} = 15 \pm \sqrt{225} \rightarrow x_1 = 0 \quad x_2 = 30$$

Das Erlösmaximum liegt folglich bei x=15.

*Setzt man diesen Wert in die Gewinnfunktion (13.29) ein, dann erhält man die Antwort auf die
gestellte Frage:*

$$(13.34) \quad G(x = 15) = -2 \cdot 15^2 + 24 \cdot 15 - 40 = -130$$

*Dass für die produzierte und abgesetzte Menge von x = 15 ME grundsätzlich ein Verlust zu erwarten
ist, ließ sich schon daraus ableiten, dass der Wert x = 15 nicht in der Gewinnzone 2 < x < 10 liegt.*

*Mit der zusätzlichen Rechnung nach (13.33) und (13.34) wird dazu der tatsächliche Zahlenwert
des Verlustes ausgerechnet.*

> *Es ist also keinesfalls richtig, dass, wenn im Erlösmaximum produziert und abgesetzt wird, ein
> Gewinn zu erwarten sei – erst recht nicht der Maximalgewinn.*

13.1.2 Aufgaben

Aufgabe 13.1-1: Bei einem Preis von 10 € setzt ein Unternehmen 5000 Mengeneinheiten (ME) eines Gutes ab. Eine Preissenkung um 1€ bewirkt eine Absatzsteigerung auf 6000 ME.

Weiterhin wird vorausgesetzt, dass die Nachfragefunktion (d. h. die Preis-Absatz-Funktion) linear ist.

Geben Sie die Nachfragefunktion sowohl in der Form $x=x(p)$ als auch in der Form $p=p(x)$ an.

Aufgabe 13.1-2: Bei einem Angebotsmonopol seien die folgenden Funktionen gegeben:

Die Nachfragefunktion

$$(13.35a) \quad p(x) = -\frac{1}{5}x + 10$$

und die Kostenfunktion

$$(13.35b) \quad K(x) = 2x + 60 \ .$$

a) Wie heißen die Erlös- und die Gewinnfunktion?

b) Berechnen Sie die Grenzen der Gewinnzone.

c) Wie groß ist der Gewinn, wenn der Umsatz (Erlös) am größten ist?

d) Wo liegt das Gewinnmaximum? Wie groß ist der maximale Gewinn?

e) Welcher Preis wird im Gewinnmaximum gefordert?

Aufgabe 13.1-3: Ein Angebotsmonopolist geht von folgenden Angaben über seine Kosten- und Preissituation aus:

♦ Die Nachfrage, der er gegenübersteht, lässt sich durch eine lineare Funktion mit der Gleichung

$$(13.36) \quad p(x) = -\frac{1}{4}x + 4$$

beschreiben.

♦ Bei der Produktion machen die fixen Kosten 7,50 € aus.

♦ Die Gesamtkostenfunktion lässt sich durch eine Gerade mit dem Anstieg 0,75 darstellen.

Beantworten Sie dazu die folgenden Fragen:

a) Wie heißt die Erlösfunktion? Wo liegt das Erlösmaximum? Welcher Preis wird dort erzielt?

b) Wie heißt die Gewinnfunktion? Wo liegen die Grenzen der Gewinnzone? Wie groß ist der Gewinn im Erlösmaximum?

c) Zeichnen Sie die Graphen der Nachfragefunktion, der Kostenfunktion und der Erlösfunktion in einem Koordinatensystem. Stellen Sie dort auch die Gewinnfunktion grafisch dar.

Aufgabe 13.1-4: Gegeben sei eine Preis-Absatz-Funktion der Form

(13.37a) $p = p(x) = 180 - 3x$.

Beantworten Sie die folgenden Fragen:

a) Wie hoch ist die maximal abzusetzende Menge x?

b) Wie heißt die Erlösfunktion? Wo wird der Erlös maximal? Wie hoch ist der maximale Erlös?

c) Welcher Preis kann im Erlösmaximum erzielt werden?

d) Die Kostenfunktion sei durch

(13.37b) $K = K(x) = 90x + 600$

gegeben. Wie lautet die Gewinnfunktion, wie hoch ist der maximale Gewinn, wo liegen die Grenzen der Gewinnzone?

e) Wie hoch ist der Gewinn im Erlösmaximum?

Aufgabe 13.1-5: Ein Betrieb stellt ein Produkt her, für das die folgende Preis-Absatz-Funktion p(x) und Gesamtkostenfunktion K(x) bestimmt wurden:

(13.38)
$$p(x) = 2520 - 30x$$
$$K(x) = 10x^2 - 2680x + 168000$$

a) Bestimmen Sie die Erlösfunktion E(x) und die Gewinnfunktion G(x).

b) Wo wird der Erlös maximal? Wo liegt das Gewinnmaximum?

c) Bestimmen Sie die Gewinnschwellen.

d) Wie heißt die Deckungsbeitragsfunktion? Wo wird der Deckungsbeitrag maximal?

e) Wo liegt das Minimum der Kostenfunktion? Wie hoch sind die minimalen Kosten?

Hinweis zu d): Der Deckungsbeitrag ist der um die variablen Kosten verminderte Verkaufserlös, d. h. $D(x) = E(x) - K_{var}(x)$.

> Wenn anstelle ausführlicher Lösungen nur die Ergebnisse angegeben sind, dann findet man die ausführlichen Lösungen im Internet unter
> www.w-g-m.de/bwl-ueb.html

13.1.3 Lösungen

Lösung zu Aufgabe 13.1-1:

Nachfragefunktion:

(13.1-1_L)
$$x = x(p) = -1000p + 15000$$
$$p = p(x) = 15 - \frac{1}{1000}x$$

Lösungen zu Aufgabe 13.1-2:

a) Erlösfunktion:

(13.35a_L) $E(x) = x \cdot p(x) = -\dfrac{1}{5}x^2 + 10x$

Gewinnfunktion:

(13.35b_L) $G(x) = E(x) - K(x) = -\dfrac{1}{5}x^2 + 8x - 60$

b) Grenzen der Gewinnzone:

(13.35c_L) $x_1 = 10, x_2 = 30$

Das Unternehmen muss in einem Bereich $10 < x < 30$ produzieren und absetzen, um Gewinn zu erzielen.

c) Maximaler Erlös für x=25, Gewinn bei maximalem Umsatz $G(x=25)=15$

d) Gewinnmaximum bei x=20, $G(x=20)=20$

e) Preis im Gewinnmaximum p(x=20)=6

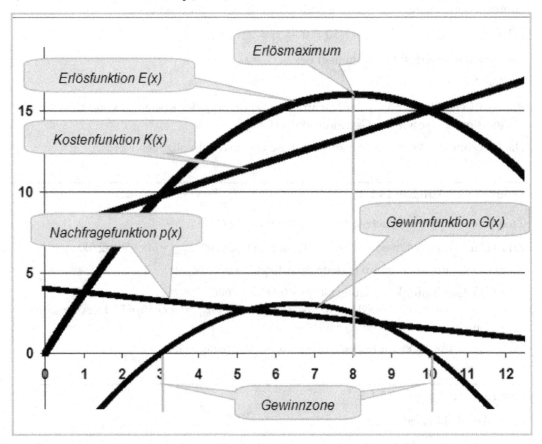

Bild 13.01: Nachfrage-, Kosten-, Erlös- und Gewinnfunktion

Lösungen zu Aufgabe 13.1-3:

Gegeben sind

(13.36a_L) $\begin{aligned} p(x) &= -0,25x + 4 \\ K(x) &= a_1 x + a_0 \end{aligned}$

Wegen $K_{fix} = 7,50 = a_0$ und $a_1 = 0,75$ ergibt sich daraus die Kostenfunktion $K(x) = 0,75x + 7,50$.

Damit erhält man die Erlösfunktion

(13.36b_L) $E(x) = x \cdot p(x) = -0,25x^2 + 4x$

Das Erlösmaximum liegt in der Mitte zwischen den Lösungen der Gleichung $E(x) = 0$, die bei $x = 0$ und $x = 16$ liegen: Das Erlösmaximum wird für $x = 8$ erzielt und liegt bei $E(x = 8) = 16$.

Der erzielte Preis liegt bei $p(x = 8) = 2$.

Die Gewinnfunktion ist die Differenz aus Erlös- und Kostenfunktion:

(13.36c_L) $G(x) = E(x) - K(x) = -0,25x^2 + 3,25x - 7,50$

Grenzen der Gewinnzone sind die Nullstellen der Gewinnfunktion:

(13.36d_L) $-0,25x^2 + 3,25x - 7,50 = 0 \rightarrow x_1 = 3, x_1 = 10$

Der Gewinn im Erlösmaximum liegt bei

(13.36e_L) $G(x = 8) = 2,50$

Bild 13.01 enthält die Bilder der Nachfragefunktion $p(x)$, der Kostenfunktion $K(x)$, der Erlösfunktion $E(x)$ sowie der Gewinnfunktion $G(x)$.

Die berechneten Werte können anhand dieses Bildes nachvollzogen werden.

Lösungen zu Aufgabe 13.1-4:

Zu a) Die maximal abzusetzende Menge liegt bei $x = 60$.

Zu b) Der Erlös wird maximal für $x = 30$, damit ergibt sich $E_{max} = E(x = 30) = 2700$.

Zu c) Der im Erlösmaximum erzielte Preis liegt bei $p(x = 30) = 90$.

Zu d) Die Gewinnfunktion lautet $G(x) = -3x^2 + 90x - 600$.
Der Gewinn wird maximal für $x = 15$, er beträgt $G_{max} = G(x = 15) = 75$. Die Grenzen der Gewinnzone liegen bei $x_1 = 10$, $x_2 = 20$.

Zu e) $G(x = 30) = -600$. Im Erlösmaximum wird Verlust gemacht.

Lösungen zu Aufgabe 13.1-5:

Zu a) Aus den Beziehungen

(13.38a_L) $\begin{aligned} p(x) &= 2520 - 30x \\ K(x) &= 10x^2 - 2680x + 168000 \end{aligned}$

ergeben sich folgende Erlös- und Gewinnfunktionen:

(13.38_L)
$$E(x) = x \cdot p(x) = x(2520 - 30x) = 2520x - 30x^2$$
$$G(x) = E(x) - K(x) = -40x^2 + 5200x - 168000$$

Zu b) Die Nullstellen der Erlösfunktion liegen bei x=0 und x=84, der Erlös wird maximal für x=42 und liegt bei E_{max}=E(x=42)=52920.

Die Nullstellen der Gewinnfunktion beschreiben die Grenzen der Gewinnzone. Sie liegen bei x=60 und x=70.

Der Gewinn wird maximal für x=65 und beträgt dort G_{max}=G(x=65)=1000.

Zu c) Die Gewinnschwellen – das sind die Grenzen der Gewinnzone. Sie liegen bei x=60 und bei x=70.

Zu d) Der Deckungsbeitrag – das ist der Erlös, verringert um die variablen Kosten K_{var}(x):

(13.38c_L) $D(x) = E(x) - K_{var}(x) = -40x^2 + 5200x$

Der Deckungsbeitrag wird ebenfalls für x=65 maximal.

Der Wert des maximalen Deckungsbeitrags liegt bei D_{max}=D(x=65)=169000.

Zu e) Das Minimum der Kostenfunktion kann am einfachsten mit den Mitteln der Differentialrechnung gefunden werden (siehe Abschnitt 9.4.3 in [51]).

Das Minimum der Kostenfunktion kann aber auch elementar mit Hilfe der so genannten quadratischen Ergänzung bestimmt werden. Dazu ist die Funktionsgleichung der Kostenfunktion K(x) auf die spezielle Form

(13.38d_L) $K(x) = A(x - B)^2 + C$

zu bringen. In (13.38e_L) wird das Vorgehen beschrieben:

(13.38e_L)
$$K(x) = 10x^2 - 2680x + 168000$$
$$= 10(x^2 - 268x) + 168000$$
$$= 10[(x - 134)^2 - 17956] + 168000$$
$$= 10(x - 134)^2 - 11560$$

Zum Übergang von der zweiten zur dritten Zeile in (13.38e_L) setzt man anhand der zweiten binomischen Formel

(13.38f_L) $(a - b)^2 = a^2 - 2ab + b^2$

den Subtrahenden 268x mit 2ab gleich, folglich muss b=134 sein. Betrachten wir nun das Quadrat (x−134)² in der dritten Zeile von (13.38e_L). Wird es nach der binomischen Formel (13.49f_L) ausmultipliziert, dann ergäbe sich

(13.38g_L) $(x - 134)^2 = x^2 - 268x + 134^2 = x^2 - 268x + 17956$

folglich ist der Wert 17956 zuviel und muss anschließend abgezogen werden.

Die so erhaltene, andere Form der Kostenfunktion

(13.38h_L) $K(x) = 10(x-134)^2 - 11560$

macht die Diskussion um das Minimum leicht:

> Jeder x-Wert, der ungleich 134 ist, liefert einen positiven Beitrag, so dass die Kosten-
> funktion offensichtlich bei x=134 ihren kleinsten Wert annimmt.

Setzen wir diesen x-Wert in (13.38h_L) ein, so erhalten wir $K_{min}=K(x=134)=-11560$, die
Kosten werden negativ.

> Dies ist ein deutlicher Hinweis darauf, dass der Bereich, in dem die Gesamtkosten-
> funktion ökonomisch sinnvolle Ergebnisse liefert, verlassen wurde.

Aus der Nachfragefunktion p(x) kann man den Sinnfälligkeits-Bereich mit $0 \le x \le 84$ bestimmen, denn nur dort ist p(x) nichtnegativ.

> Für diesen Bereich, in dem Produkte abgesetzt werden können, ergibt sich eine fal-
> lende Kostenentwicklung von K(x=0)=168000 bis K(x=84)=13440.

14. Weitere ökonomische Funktionen

14.1 Beispiele, Übungsaufgaben und Lösungen

14.1.1 Beispiele dafür, wie es richtig gemacht wird

Beispiel 14.1-1: Von einer ertragsgesetzlichen Kostenfunktion *liegen folgende Angaben vor:*

♦ *Die* Fixkosten *liegen bei 12.000 GE.*

♦ *Bei einer produzierten Menge von 100 ME liegen die* Gesamtkosten *bei 18.000 E.*

♦ *Verdoppelt man die produzierte Menge, steigen die Gesamtkosten auf 104.000 GE.*

♦ *Ein Halbieren der hergestellten Menge auf 50 ME senkt die Gesamtkosten auf 12.500 GE.*

Man versuche, eine polynomiale Form der Kostenfunktion *zu finden.*

Eine erste Überlegung: *Es sind vier Bedingungen gegeben. Mit einer linearen oder quadratischen Form der Kostenfunktion werden sich die vier Bedingungen nicht realisieren lassen. Versuchen wir einen* kubischen Ansatz:

(14.01a) $K(x) = ax^3 + bx^2 + cx + d$.

Aus der Höhe der Fixkosten ergibt sich sofort d=12000. Damit lautet der Ansatz nur noch

(14.01b) $K(x) = ax^3 + bx^2 + cx + 12000$

Tragen wir nun zusammen, was sich aus den restlichen drei Informationen über die Zusammenhänge zwischen produzierter Menge und den jeweiligen Kosten ergibt:

$$K(x = 100) = \ 18000 \ \Rightarrow \ 18000 = a \cdot 100^3 + b \cdot 100^2 + c \cdot 100 + 12000$$

(14.02) $K(x = 200) = 104000 \Rightarrow 104000 = a \cdot 200^3 + b \cdot 200^2 + c \cdot 200 + 12000$

$$K(x = \ 50) = \ 12500 \ \Rightarrow \ 12500 = a \cdot 50^3 \ + b \cdot 50^2 \ + c \cdot 50 \ + 12000$$

Nach Ausmultiplizieren und Zusammenfassen erhält man ein System von drei linearen Gleichungen für drei Unbekannte:

$$10000a + 100b + c = \ 60$$

(14.03) $40000a + 200b + c = 460$

$$2500a + \ 50b + c = \ 10$$

Dieses System kann systematisch mit dem GAUSSschen Algorithmus gelöst werden (siehe dazu auch den Abschnitt 16 in [51]). Wegen der geringen Dimension ist auch ein intuitives Vorgehen nach Schulmethoden möglich:

Wird zuerst die dritte Zeile von der ersten und dann die dritte Zeile von der zweiten Zeile abgezogen, so entstehen zwei Gleichungen für die zwei Unbekannten a und b. Das weitere Vorgehen führt dann zur Lösung

(14.04) $a = 0{,}02 \quad b = -2 \quad c = 60$

Antwortsatz: *Die gesuchte Kostenfunktion lautet* $K(x) = 0{,}02x^3 - 2x^2 + 60x + 12000$.

Beispiel 14.1-2: *Die Produktivität [in Leistungseinheiten] eines Unternehmens, das zum Zeitpunkt t=0 gegründet wurde, lässt sich in Abhängigkeit von der Zeit t [in Jahren] beschreiben durch die Funktion*

$$(14.05) \quad P(t) = \frac{30000}{1800 + 2(t-10)^2} \ .$$

Folgende Fragen sind zu beantworten:

a) Mit welcher Produktivität startet das Unternehmen?

b) Nach wie vielen Jahren erreicht es seine maximale Produktivität?

Zu a) Für den Start gilt t=0 . Dann ergibt sich P(t=0)=15.

Zu b) Die Produktivität wird dann maximal sein, wenn der Bruch seinen größten Wert erreicht hat, also wenn der Nenner des Bruches am kleinsten ist (siehe dazu auch die Ausführungen über Größenverhältnisse von Brüchen in [51], Abschnitt 1.3).

Um das zu erreichen, muss t−10 gleich Null sein, denn jeder andere, von Null verschiedene t-Wert vergrößert den Nenner. Für t=10 ergibt sich P(t=10)=16,666667.

Antwortsatz: *Das Unternehmen startet mit einer Produktivität von 15 Leistungseinheiten. Nach 10 Jahren erreicht es seine maximale Produktivität, sie liegt bei 16 2/3 Leistungseinheiten.*

> Exponentialfunktionen werden häufig verwendet, um *Wachstums-* oder *Schrumpfungsprozesse* zu charakterisieren.

Beispiel 14.1-3: *Die Nachfragemenge N [in ME] nach einem Luxusgut in Abhängigkeit vom Einkommen x [in 1000 €] lässt sich durch die Funktion*

$$(14.06) \quad N(x) = 30(1 - e^{-0,2x})$$

beschreiben. Folgende Fragen sind zu beantworten:

a) Wie entwickelt sich die Nachfragemenge, wenn das Einkommen über alle Grenzen wächst?

b) Bei welchem Einkommen ist eine Nachfrage von 20 ME zu erwarten?

Beginnen wir damit, dass wir feststellen, dass bei fehlendem Einkommen (d. h. x=0) die Nachfragemenge offensichtlich verschwindet:

$$(14.07) \quad N(0) = 30(1 - e^0) = 30(1-1) = 0$$

Wächst das Einkommen dagegen, dann folgt gemäß den grundlegenden Eigenschaften der Exponentialfunktion (siehe z. B. [51], Abschnitt 4.2), dass der Term $e^{-0,2x}$ immer kleinere Werte annimmt. In mathematischer Terminologie wird das beschrieben durch

$$(14.08a) \quad \lim_{x \to \infty} e^{-0,2x} = 0 \ .$$

Folglich konvergiert die Funktion N(x) für x gegen Unendlich gegen 30:

$$(14.08b) \quad \lim_{x \to \infty} 30(1 - e^{-0,2x}) = 30$$

> *Dieser Grenzwert wird als* Sättigungsmenge *bezeichnet.*

Zur zweiten Frage: Um sie beantworten zu können, ist die Gleichung

(14.09) $20 = 30(1 - e^{-0,2x})$

nach x aufzulösen. Dazu ist zuerst der Exponentialterm allein auf eine Seite zu bringen:

(14.10a) $20 = 30(1 - e^{-0,2x}) \leftrightarrow \dfrac{2}{3} = 1 - e^{-0,2x} \leftrightarrow 1 - \dfrac{2}{3} = e^{-0,2x} \leftrightarrow e^{-0,2x} = \dfrac{1}{3}$

Wie bei solchen Exponentialgleichungen üblich, können unter der Voraussetzung, dass beide Seiten positiv sind (was hier erfüllt ist) beide Seiten logarithmiert werden:

$$e^{-0,2x} = \frac{1}{3}$$

$$\ln e^{-0,2x} = \ln \frac{1}{3} = \ln 1 - \ln 3 = -\ln 3$$

(14.10b) $-0,2x \ln e = -\ln 3$

$\qquad\qquad 0,2x = \ln 3 \quad (\text{wegen } \ln e = 1)$

$\qquad\qquad\quad x = \dfrac{\ln 3}{0,2} \approx 5,493$

Antwortsatz: Würde das Einkommen über alle Grenzen wachsen, dann ergäbe sich der Sättigungsbetrag von 30 ME.

Für Einkommen von 5493 € ergibt sich eine Nachfragemenge von 20 ME.

Beispiel 14.1-4: *Der Output y eines Unternehmens wird in Abhängigkeit vom Input r durch die Funktion*

(14.11) $y = y(r) = 30 \ln(4r^2 + 1)$

beschrieben. Folgende Fragen sind zu beantworten:

a) Wie hoch ist der Output y bei einem Input von r=10?

b) Welcher Input ist für einen Output von y=90 notwendig?

Die Beantwortung der ersten Frage ist einfach – dafür ist auf der rechten Seite von (14.11) für r der Wert 10 einzusetzen:

(14.12) $y(10) = 30 \ln(4 \cdot 10^2 + 1) = 30 \ln(400 + 1) = 30 \ln 401 \approx 179,82$

Zur Beantwortung der zweiten Frage ist die Gleichung

(14.13) $90 = 30 \ln(4r^2 + 1) \leftrightarrow \ln(4r^2 + 1) = 3$

nach r aufzulösen. Das ist möglich, indem beide Seiten der Gleichung als Exponenten in Potenzen zur Basis e geschrieben werden:

(14.14) $e^{\ln(4r^2 + 1)} = e^3$

Wegen $e^{\ln x} = x$ *ergibt sich dann:*

$$4r^2 + 1 = e^3$$

(14.15) $$r^2 = \frac{e^3 - 1}{4}$$

$$r = \sqrt{\frac{e^3 - 1}{4}} \approx 2{,}18$$

14.1.2 Aufgaben

Aufgabe 14.1-1: Eine *ertragsgesetzliche Produktionsfunktion* beschreibt den *Output* x in Abhängigkeit vom *Input* r durch

(14.16) $$x = x(r) = -0{,}05r^3 + 0{,}2r^2 + 7r$$

für $0 \le r \le r_{max}$. Welchen Wert darf r_{max} nicht überschreiten, um noch zu sinnvollen Aussagen für den Output zu kommen?

Hinweis: Überlegen Sie, welche Informationen Ihnen die Kenntnis der Nullstellen der Funktion x(r) dazu liefern können.

Aufgabe 14.1-2: Die abgesetzte Menge y eines Produktes kann in Abhängigkeit vom Preis p durch folgende Funktion beschrieben werden:

(14.17) $$y = \begin{cases} 20 + \sqrt{100 - 10p} & 0 \le p \le 10 \\ 40 - 2p & p > 10 \end{cases}$$

a) Skizzieren Sie den Graphen der Funktion und lesen Sie ab, welcher Preis höchstens erzielt werden kann.

b) Welche maximal mögliche Menge y kann abgesetzt werden?

c) Das Unternehmen konnte eine Menge von y = 15 absetzen. Welcher Preis wurde gefordert?

d) Welche Menge kann bei einem Preis von p = 7,5 abgesetzt werden?

14.1.3 Lösungen

> Wenn anstelle ausführlicher Lösungen nur die Ergebnisse angegeben sind, dann findet man die ausführlichen Lösungen im Internet unter
> www.w-g-m.de/bwl-ueb.html

Lösung zur Aufgabe 14.1-1: Die Output-Funktion x(r) ist ein Polynom dritten Grades mit negativem führenden Koeffizienten. Die drei Nullstellen befinden sich bei $r_1 = -10$, $r_2 = 0$ und $r_3 = 14$.

Der Graph dieser Funktion liegt links von –10 oberhalb der waagerechten Achse, zwischen –10 und 0 unterhalb, zwischen 0 und 14 wieder oberhalb und anschließend unterhalb der waagerechten Achse.

Folglich darf r_{max} nicht größer als 14 sein.

Lösung zur Aufgabe 14.1-2: In Bild 14.01 ist der Graph der Funktion

(14.17a_L) $\quad y = \begin{cases} 20 + \sqrt{100 - 10p} & 0 \le p \le 10 \\ 40 - 2p & p > 10 \end{cases}$

im Bereich $0 \le p \le 25$ dargestellt.

Er besteht zuerst aus einem Stück einer liegenden, nach links geöffneten Parabel, und anschließend aus einer fallenden Geraden.

Zu a) Da die abgesetzte Menge nicht negativ sein kann, liest man p=20 als maximal möglichen Preis ab.

Zu b) Am Graph ist es deutlich erkennbar: Die größte abzusetzende Menge liegt bei y=30 für den Preis p=0 (wenn die Ware verschenkt würde).

Zu c) Gegeben ist y=15, dieser Wert wird im Bereich $10 \le p \le 20$ erreicht. Somit muss der untere Teil der Funktionsgleichung, d. h.

(14.17b_L) $15 = 40 - 2p$

nach p umgestellt werden. Es ergibt sich p=12,50 .

Zu d) Für den gegebenen Wert p=7,5 ist der obere Teil der Funktionsgleichung zu verwenden:

(14.17c_L) $f(7,5) = 20 + \sqrt{100 - 10 \cdot 7,5} = 25$

Bei einem Preis von p=7,5 kann eine Menge von y=25 abgesetzt werden.

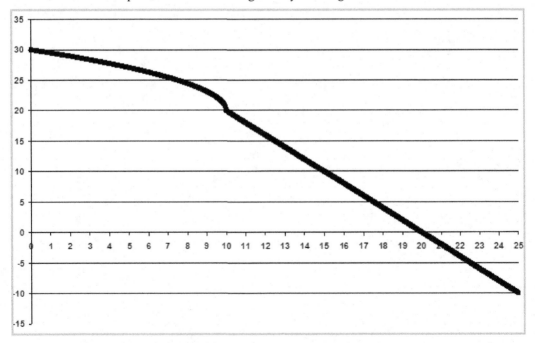

Bild 14.01: Graph der Funktion (14.17a_L)

15. Anwendungen der Differentialrechnung in der Ökonomie

15.1 Beispiele, Übungsaufgaben und Lösungen

15.1.1 Beispiele dafür, wie es richtig gemacht wird

Bei der Untersuchung *ertragsgesetzlicher Kostenfunktionen* versteht man unter der *Schwelle des Ertragsgesetzes* den Punkt, in dem der Übergang vom degressiven Wachsen der Gesamtkosten zum progressiven Wachsen der Gesamtkosten erfolgt.

Die Schwelle des Ertragsgesetzes ist also der Wendepunkt der Gesamtkostenfunktion.

Ebenfalls betrachtet werden das Betriebsoptimum sowie das Betriebsminimum:

Das *Betriebsoptimum* ist dabei diejenige Ausbringungsmenge, für die die Stückkosten

(15.01a) $k(x) = \dfrac{K(x)}{x}$

minimal sind.

Da in diesem Punkt der minimale Wert der Stückkosten gerade noch die Gesamtkosten deckt, nennt man das Betriebsoptimum auch *langfristige Preisuntergrenze*.

Das Betriebsminimum ist diejenige Ausbringungsmenge x_m, für die die variablen Stückkosten

(15.01b) $k_V(x) = \dfrac{K_V(x)}{x}$

minimal werden.

Es wird auch als *kurzfristige Preisuntergrenze* bezeichnet.

Beispiel 15.1-1: *Für die ertragsgesetzliche Kostenfunktion*

(15.02) $K(x) = x^3 - 15x^2 + 300x + 60$

bestimme man die Schwelle des Ertragsgesetzes, das Betriebsminimum und die kurzfristige Preisuntergrenze.

Für die Schwelle des Ertragsgesetzes *benötigen wir den* Wendepunkt *von (15.02). Stellen wir dafür die benötigten Ableitungsfunktionen der Kostenfunktion zusammen:*

(15.03)
$$K(x) = x^3 - 15x^2 + 300x + 60$$
$$K'(x) = 3x^2 - 30x + 300$$
$$K''(x) = 6x - 30$$
$$K'''(x) = 6$$

Aus K''(x)=0 bestimmt man x_w=5. Da die dritte Ableitungsfunktion konstant gleich 6, also von Null verschieden ist, liegt tatsächlich ein Wendepunkt vor:

Antwortsatz: *Die Schwelle des Ertragsgesetzes liegt bei einer Ausbringungsmenge von x=5.*

Aus K(x) entnimmt man die variablen Kosten

(15.04a) $K_V(x) = x^3 - 15x^2 + 300x$.

Damit lassen sich die variablen Stückkosten *bestimmen:*

(15.04b) $k_V(x) = \dfrac{K_V(x)}{x} = \dfrac{x^3 - 15x^2 + 300x}{x} = x^2 - 15x + 300$

Das Nullsetzen der ersten Ableitungsfunktion von $k_V(x)$ liefert x_M=7,5. Dort liegt tatsächlich das Betriebsminimum, da die zweite Ableitungsfunktion von $k_V(x)$ konstant gleich 2 und damit positiv ist.

Antwortsatz: *Die kurzfristige Preisuntergrenze liegt demzufolge bei*

(15.04c) $k_V(x = x_M) = 7,5^2 - 15 \cdot 7,5 + 300 = 243,75$

15.1.2 Aufgaben

Aufgabe 15.1-1: Es sei K(x) eine *Gesamtkostenfunktion* (siehe Seite 180). Der Wert der zugehörigen Grenzkostenfunktion K′(x_0) an der Stelle x_0 gibt an, um welchen Betrag sich die Gesamtkosten näherungsweise ändern, wenn ausgehend von x_0 eine Einheit mehr produziert wird.

Bestimmen Sie die Grenzkostenfunktion K′(x) zur Gesamtkostenfunktion

(15.05) $K(x) = 60 + 2e^{0,01x}$

und berechnen Sie K′(x_0=100).

Vergleichen Sie diesen Wert mit der tatsächlichen Kostenänderung von 100 auf 101 produzierte Mengeneinheiten.

Aufgabe 15.1-2: Bestimmen Sie das Betriebsoptimum eines Unternehmens, dessen Gesamtkostenfunktion durch

(15.06) $K(x) = 0,3x^2 + 12x + 180$

gegeben ist.

Aufgabe 15.1-3: Ein Unternehmen produziere mit einer Gewinnfunktion

(15.07) $G(x) = -x^3 + 120x^2 - 468x - 4024$.

Für welche Ausbringungsmenge x wird der Gewinn maximal?

Aufgabe 15.1-4: Ein Monopolist produziere mit einer Kostenfunktion

(15.08a) $K(x) = x^3 + 4x^2 + 7x + 28$

und sehe sich einer Preis-Absatz-Funktion

(15.08b) $p(x) = 70 - 2x$

gegenüber.

a) Wie heißt die Gewinnfunktion, für welche Menge x wird der Gewinn maximal und wie groß ist dann der maximale Gewinn?

b) Welche abgesetzte Menge x maximiert den Verkaufserlös? Wie groß ist dort der Gewinn?

c) Welcher Preis kann im Gewinnmaximum erzielt werden?

Aufgabe 15.1-5: Eine neoklassische Produktionsfunktion x(r) (auch als Funktion mit abnehmenden Grenzerträgen bezeichnet) ist gekennzeichnet durch positive Erträge und positive, aber abnehmende Grenzerträge für jeden positiven Input r.

Überprüfen Sie, ob die Produktionsfunktion

(15.09) $x(r) = (0,6\sqrt{r} + 1)^2$

vom neoklassischen Typ ist.

15.1.3 Lösungen

Wenn anstelle ausführlicher Lösungen nur die Ergebnisse angegeben sind, dann findet man die ausführlichen Lösungen im Internet unter www.w-g-m.de/bwl-ueb.html

Lösung zur Aufgabe 15.1-1: Die Gesamtkostenfunktion heißt

(15.05a_L) $K(x) = 60 + 2e^{0,01x}$.

Die Grenzkostenfunktion ist damit

(15.05b_L) $K'(x) = 0,02e^{0,01x}$.

Für den Wert der Grenzkostenfunktion an der Stelle $x_0 = 100$ findet man

(15.05c_L) $K'(x = 100) = 0,02e^{0,01 \cdot 100} = 0,02e \approx 0,0544$

Dieser Zahlenwert besitzt *folgende ökonomische Interpretation*: Erhöht man, ausgehend von $x_0 = 100$, die produzierte Menge um eine Einheit, dann steigen die Kosten um rund 0,0544.

Mit Hilfe der Gesamtkostenfunktion (15.05a_L) lässt sich vergleichen, ob diese Information aus der Grenzkostenfunktion brauchbar ist. Der tatsächliche Wert der Kostensteigerung ergibt sich aus der Differenz der Werte der Gesamtkostenfunktion:

(15.05d_L)
$$K(x = 101) - K(x = 100) = [60 + 2e^{0,01 \cdot 101}] - [60 + 2e^{0,01 \cdot 100}]$$
$$= 2(e^{1,01} - e)$$
$$\approx 0,0546$$

Lösung zur Aufgabe 15.1-2: Zu der gegebenen Gesamtkostenfunktion

(15.06a_L) $K(x) = 0,3x^2 + 12x + 180$

ist als Betriebsoptimum das Minimum der Funktion

(15.06b_L) $k(x) = \dfrac{K(x)}{x} = \dfrac{0,3x^2 + 12x + 180}{x} = 0,3x + 12 + \dfrac{180}{x}$

zu bestimmen.

Als stationäre Stellen von k(x) findet man durch Nullsetzen der ersten Ableitungsfunktion k'(x):

(15.06c_L) $0,3 - \dfrac{180}{x^2} = 0 \rightarrow x_{1,2} = \pm 10\sqrt{6} \approx \pm 24,5$

Da nur positive Lösungen infrage kommen, wird nur die positive stationäre Stelle in die zweite Ableitungsfunktion k''(x) eingesetzt. Mit

(15.06d_L) $k''(x = 10\sqrt{6}) > 0$

erweist sich die positive stationäre Stelle als Minimumstelle.

Antwortsatz: Das Betriebsoptimum liegt bei x ≈ 24,5.

Lösung zur Aufgabe 15.1-3: Gesucht ist das Maximum der gegebenen Gewinnfunktion

(15.07a_L) $G(x) = -x^3 + 120x^2 - 468x - 4024$.

Dazu ist die erste Ableitungsfunktion von G(x) zu bilden und gleich Null zu setzen – so erhält man die stationären Stellen („Kandidaten für lokale Extrema"):

$$G'(x) = -3x^2 + 240x - 468$$

$$-3x^2 + 240x - 468 = 0$$

(15.07b_L) $\qquad x^2 - 80x + 156 = 0$

$$x_{1,2} = 40 \pm \sqrt{1600 - 156} = 40 \pm 38$$

$$x_1 = 78 \qquad x_2 = 2$$

Um herauszufinden, welcher der beiden gefundenen x-Werte das lokale Maximum liefert, muss die zweite Ableitungsfunktion von G(x) gebildet werden:

(15.07c_L) $G''(x) = -6x + 240$

Anschließend kann geprüft werden, welches Vorzeichen die zweite Ableitungsfunktion beim Einsetzen der beiden x-Werte liefert:

(15.07d_L)
$\begin{aligned}
G''(78) &= -6 \cdot 78 + 240 < 0 \quad \rightarrow \mathrm{Maximum\ bei\ } x = 78 \\
G''(2) \ &= -6 \cdot 2 \ + 240 > 0 \quad \rightarrow \mathrm{Minimum\ bei\ } x = 2
\end{aligned}$

Schließlich ist der für das Maximum gefundene Wert x=78 in die Gewinnfunktion (15.07a_L) einzusetzen:

(15.07e_L) $G(x) = -78^3 + 120 \cdot 78^2 - 468 \cdot 78 - 4024 = 215000$

Antwortsatz: Bei einer Ausbringungsmenge von x=78 [ME] wird der Gewinn maximal, er beträgt 215.000 [GE].

Lösung zur Aufgabe 15.1-4: Aus der bekannten Formel G(x)=x·p(x)–K(x) ergibt sich mit

(15.08a_L) $K(x) = x^3 + 4x^2 + 7x + 28$ u n d $p(x) = 70 - 2x$

die Gewinnfunktion

(15.08b_L) $$\begin{aligned} G(x) &= x \cdot p(x) - K(x) \\ &= x(70 - 2x) - (x^3 + 4x^2 + 7x + 28) \\ &= -x^3 - 6x^2 + 63x - 28 \end{aligned}$$

Da alle x-Werte, für die sich mit der gegebenen Preis-Absatz-Funktion p(x) negative Preise ergeben würden, unsinnig sind, reduziert sich das sinnvolle x-Intervall auf

(15.08c_L) $0 \le x \le 35$.

Die erste Ableitungsfunktion G'(x) verschwindet an den Stellen $x_1 = -7$ und $x_2 = 3$:

$$G'(x) = -3x^2 - 12x + 63$$

(15.08d_L) $-3x^2 - 12x + 63 = 0$

$$x_1 = -7 \quad x_2 = 3$$

Wegen (15.08c) ist x_1 zu verwerfen, zu prüfen ist die Maximum-Eigenschaft von x_2:

(15.08e_L) $$\begin{aligned} G''(x) &= -6x - 12 \\ G''(3) &= -6 \cdot 3 - 12 < 0 \end{aligned}$$

Antwortsatz zur Aufgabe 15.1-4a: Für x=3 wird der Gewinn maximal, der Maximalgewinn beträgt G(x=3)=80 [GE].

Der *Verkaufserlös* ergibt sich als Produkt aus Menge mal Preis. Die Erlösfunktion

(15.08f_L) $E(x) = x \cdot p(x) = x(70 - 2x) = 70x - 2x^2$

beschreibt den Verkaufserlös in Abhängigkeit von der abgesetzten Menge. Mit Hilfe von erster und zweiter Ableitungsfunktion von E(x) errechnet man:

Für x=17,5 wird der Erlös maximal.

Setzt man diesen Wert in die Gewinnfunktion G(x) ein, so ergibt sich jedoch

(15.08g_L) $G(x = 17,5) = -6122,375$.

Antwortsatz zur Aufgabe 15.1-4b: Eine abgesetzte Menge von x=17,5 [ME] maximiert den Verkaufserlös. Der Gewinn ist für diese abgesetzte Menge mit –6.122,375 [GE] allerdings negativ, das Unternehmen arbeitet mit Verlust.

Der Preis im Gewinnmaximum wird aus der Preis-Absatz-Funktion p(x) errechnet:

(15.08h_L) $p(x = 3) = 70 - 2 \cdot 3 = 64$

Antwortsatz zur Aufgabe 15.1-4c: Im Gewinnmaximum kann ein Preis von 64 [GE] erzielt werden.

Lösung zur Aufgabe 15.1-5: Aus dem Text der Aufgabenstellung kann abgelesen werden, welche Eigenschaften der gegebenen Funktion x(r) und ihrer Ableitungsfunktionen überprüft werden müssen:

$$(15.09\_L) \quad \left.\begin{array}{l} x(r) > 0 \\ x'(r) > 0 \\ x''(r) < 0 \end{array}\right\} \text{ für } \quad r > 0$$

Es stellt sich heraus: Alle drei Bedingungen sind erfüllt.

Antwortsatz: Die Funktion $x(r) = (0{,}6\sqrt{r} + 1)^2$ ist vom neoklassischen Typ.

16. Funktionen zweier Variabler in der Ökonomie

16.1 Grundsätzliches

In der Ökonomie werden oft Funktionen betrachtet, die den Output x (d. h. die produzierte Menge x) in Abhängigkeit von den eingesetzten Mengen der Produktionsfaktoren r_1, r_2, ..., r_n beschreiben. Dabei werden die Produktionsfaktoren als gegeneinander austauschbar (substituierbar) angesehen.

Betrachtet man eine solche Produktionsfunktion, die den Output x in Abhängigkeit von zwei eingesetzten Produktionsfaktoren beschreibt, erhält man eine *Funktion zweier Variabler*, die diesmal entsprechend den Traditionen des Fachgebietes mit den Symbolen r_1, r_2 und x beschrieben wird:

(16.01) $x = x(r_1, r_2)$

Für derartige Funktionen ist es oft interessant, die so genannten *Isoquanten* zu bestimmen:

Eine Isoquante ist eine Linie konstanten Produktionsausstoßes.

16.1.1 Beispiele dafür, wie es richtig gemacht wird

Beispiel 16.1-1: Gegeben sei die Produktionsfunktion

(16.02) $x = x(r_1, r_2) = 5\sqrt{r_1 \cdot r_2}$.

Gesucht ist sind die Gleichungen der Isoquanten zu x=10 und x=20. Die beiden Isoquanten sind grafisch darzustellen.

Welcher Produktionsausstoß x ist bei einer eingesetzten Menge r_1=75 und r_2=48 möglich?

Die eingesetzte Menge r_2 soll auf r_2=50 erhöht werden, dabei soll der Produktionsausstoß unverändert bleiben. Welche Menge r_1 ist dann nur noch nötig?

Vorbemerkung zu den Lösungen: *Ökonomisch sinnvoll ist nur eine Betrachtung im Bereich $r_1 \geq 0$ und $r_2 \geq 0$, da die Symbole r_1 und r_2 eingesetzte Mengen an Produktionsfaktoren beschreiben.*

Zu a): Um die Gleichung einer Isoquante zu bestimmen, ist lediglich für x der vorgegebene Output-Wert einzusetzen:

(16.03)

$$10 = 5\sqrt{r_1 \cdot r_2}$$
$$2 = \sqrt{r_1 \cdot r_2}$$
$$4 = r_1 \cdot r_2$$
$$r_2 = \frac{4}{r_1}$$

$$20 = 5\sqrt{r_1 \cdot r_2}$$
$$4 = \sqrt{r_1 \cdot r_2}$$
$$16 = r_1 \cdot r_2$$
$$r_2 = \frac{16}{r_1}$$

Bild 16.01 zeigt die beiden Isoquanten – es sind Äste von Hyperbeln, die im ersten Quadranten der r_1-r_2-Ebene liegen.

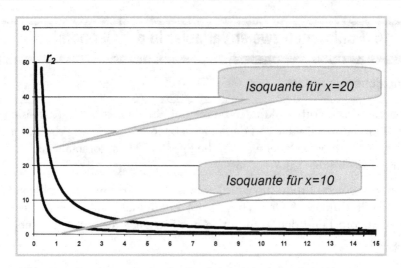

Bild 16.01: Zwei Isoquanten der Produktionsfunktion (16.02)

Zu b): Sind die eingesetzten Mengen beider Produktionsfaktoren gegeben, dann errechnet sich der Produktionsausstoß durch Einsetzen in die rechte Seite der Produktionsfunktion: Mit $r_1=75$ und $r_2=48$ ergibt sich folglich

$$(16.04) \quad x = x(75,48) = 5\sqrt{75 \cdot 48} = 300 \ .$$

Zu c): Jetzt soll gelten $x=300$ und $r_2=50$. Aus der Produktionsfunktion lässt sich dann die benötigte Menge r_1 berechnen:

$$(16.05) \quad 300 = x(r_1,50) = 5\sqrt{r_1 \cdot 50} \Rightarrow 60 = \sqrt{r_1 \cdot 50} \Rightarrow 3600 = r_1 \cdot 50 \Rightarrow 72 = r_1$$

Bei gleichem Produktionsausstoß können drei Einheiten von r_1 eingespart werden, wenn r_2 um zwei Einheiten erhöht wird.

16.1.2 Aufgaben

Aufgabe 16.1-1: Ein Produkt wird unter Verwendung zweier Produktionsfaktoren hergestellt.

Dabei gelte die Produktionsfunktion

$$(16.06) \quad x = x(r_1,r_2) = 0,4 \cdot r_1^{0,5} \cdot r_2^{0,5} \ .$$

Welcher Produktionsausstoß ist bei einer Faktorenkombination $r_1=200$ und $r_2=800$ zu erwarten?

Um wie viel kann die eingesetzte Menge von r_2 abgesenkt werden, wenn vom ersten Produktionsfaktor für den gleichen Produktionsausstoß eine Menge $r_1=210$ zur Verfügung steht?

Aufgabe 16.1-2: Gegeben sei eine Nutzenfunktion U, die den Nutzen in Abhängigkeit von den eingesetzten Mengen x_1, x_2 zweier nutzenstiftender Güter beschreibt.

Die Kurven konstanten Nutzens werden *Indifferenzkurven* genannt.

Bestimmen Sie für

(16.07) $U = U(x_1, x_2) = x_1 e^{x_2 - 2}$

die Gleichung der Indifferenzkurve für einen Nutzen von

(16.07a) $U = e^2$.

Stellen Sie diese Indifferenzkurve grafisch dar.

16.1.3 Lösungen

> Wenn anstelle ausführlicher Lösungen nur die Ergebnisse angegeben sind, dann findet man die ausführlichen Lösungen im Internet unter
> www.w-g-m.de/bwl-ueb.html

Lösung zur Aufgabe 16.1-1: Zu untersuchen ist die Produktionsfunktion

(16.06a_L) $x = x(r_1, r_2) = 0,4 \cdot r_1^{0,5} \cdot r_2^{0,5}$.

Bei einer Faktorkombination von $r_1 = 200$ und $r_2 = 800$ kann ein Produktionsausstoß von

(16.06b_L) $x = x(r_1, r_2) = 0,4 \cdot \sqrt{200} \cdot \sqrt{800} = 160$

erwartet werden.

Gilt jetzt bei gleichem Produktionsausstoß $r_1 = 210$, dann muss die Gleichung

(16.06c_L) $160 = 0,4 \cdot 210^{0,5} \cdot r_2^{0,5}$

nach r_2 umgestellt werden:

(16.06d_L) $\dfrac{160}{0,4 \cdot 210^{0,5}} = r_2^{0,5} \Rightarrow r_2 = (\dfrac{160}{0,4 \cdot 210^{0,5}})^2 = 761,905$

Antwortsatz: Setzt man vom ersten Produktionsfaktor r_1 10 Einheiten mehr ein, so können bei gleichem Produktionsausstoß vom zweiten Produktionsfaktor ca. 38 Einheiten eingespart werden. Dabei werden die Produktionsfaktoren als gegeneinander austauschbar angesehen.

Lösung zur Aufgabe 16.1-2: Die Indifferenzkurve der Funktion

(16.07a_L) $U = U(x_1, x_2) = x_1 e^{x_2 - 2}$

für vorgegebenen konstanten Nutzen von $U = e^2$ ist in Bild 16.02 dargestellt.

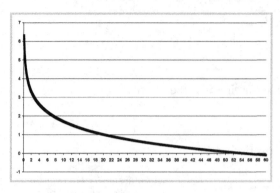

Bild 16.02: Indifferenzkurve

16.2 Partielle Ableitungen und totales Differential

Mit partiellen Ableitungswerten können die *Anstiege der Funktion in Richtung der zugehörigen Koordinatenachsen* beschrieben werden:

$f_x(x_0,y_0)$ beschreibt den Anstieg im Punkt $P(x_0,y_0)$ in Richtung der x-Achse, $f_y(x_0,y_0)$ beschreibt den Anstieg im Punkt $P(x_0,y_0)$ in Richtung der y-Achse.

Es kann damit abgeschätzt werden, wie sich kleine Änderungen des jeweiligen Argumentes auf den Funktionswert auswirken, wenn das andere Argument fixiert ist (ceteris paribus-Bedingung).

Wie aber muss man vorgehen, wenn sich *gleichzeitig beide Argumente* ändern sollen?

Für solche Betrachtungen verwendet man das totale Differential

$$(16.08) \quad df = f_x\big|_{(x_0,y_0)} \cdot dx + f_y\big|_{(x_0,y_0)} \cdot dy$$

16.2.1 Beispiele dafür, wie es richtig gemacht wird

Beispiel 16.2-1: Für die bereits auf Seite 201 betrachtete Produktionsfunktion

$$(16.09) \quad x = x(r_1,r_2) = 5\sqrt{r_1 \cdot r_2}$$

soll abgeschätzt werden, wie sich der Produktionsausstoß ändert, wenn – ausgehend von der Faktorkombination (16,25) –

a) die Einsatzmenge des ersten Produktionsfaktors um 0,2 Einheiten abgesenkt wird und

b) dafür die Einsatzmenge des zweiten Produktionsfaktors um 0,1 Einheit erhöht wird.

Der Weg zur Lösung: Gesucht ist also der Wert des totalen Differentials dx im Punkt (16,25) mit $d_{r_1} = -0,2$ und $d_{r_2} = 0,1$:

$$(16.09a) \quad dx = f_{r_1}\big|_{(16,25)} \cdot dr_1 + f_{r_2}\big|_{(16,25)} \cdot dr_2$$

Zuerst wird die erste partiellen Ableitungsfunktion nach r_1 berechnet:

(16.09b) $\quad f_{r_1} = 5 \dfrac{1}{2\sqrt{r_1}} \sqrt{r_2} = 2{,}5 \sqrt{\dfrac{r_2}{r_1}}$

In gleicher Weise erhält man die andere erste partielle Ableitungsfunktion:

(16.09c) $\quad f_{r_2} = 5\sqrt{r_1} \dfrac{1}{2\sqrt{r_2}} = 2{,}5 \sqrt{\dfrac{r_1}{r_2}}$

Nach Einsetzen und Zusammenfassung ergibt sich der Zahlenwert des totalen Differentials

(16.07d) $\quad dx = 2{,}5 \sqrt{\dfrac{25}{16}} \cdot (-0{,}2) + 2{,}5 \sqrt{\dfrac{16}{25}} \cdot 0{,}1 = -0{,}425$.

Antwortsatz: Der Produktionsausstoß würde um ca. 0,425 Einheiten sinken.

Zum Vergleich kann hier mit Hilfe der bekannten Produktionsfunktion (16.09) die exakte Differenz berechnet werden:

(16.08) $\quad x(16\,,25) - x(15{,}8\,;16{,}1) = -0{,}4284$

Es zeigt sich, dass die Abschätzung mit Hilfe des totalen Differentials sehr brauchbar gewesen ist.

16.2.2 Aufgaben

Aufgabe 16.2-1: Gegeben sei eine Cobb-Douglas-Produktionsfunktion

(16.09a) $\quad y(A,K) = 0{,}7 \cdot A^{0,7} \cdot K^{0,3}$.

Mit Hilfe des totalen Differentials schätze man ab, wie sich der Output y ändert, wenn A um 5% abgesenkt und dafür K um 3% erhöht wird.

Hinweis: Eine Erhöhung von K um 3% heißt

(16.09b) $\quad dK = 0{,}03K$,

ein Absenken von A um 5% heißt

(16.09c) $\quad dA = -0{,}05A$.

Aufgabe 16.2-2: Gegeben sei die Produktionsfunktion

(16.10) $\quad x(r_1, r_2) = 5 \cdot r_1^{0,3} \cdot r_2^{0,2}$.

Wie ändert sich der Output x näherungsweise, wenn man ausgehend von einer Faktorkombination r_1=10 und r_2=20 den ersten Produktionsfaktor um 0,2 Einheiten vermindert und den zweiten Produktionsfaktor um 0,3 Einheiten erhöht?

Aufgabe 16.2-3: Wie wirkt sich eine vierprozentige Erhöhung von x auf die Kostenfunktion

(16.11) $K(x,y) = 500 + x + y + xy$

bei $x_0=10$ und $y_0=15$ aus?

> Wenn anstelle ausführlicher Lösungen nur die Ergebnisse angegeben sind, dann findet man die ausführlichen Lösungen im Internet unter
> www.w-g-m.de/bwl-ueb.html

16.2.3 Lösungen

Lösung zu Aufgabe 16.2-1:

Gegeben ist die Produktionsfunktion

(16.09a_L) $y(A, K) = 0{,}7 \cdot A^{0,7} \cdot K^{0,3}$.

Für das totale Differential werden die benötigten partiellen Ableitungsfunktionen bereitgestellt:

$$\Delta y \approx dy = \frac{\partial y}{\partial A} \Delta A + \frac{\partial y}{\partial K} \Delta K$$

(16.09b_L) $\quad \dfrac{\partial y}{\partial A} = 0{,}7 \cdot 0{,}7 \cdot A^{-0,3} K^{0,3} \qquad \dfrac{\partial y}{\partial K} = 0{,}7 \cdot 0{,}3 \cdot A^{0,7} K^{-0,7}$

Der Aufgabenstellung entnimmt man:

(16.09c_L) $\Delta A = -0{,}05A \qquad\qquad \Delta K = 0{,}03K$

Nun kann in das totale Differential eingesetzt werden:

$$dy = 0{,}7 \cdot 0{,}7 \cdot A^{-0,3} K^{0,3}(-0{,}05A) + 0{,}7 \cdot 0{,}3 \cdot A^{0,7} K^{-0,7}(0{,}03K)$$

(16.09d_L) $\quad dy = -0{,}035 \cdot (0{,}7 \cdot A^{0,7} K^{0,3}) + 0{,}009 \cdot (0{,}7 \cdot A^{0,7} K^{0,3})$

$$dy = -0{,}026 \cdot \underbrace{(0{,}7 \cdot A^{0,7} K^{0,3})}_{=y} = -0{,}026 \cdot y$$

Antwortsatz: Der Output y sinkt bei den gegebenen Änderungen von Arbeitsinput und Kapitalinput um ca. 2,6 Prozent.

Lösung zu Aufgabe 16.2-2: Zur Produktionsfunktion

(16.10a_L) $\quad x(r_1, r_2) = 5 \cdot r_1^{0,3} \cdot r_2^{0,2}$

sind die folgenden Daten gegeben:

(16.10b_L) $\quad \begin{aligned} r_1 &= 10 \qquad\quad r_2 = 20, \\ \Delta r_1 &= -0{,}2 \quad \Delta r_2 = 0{,}3 \end{aligned}$

Gesucht ist ein Näherungswert für die Differenz

(16.10c_L) $\quad \Delta x = x(9{,}8;20{,}3) - x(10;20)$.

Dieser Näherungswert kann mit Hilfe des totalen Differentials berechnet werden:

$$(16.10\text{d\_L}) \quad \Delta x \approx dx = \frac{\partial x}{\partial r_1}\Big|_{(10,20)} \Delta r_1 + \frac{\partial x}{\partial r_2}\Big|_{(10,20)} \Delta r_2$$

Mit den beiden ersten partiellen Ableitungsfunktionen

$$(16.10\text{e\_L}) \quad \frac{\partial x}{\partial r_1} = 1{,}5 \cdot r_1^{-0,7} r_2^{0,2} \qquad \frac{\partial x}{\partial r_2} = r_1^{0,3} r_2^{-0,8}$$

ergibt sich schließlich:

$$(16.10\text{f\_L}) \quad dx = 1{,}5 \cdot 10^{-0,7} \cdot 20^{0,2}(-0{,}2) + 10^{0,3} \cdot 20^{-0,8}(0{,}3) = -0{,}054$$

Antwortsatz: Der Output würde bei den gegebenen Änderungen der Produktionsfaktoren r_1 und r_2 um etwa 0,054 Einheiten sinken.

Zum Vergleich: Berechnet man die gesuchte Differenz mit Hilfe der gegebenen Produktionsfunktion mit dem Taschenrechner, so erhält man $\Delta x \approx -0{,}0559$. Die Annahme $\Delta x \approx dx$ war korrekt.

Lösung zu Aufgabe 16.2-3: Zur Kostenfunktion

$$(16.11\text{a\_L}) \quad K(x,y) = 500 + x + y + xy$$

sind hier die folgenden Daten gegeben:

$$(16.11\text{b\_L}) \quad \begin{array}{ll} x_0 = 10 & y_0 = 15 \\ \Delta x = 0{,}04 \cdot x_0 = 0{,}04 \cdot 10 = 0{,}4 & \Delta y = 0 \end{array}$$

Es ergibt sich mit Hilfe des totalen Differentials:

$$(16.11\text{c\_L}) \quad \begin{aligned} dK &= K_x\big|_{(10,15)} \cdot \Delta x + K_y\big|_{(10,15)} \cdot \Delta y \\ &= (1+y)\big|_{(10,15)} \cdot 0{,}4 + (1+x)\big|_{(10,15)} \cdot 0 \\ &= 16 \cdot 0{,}4 = 6{,}4 \end{aligned}$$

Antwortsatz: Die Kosten steigen um ca. 6,4 [GE], wenn x um 4 Prozent erhöht wird.

17. Extremwertsuche bei zwei Variablen

17.1 Beispiele, Übungsaufgaben und Lösungen

Die Suche nach lokalen Extrema bei Funktionen zweier Variabler erfolgt grundsätzlich in gleicher Weise wie bei Funktionen einer Variablen:

Mit den ersten partielle Ableitungsfunktionen sucht man zuerst nach Punkten auf der Funktionsfläche von z= f(x,y), in denen lokale Extrema liegen könnten – das sind die Punkte mit waagerechten Tangentialebenen, die so genannten stationären Stellen.

Anschließend wird mit Hilfe der zweiten partiellen Ableitungsfunktionen geklärt, ob diese Punkte tatsächlich lokale Extremwerte sind.

17.1.1 Beispiele dafür, wie es richtig gemacht wird

Beispiel 17.1-1: Ein Unternehmen stellt zwei Güter her, wobei für die Güter unterschiedliche Nachfragefunktionen gelten:

Für Gut 1 lautet die Nachfragefunktion $x = x(p_1) = 100 - 5p_1$.

(17.01)

Für Gut 2 lautet die Nachfragefunktion $y = y(p_2) = 200 - 4p_2$.

Die Gesamtkostenfunktion des Herstellers sei

(17.02) $\quad K(x, y) = x^2 + xy + y^2$.

Wie sollte das Unternehmen die Preise p_1 und p_2 für die beiden Güter festlegen, damit der Gewinn maximal wird? Welche Mengen der beiden Güter werden im Gewinnmaximum abgesetzt?

Die Lösung der Aufgabe beginnt damit, dass die Gewinnfunktion $G(p_1,p_2)$ aus den beiden Nachfragefunktionen und der Kostenfunktion gebildet wird:

$$G(p_1, p_2) = x \cdot p_1 + y \cdot p_2 - [x^2 + xy + y^2]$$

(17.03a)
$$= (100 - 5 \cdot p_1) \cdot p_1 + (200 - 4 \cdot p_2) \cdot p_2$$
$$- [(100 - 5 \cdot p_1)^2 + (100 - 5 \cdot p_1)(200 - 4 \cdot p_2) + (200 - 4 \cdot p_2)^2]$$

Es wird ausmultipliziert und zusammengefasst:

(17.03b) $\quad G(p_1, p_2) = -30p_1^2 - 20p_1p_2 - 20p_2^2 + 2100p_1 + 2200p_2 - 70000$

Die benötigten partiellen Ableitungsfunktionen (hier nicht in Indexschreibweise, sondern mit dem „partiellen d" (siehe Seite 86), werden berechnet:

(17.03c)

$$\frac{\partial G}{\partial p_1} = -60p_1 - 20p_2 + 2100 \qquad\qquad \frac{\partial G}{\partial p_2} = -20p_1 - 40p_2 + 2200$$

$$\frac{\partial^2 G}{\partial p_1^2} = -60 \qquad\qquad \frac{\partial^2 G}{\partial p_1 \partial p_2} = -20 \qquad\qquad \frac{\partial^2 G}{\partial p_2^2} = -40$$

Die ersten partiellen Ableitungsfunktionen werden gleich Null gesetzt, um die stationären Stellen der Gewinnfunktion zu ermitteln:

(17.03d)
$$-60\,p_1 - 20\,p_2 + 2100 = 0$$
$$-20\,p_1 - 40\,p_2 + 2200 = 0$$

Dies ist ein lineares Gleichungssystem, bestehend aus zwei Gleichungen mit zwei Unbekannten. Es kann mit den von der Schule bekannten Einsetz- Gleichsetz- oder Additionsmethoden gelöst werden, auch die Anwendung der CRAMER'schen Regel (siehe [51], Abschnitt 16.3) ist möglich:

(17.03e) $p_1 = 20$, $p_2 = 45$

Die Gewinnfunktion besitzt eine stationäre Stelle, sie befindet sich bei P(20,45).

Um zu prüfen, ob ein lokales Extremum vorliegt, ist die Größe D zu berechnen:

(17.03f) $D = \dfrac{\partial^2 G}{\partial p_1^2}\dfrac{\partial^2 G}{\partial p_2^2} - (\dfrac{\partial^2 G}{\partial p_1 \partial p_2})^2 = (-60)(-40) - (-20)^2 = 2000$

Es erweist sich bereits vor dem Einsetzen von P(20,45), dass der Wert von D positiv ist.

Folglich ist die stationäre Stelle P(20,45) ein lokaler Extremwert. Wegen

(17.03g) $\dfrac{\partial^2 G}{\partial p_1^2} = -60$

handelt es sich um einen Hochpunkt (lokales Maximum).

Antwortsatz: *Das Unternehmen müsste das Gut 1 zum Preis p_1=20 anbieten, das Gut 2 sollte zum Preis p_2=45 verkauft werden, um den maximalen Gewinn zu erzielen. Dieser liegt bei G_{max}=500 (wie man durch Einsetzen in (17.03b) errechnet).*

17.1.2 Aufgaben

Aufgabe 17.1-1: Ein Unternehmen, das zwei Güter mit den Ausbringungsmengen x und y herstellt, arbeite mit der Gesamtkostenfunktion

(17.04a) $K(x, y) = 2x^2 + 2xy + 2y^2 + 30$

und der Umsatzfunktion

(17.04b) $E(x, y) = 20x + 25y$.

Für welche Ausbringungsmengen wird der Gewinn maximal?

Aufgabe 17.1-2: Ein Produkt wird auf zwei räumlich getrennten Teilmärkten, in denen unterschiedliche Preis-Absatz-Funktionen gelten, angeboten. Diese Preis-Absatz-Funktionen sind:

(17.05a) $p_1 = 60 - x_1$, $p_2 = 40 - \dfrac{1}{3}x_2$

Das Unternehmen produziert für beide Teilmärkte zentral mit der Gesamtkostenfunktion

(17.05b) $K(x) = 10x + 200$,

wobei x die Gesamtmenge ist, die hergestellt wurde, also x=x_1+x_2 .

Bei getrennter Preisfixierung soll der Gewinn des Unternehmens maximiert werden. Dabei sind Transportkosten entscheidungsirrelevant.

Hinweis: Die Gewinnfunktion heißt

(17.05c) $G(x_1, x_2) = x_1 \cdot p_1 + x_2 \cdot p_2 - K(x)$.

Aufgabe 17.1-3: Ein Fahrradhersteller produziert zwei Fahrradvarianten. Die Preis-Absatz-Funktionen lauten

(17.06a)
$$p_1 = 1800 - 12{,}5x$$
$$p_2 = 2000 - 10y$$

für Variante 1 bzw. Variante 2. Die Gesamtkostenfunktion des Herstellers sei

(17.06b) $K(x, y) = 15xy + 950x + 1050y + 2500$.

Wie viele Fahrräder jeder Variante sollten hergestellt werden, damit der Gewinn des Herstellers maximal wird?

> Wenn anstelle ausführlicher Lösungen nur die Ergebnisse angegeben sind, dann findet man die ausführlichen Lösungen im Internet unter
> www.w-g-m.de/bwl-ueb.html

17.1.3 Lösungen

Lösung zu Aufgabe 17.1-1: Aus der Gesamtkostenfunktion

(17.04a_L) $K(x, y) = 2x^2 + 2xy + 2y^2 + 30$

und der Umsatzfunktion

(17.04b_L) $E(x, y) = 20x + 25y$

ergibt sich die Gewinnfunktion

(17.04c_L) $G(x, y) = 20x + 25y - [2x^2 + 2xy + 2y^2 + 30]$.

Als stationäre Stelle findet man nur x=5/2 und y=5.

Die Prüfgröße D wird positiv,

(17.04d_L) $D(x = \frac{5}{2}, y = 5) = 12$

und die dann entscheidende zweite partielle Ableitungsfunktion

(17.04e_L) $G_{xx}(x = \frac{5}{2}, y = 5) = -4$

wird negativ, folglich liegt im Punkt P(5/2,5) ein lokales Maximum vor.

Antwortsatz: Das Unternehmen muss vom Gut 1 die Menge x=2,5 und vom Gut 2 die Menge y=5 absetzen, um seinen Gewinn zu maximieren. Der maximale Gewinn liegt dann bei

(17.04f_L) $G_{max}(x = \dfrac{5}{2}, y = 5) = 57,5$.

Lösung zu Aufgabe 17.1-2: Aus den beiden Preis-Absatz-Funktionen und der Gesamt-kostenfunktion

(17.05a_L) $p_1 = 60 - x_1$, $p_2 = 40 - \dfrac{1}{3}x_2$, $K(x) = 10(x_1 + x_2) + 200$

ergibt sich die Gewinnfunktion

$$G(x_1, x_2) = x_1(60 - x_1) + x_2(40 - \frac{1}{3}x_2) - [10(x_1 + x_2) + 200]$$

(17.05b_L)

$$= -x_1^2 + 50x_1 - \frac{1}{3}x_2^2 + 30x_2 - 200$$

Es gibt eine stationäre Stelle bei x_1=25 und x_2=45. Die Prüfgröße

(17.05c_L) $D(x_1 = 25, x_2 = 45) = \dfrac{4}{3}$

wird positiv, und die entscheidende zweite partielle Ableitungsfunktion

(17.05d_L) $G_{x_1 x_1}(x_1 = 25, x_2 = 45) = -2$

wird negativ, folglich liegt im Punkt P(25,45) ein lokales Maximum vor.

Antwortsatz: Das Unternehmen muss auf dem ersten Markt 25 Einheiten und auf dem zweiten Markt 45 Einheiten absetzen, um den maximalen Gewinn von

(17.05f_L) $G_{max}(x_1 = 25, x_2 = 45) = 1100$

zu erzielen.

Lösung zu Aufgabe 17.1-3: Aus den beiden Preis-Absatz-Funktionen und der Gesamt-kostenfunktion

(17.06a_L) $\begin{aligned} &p_1 = 1800 - 12,5x, \quad p_2 = 2000 - 10y, \\ &K(x, y) = 15xy + 950x + 1050y + 2500 \end{aligned}$

ergibt sich die Gewinnfunktion nach der Formel G(x,y)=x·p_1+y·p_2−K(x,y):

(17.06b_L) $G(x, y) = 850x - 12,5x^2 + 950y - 10y^2 - 15xy - 2500$

Es gibt eine stationäre Stelle bei x = 10 und y = 40. Die Prüfgröße

(17.06c_L) $D(x = 10, y = 40) = 275$

wird positiv, und die entscheidende zweite partielle Ableitungsfunktion

(17.06d_L) $G_{xx}(x = 10, y = 40) = -25$

wird negativ, folglich liegt im Punkt P(10,40) ein lokales Maximum vor.

Antwortsatz: Von Variante 1 müssen 10 Fahrräder und von Variante 2 40 Fahrräder herge-stellt werden, um den maximalen Gewinn $G_{max}(x = 10, y = 40) = 20750$ zu realisieren.

18. Lagrange-Multiplikatoren

18.1 Beispiele, Übungsaufgaben und Lösungen

18.1.1 Beispiele dafür, wie es richtig gemacht wird

Beispiel 18.1-1: *Ein Unternehmen stellt aus zwei Produktionsfaktoren r_1 und r_2 ein Produkt her, wobei die Produktionsfunktion*

(18.01) $x = x(r_1, r_2) = 10 \cdot r_1^{0,25} \cdot r_2^{0,75}$

gelten soll.

Die Preise der Produktionsfaktoren betragen

♦ *2 Geldeinheiten [GE] für eine Mengeneinheit [ME] von r_1*

♦ *6 Geldeinheiten [GE] für eine Mengeneinheit [ME] von r_2*

Es sollen 80 ME mit minimalen Kosten produziert werden. Welche Einsatzmengen der beiden Produktionsfaktoren werden benötigt?

Lösung: Aus den Faktorpreisen lässt sich die Kostenfunktion mit

(18.02a) $K(r_1, r_2) = 2r_1 + 6r_2$

bestimmen. Damit entsteht die folgende Extremwertaufgabe mit einer Nebenbedingung in Gleichungsform

(18.02b)
$$K(r_1, r_2) = 2r_1 + 6r_2 \rightarrow \min!$$
$$x(r_1, r_2) = 10 \cdot r_1^{0,25} \cdot r_2^{0,75} = 80$$

Zur Lösung ist zuerst die Nebenbedingung so umzuformen, dass auf einer Seite eine Null erscheint:

(18.02c) $10 \cdot r_1^{0,25} \cdot r_2^{0,75} - 80 = 0$

Aus der Zielfunktion und der umgeformten Nebenbedingung kann die LAGRANGE-Funktion $L(r_1, r_2, \lambda)$ zusammengestellt werden. Ihre drei ersten partiellen Ableitungsfunktionen werden gebildet:

(18.03a) $L(r_1, r_2, \lambda) = 2r_1 + 6r_2 + \lambda[10 \cdot r_1^{0,25} \cdot r_2^{0,75} - 80]$

(18.03b)
$$\frac{\partial L}{\partial r_1} = 2 + 2,5\lambda \cdot r_1^{-0,75} \cdot r_2^{0,75}$$
$$\frac{\partial L}{\partial r_2} = 6 + 7,5\lambda \cdot r_1^{0,25} \cdot r_2^{-0,25}$$
$$\frac{\partial L}{\partial \lambda} = 10 \cdot r_1^{0,25} \cdot r_2^{0,75} - 80$$

Zur Bestimmung der stationären Stellen der LAGRANGE-Funktion sind die drei ersten partiellen Ableitungsfunktionen gleich Null zu setzen.

Damit entsteht ein nichtlineares Gleichungssystem für r_1, r_2 und λ:

$$2 + 2{,}5\lambda \cdot r_1^{-0,75} \cdot r_2^{0,75} = 0$$

(18.03c) $\quad 6 + 7{,}5\lambda \cdot r_1^{0,25} \cdot r_2^{-0,25} = 0$

$$10 \cdot r_1^{0,25} \cdot r_2^{0,75} - 80 \;= 0$$

Diesmal erweist sich folgende Vorgehensweise als zweckmäßig: Die erste Gleichung wird nach λ aufgelöst wird, und dieser Ausdruck für λ wird in die zweite Gleichung eingesetzt.

Dann ergibt sich hier eine Gleichheit von r_1 und r_2:

$$2 + 2{,}5\lambda \cdot r_1^{-0,75} \cdot r_2^{0,75} = 0 \;\rightarrow\; \lambda = -\frac{4}{5} r_1^{0,75} \cdot r_2^{-0,75}$$

(18.03d) $\qquad\qquad\qquad\qquad\qquad\qquad \downarrow$

$$6 + 7{,}5\lambda \cdot r_1^{0,25} \cdot r_2^{-0,25} = 0 \;\rightarrow\rightarrow\rightarrow\rightarrow\; 6 + 7{,}5(-\frac{4}{5} r_1^{0,75} \cdot r_2^{-0,75}) \cdot r_1^{0,25} \cdot r_2^{-0,25} = 0$$

$$r_1 = r_2$$

Damit kann in der dritten Gleichung r_2 durch r_1 ersetzt werden:

$$r_2 = r_1 \rightarrow 10 \cdot r_1^{0,25} \cdot r_1^{0,75} - 80 = 0$$

$$10 \cdot r_1^{0,25+0,75} - 80 \;= 0$$

(18.03e) $\qquad\qquad\quad 10 \cdot r_1 - 80 \quad = 0$

$$r_1 = \frac{80}{10} = 8$$

Man erhält $r_1=8$, also auch $r_2=8$. Folglich besitzt die LAGRANGE-Funktion (18.03a) nur eine stationäre Stelle $P(r_1=8, r_2=8, \lambda=-4/5)$.

Antwortsatz: *Es müssen von jedem Produktionsfaktor 8 Mengeneinheiten eingesetzt werden, um die geforderten 80 Mengeneinheiten mit minimalen Kosten herzustellen.*

Die Kosten liegen dann bei

(18.03f) $\quad K_{\min}(r_1 = 8, r_2 = 8) = 2 \cdot 8 + 6 \cdot 8 = 64 \,[\text{GE}]$

18.1.2 Aufgaben

Aufgabe 18.1-1: Gesucht ist das Maximum der Produktionsfunktion

$$(18.04) \quad x(r_1, r_2) = 2 \cdot r_1 \cdot r_2$$

unter der Bedingung, dass für den Einkauf der beiden Produktionsfaktoren genau 400 Geldeinheiten [GE] zur Verfügung stehen.

Die Faktorpreise liegen dabei bei

♦ 10 Geldeinheiten [GE] für eine Mengeneinheit [ME] von r_1

♦ 20 Geldeinheiten [GE] für eine Mengeneinheit [ME] von r_2

Aufgabe 18.1-2: Ein Unternehmen arbeitet bei der Herstellung zweier Güter mit der Gewinnfunktion

$$(18.05a) \quad G(x, y) = 16x + 10y + 2xy - 4x^2 - 2y^2 - 20 \ .$$

Dabei ist eine Kapazitätsrestriktion der Form

$$(18.05b) \quad x + y = 4$$

zu beachten.

Man bestimme das Gewinnmaximum.

Aufgabe 18.1-3: Eine Molkerei produziert Frischmilch in zwei Geschmacksrichtungen. Dabei gilt die Preis-Absatz-Funktion

$$(18.06a) \quad p(x) = 15000 - 3000x$$

für die Geschmacksrichtung 1, und

$$(18.06b) \quad p(y) = 4000 - 200y$$

für die Geschmacksrichtung 2.

Insgesamt kann die Molkerei am Tag 10 Hektoliter Fruchtmilch herstellen und absetzen.

Welche Mengen müssen von jeder Geschmacksrichtung hergestellt und abgesetzt werden, um den Tagesumsatz zu maximieren?

18.1.3 Lösungen

Wenn anstelle ausführlicher Lösungen nur die Ergebnisse angegeben sind, dann findet man die ausführlichen Lösungen im Internet unter
www.w-g-m.de/bwl-ueb.html

Lösung zu Aufgabe 18.1-1: Die mathematische Modellierung der formulierten Aufgabe führt zu folgendem Problem: Gesucht ist das Maximum der Produktionsfunktion

$$(18.04a\_L) \quad x(r_1, r_2) = 2 \cdot r_1 \cdot r_2$$

unter der Bedingung

$$(18.04b) \quad 10r_1 + 20r_2 = 400 \ .$$

Wieder sind zuerst von der LAGRANGE-Funktion

(18.04c_L) $L(r_1, r_2, \lambda) = 2r_1 r_2 + \lambda(10 r_1 + 20 r_2 - 400)$

die drei ersten partiellen Ableitungsfunktionen zu bilden

$$\frac{\partial L}{\partial r_1}(r_1, r_2, \lambda) = L_{r_1}(r_1, r_2, \lambda) = 2r_2 + 10\lambda$$

(18.04d_L) $\frac{\partial L}{\partial r_2}(r_1, r_2, \lambda) = L_{r_2}(r_1, r_2, \lambda) = 2r_1 + 20\lambda$.

$$\frac{\partial L}{\partial \lambda}(r_1, r_2, \lambda) = L_{\lambda}(r_1, r_2, \lambda) = 10 r_1 + 20 r_2 - 400$$

Damit ergibt sich zur Ermittlung der stationären Stellen das lineare Gleichungssystem

$$2r_2 + 10\lambda \qquad\qquad = 0$$

(18.04e_L) $2r_1 + 20\lambda \qquad\qquad = 0$

$$10 r_1 + 20 r_2 - 400 = 0$$

mit der Lösung

(18.04f_L) $r_1 = 20, r_2 = 10, \lambda = -2$.

Die LAGRANGE-Funktion besitzt $P(r_1 = 20, r_2 = 10, \lambda = -2)$ als einzige stationäre Stelle.

Die Produktionsfunktion wird damit für $r_1 = 20, r_2 = 10$ einen Extremwert unter der angegebenen Nebenbedingung haben, und es gilt dort

(18.04g_L) $x(r_1 = 20, r_2 = 10) = 400$.

Antwortsatz: Werden vom ersten Produktionsfaktor r_1 20 ME und vom zweiten Produktionsfaktor r_2 10 ME eingesetzt, dann wird das zur Verfügung stehende Budget vollständig verbraucht und dabei der maximale Output von x=400 ME realisiert.

Lösung zu Aufgabe 18.1-2: Die mathematische Modellierung des gestellten ökonomischen Problems führt auf folgende Aufgabe: Zu lösen ist

(18.05a_L) $G(x, y) = 16x + 10y + 2xy - 4x^2 - 2y^2 - 20 \rightarrow \max!$

unter der Bedingung

(18.05b_L) $x + y = 4$.

Zuerst sind von der LAGRANGE-Funktion

(18.05c_L) $L(x, y, \lambda) = 16x + 10y + 2xy - 4x^2 - 2y^2 - 20 + \lambda(x + y - 4)$

die drei ersten partiellen Ableitungsfunktionen zu bilden:

$$\frac{\partial L}{\partial x}(x,y,\lambda) = L_x(x,y,\lambda) = 16 + 2y - 8x + \lambda$$

(18.05d_L) $\frac{\partial L}{\partial y}(x,y,\lambda) = L_y(x,y,\lambda) = 10 + 2x - 4y + \lambda$

$$\frac{\partial L}{\partial \lambda}(x,y,\lambda) = L_\lambda(x,y,\lambda) = x + y - 4$$

Damit ergibt sich zur Ermittlung der stationären Stellen das lineare Gleichungssystem

$$16 + 2y - 8x + \lambda = 0$$

(18.05e_L) $10 + 2x - 4y + \lambda = 0$

$$x + y - 4 \qquad = 0$$

mit der Lösung

(18.05f_L) $\quad x = \dfrac{15}{8}, y = \dfrac{17}{8}, \lambda = -\dfrac{21}{4}$.

Die LAGRANGE-Funktion besitzt damit $P(x = \dfrac{15}{8}, y = \dfrac{17}{8}, \lambda = -\dfrac{21}{4})$ als einzige stationäre Stelle.

Die Gewinnfunktion wird damit für $x = \dfrac{15}{8}, y = \dfrac{17}{8}$ einen Extremwert unter der angegebenen Nebenbedingung haben, und es gilt dort

(18.05g_L) $\quad G(x = \dfrac{15}{8}, y = \dfrac{17}{8}) = \dfrac{129}{8}$.

Antwortsatz: Stellt das Unternehmen vom ersten Gut x=15/8 ME und vom zweiten Gut y=17/8 ME her, dann schöpft es die zur Verfügung stehenden Kapazitäten vollständig aus und erzielt einen Gewinn von G=129/8 GE.

Lösung zu Aufgabe 18.1-3: Bei den gegebenen Preis-Absatz-Funktionen erhält man für den Tagesumsatz

(18.06a_L)
$$E(x,y) = x \cdot p(x) + y \cdot p(y)$$
$$= x \cdot (15000 - 3000x) + y \cdot (4000 - 200y) \quad \cdot$$

Zu lösen ist damit das mathematische Problem

(18.06b_L) $E(x,y) = 15000x - 3000x^2 + 4000y - 200y^2 \rightarrow$ max!

unter der Bedingung

(18.06c_L) $x + y = 10$.

Wieder wird die LAGRANGE-Funktion aufgestellt:

(18.06d_L) $L(x, y, \lambda) = 15000x - 3000x^2 + 4000y - 200y^2 + \lambda(x + y - 10)$

Zuerst sind ihre drei ersten partiellen Ableitungsfunktionen zu bilden:

$$\frac{\partial L}{\partial x}(x, y, \lambda) = L_x(x, y, \lambda) = 15000 - 6000x + \lambda$$

(18.06e_L) $\dfrac{\partial L}{\partial y}(x, y, \lambda) = L_y(x, y, \lambda) = 4000 - 400y + \lambda$

$$\frac{\partial L}{\partial \lambda}(x, y, \lambda) = L_\lambda(x, y, \lambda) = x + y - 10$$

Damit ergibt sich das lineare Gleichungssystem

$$15000 - 6000x + \lambda = 0$$

(18.06f_L) $4000 - 400y + \lambda \quad = 0$

$$x + y - 10 \qquad\quad = 0$$

mit der Lösung

(18.06g_L) $x = \dfrac{75}{32}, y = \dfrac{245}{32}, \lambda = -\dfrac{1875}{2}$.

Antwortsatz: Die Molkerei muss in der ersten Geschmacksrichtung x=75/32 Hektoliter und in der zweiten Geschmacksrichtung y=245/32 Hektoliter Fruchtmilch herstellen, um den Tagesumsatz zu maximieren.

Sie erzielt damit den maximalen Tagesumsatz von

(18.06h_L) $E(x = \dfrac{75}{32}, y = \dfrac{245}{32}) = 37578,125$

Geldeinheiten.

19. Matrizen in der Ökonomie

19.1 Beispiele, Übungsaufgaben und Lösungen

19.1.1 Beispiele dafür, wie es richtig gemacht wird

Beispiel 19.1-1: In einem Unternehmen werden vier verschiedene Einzelteile zunächst zu drei Baugruppen und diese dann zu drei Fertigprodukten verarbeitet.

Die Matrix A beschreibt mit den Elementen a_{ik}, wie viele Einzelteile E_i zur Herstellung einer Baugruppe B_k nötig sind.

Die Elemente der Matrix B beschreiben, wie viele Baugruppen B_i zur Herstellung eines Fertigprodukts F_k benötigt werden.

$$(19.01) \qquad A = \begin{pmatrix} 5 & 2 & 3 \\ 3 & 4 & 0 \\ 2 & 3 & 5 \\ 0 & 1 & 2 \end{pmatrix} \qquad B = \begin{pmatrix} 2 & 1 & 0 \\ 3 & 2 & 3 \\ 0 & 4 & 4 \end{pmatrix}$$

Es sind folgende Fragen zu beantworten:

♦ Wie viele Einzelteile werden benötigt, um 10 Stück vom Fertigprodukt F_1, 20 Stück von F_2 und 5 Stück von F_3 herzustellen?

♦ Wie hoch ist der Materialpreis, wenn 2€ für ein Einzelteil E_1 zu entrichten sind, 3€ für ein Einzelteil E_2, 1€ für ein Einzelteil E_3 und 5€ für ein Einzelteil E_4?

Lösung zu a): Mit dem Produkt A·B wird eine Matrix C bestimmt, deren Elemente C_{ik} beschreiben, wie viele Einzelteile E_i für ein Fertigprodukt F_k benötigt werden (Bild 19.01).

Multipliziert man C anschließend mit einem Spaltenvektor (d. h. einer Matrix mit einer Spalte), dessen Koordinaten die gewünschten Stückzahlen der Fertigprodukte F_i sind (Bild 19.02), dann erhält man einen Vektor, dessen Koordinaten die benötigte Anzahl von Einzelteilen sind.

Antwortsatz zu Aufgabe a): Es werden 670 Stück vom Einzelteil E_1, 460 Stück vom Einzelteil E_2, 835 Stück vom Einzelteil E_3 und 285 Stück von E_4 benötigt.

A			2	1	0	B
			3	2	3	
			0	4	4	
5	2	3	16	21	18	C
3	4	0	18	11	12	
2	3	5	13	28	29	
0	1	2	3	10	11	

Bild 19.01: Berechnung der Matrix C

			10
Stückzahlen der Fertigprodukte			20
			5
16	21	18	670
18	11	12	460
13	28	29	835
3	10	11	285

Bild 19.02: Multiplikation mit den gewünschten Stückzahlen

Zu b): Mit dem Spaltenvektor der Stückzahlen

$$(19.02) \quad \vec{v} = \begin{pmatrix} 670 \\ 460 \\ 835 \\ 285 \end{pmatrix}$$

und dem Spaltenvektor der Preise für jedes Einzelteil

$$(19.03) \quad \vec{p} = \begin{pmatrix} 2 \\ 3 \\ 1 \\ 5 \end{pmatrix}$$

kann der Materialpreis über das so genannte Skalarprodukt $\vec{v}^T \cdot \vec{p}$ *bestimmt werden:*

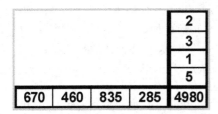

	2
	3
	1
	5
670	460	835	285	4980

Bild 19.03: Berechnung des Materialpreises

Antwortsatz zu b): *Für das geforderte Produktionsprogramm von 10 Stück vom Fertigprodukt F_1, 20 Stück von F_2 und 5 Stück von F_3 ergibt sich ein Materialpreis von 4980 €.*

19.1.2 Aufgaben

Aufgabe 19.1-1: Ein Unternehmen stellt aus vier Rohstoffen vier Zwischenprodukte her, aus denen drei Baugruppen gefertigt werden.

Diese drei Baugruppen werden dann in der Endmontage zu drei Endprodukten zusammengesetzt.

Für die einzelnen Fertigungsstufen sind die Verbrauchsnormen für je ein herzustellendes Produkt in den Matrizen

$$(19.04) \quad A = \begin{pmatrix} 1 & 3 & 2 & 1 \\ 2 & 1 & 0 & 2 \\ 1 & 1 & 3 & 1 \\ 2 & 0 & 1 & 2 \end{pmatrix} \quad B = \begin{pmatrix} 2 & 1 & 2 \\ 3 & 2 & 1 \\ 1 & 2 & 2 \\ 3 & 3 & 1 \end{pmatrix} \quad C = \begin{pmatrix} 2 & 1 & 1 \\ 1 & 3 & 1 \\ 2 & 2 & 3 \end{pmatrix}$$

enthalten. Das heißt,

♦ jedes Element a_{ik} beschreibt, wie viele Einheiten vom Rohstoff R_i zur Herstellung einer Einheit des Zwischenproduktes Z_k benötigt werden

♦ jedes Element b_{ik} beschreibt, wie viele Einheiten vom Zwischenprodukt Z_i zur Herstellung einer Einheit der Baugruppe B_k benötigt werden

♦ jedes Element c_{ik} beschreibt, wie viele Einheiten der Baugruppe B_i zur Herstellung einer Einheit des Endproduktes E_k benötigt werden

a) Es sollen von jedem Endprodukt 200 Einheiten hergestellt werden sowie als Ersatzteile jeweils 50 Einheiten von jedem Zwischenprodukt. Welche Rohstoffmengen werden dafür benötigt?

b) Welche Materialkosten entstehen, wenn die Rohstoffpreise pro Einheit für R_1 15€, für R_2 20€, für R_3 10€ und für R_4 10€ betragen?

Aufgabe 19.1-2: Ein Betrieb der chemischen Industrie stellt in vier Abteilungen A_1, A_2, A_3 und A_4 jeweils ein Erzeugnis her.

Mit p_i werde die insgesamt vom Erzeugnis E_i hergestellte Menge, der Durchsatz oder die Gesamterzeugung bezeichnet. Ein Teil davon wird im Betrieb zur Herstellung anderer Erzeugnisse verwendet.

Die Matrix V, die so genannte Eigenverbrauchsmatrix, gibt in (19.05a) an, wie viele Einheiten des Erzeugnisses E_i zur Herstellung einer Einheit des Erzeugnisses E_k benötigt werden.

Der Betrieb wendet zur Herstellung der vier Erzeugnisse drei Rohstoffe R_1, R_2 und R_3, dazu Energie E und Lohn L auf. Die Aufwendungen sind dem Durchsatz proportional. Die Matrix der Aufwendungen A in (19.05a) enthält den Aufwand je Einheit der Erzeugnisse.

$$(19.05a) \quad V = \begin{pmatrix} 0 & 0,2 & 0,1 & 0,3 \\ 0 & 0 & 0,2 & 0,5 \\ 0 & 0 & 0 & 0 \\ 0 & 0,4 & 0 & 0 \end{pmatrix} \quad A = \begin{pmatrix} 2 & 0 & 0 & 0 \\ 2 & 3 & 1 & 4 \\ 0 & 2 & 0 & 5 \\ 10 & 30 & 20 & 50 \\ 2 & 2 & 3 & 2 \end{pmatrix}$$

a) Berechnen Sie die benötigten Aufwendungen bei einer Gesamterzeugung von

(19.05b) $\vec{p} = (400 \quad 300 \quad 200 \quad 200)^T$

Erzeugniseinheiten. Wie groß ist die mögliche abzusetzende Produktion $\vec{y}$ bei dieser Gesamterzeugung?

Hinweis: Die abzusetzende Produktion ist gleich der Differenz zwischen Gesamterzeugung und Eigenverbrauch:

(19.05c) $\vec{y} = \vec{p} - V \cdot \vec{p}$

b) Wie groß ist die Gesamterzeugung bei einer geplanten abzusetzenden Produktion

(19.05d) $\vec{x} = (100 \quad 200 \quad 300 \quad 300)^T$?

Wie groß sind die benötigten Aufwendungen?

Hinweis: Die abzusetzende Produktion ist jetzt vorgegeben, also ergibt sich aus (19.05c) die Beziehung

(19.05e) $\vec{x} = \vec{p} - V \cdot \vec{p}$

Gemäß den Regeln der Matrizenrechnung kann der gemeinsame Rechtsfaktor in Minuend und Subtrahend nach rechts ausgeklammert werden:

(19.05f)
$$\vec{x} = \vec{p} - V \cdot \vec{p} = E \cdot \vec{p} - V \cdot \vec{p}$$
$$\vec{x} = (E - V) \cdot \vec{p}$$

Wenn die quadratische Differenz-Matrix E–V eine Inverse $(E-V)^{-1}$ besitzt, dann können beide Seiten der unteren Gleichung in (19.16f) von links mit dieser Inversen multipliziert werden:

$$(E - V)^{-1} \cdot | \quad \vec{x} = (E - V) \cdot \vec{p}$$
(19.05g) $$(E - V)^{-1} \cdot \vec{x} = (E - V)^{-1} (E - V) \cdot \vec{p}$$
$$(E - V)^{-1} \cdot \vec{x} = \vec{p}$$

Damit würde sich der gesuchte Vektor der Gesamterzeugung $\vec{p}$ über eine einfache Matrizenmultiplikation ergeben.

Behauptung: Die Matrix

(19.05h) $B = \begin{pmatrix} 1 & 0,4 & 0,18 & 0,5 \\ 0 & 1,25 & 0,25 & 0,625 \\ 0 & 0 & 1 & 0 \\ 0 & 0,5 & 0,1 & 1,25 \end{pmatrix}$

ist invers zu (E–V).

Beweisen Sie zuerst diese Behauptung und nutzen Sie danach die Matrix B gemäß Formel (19.05g) zur Lösung der Teilaufgabe b).

> Wenn anstelle ausführlicher Lösungen nur die Ergebnisse angegeben sind, dann findet man die ausführlichen Lösungen im Internet unter
> **www.w-g-m.de/bwl-ueb.html**

19.1.3 Lösungen

Lösung zu Aufgabe 19.1-1: Unter Verwendung der Verbrauchsmatrizen A, B und C für die einzelnen Produktionsstufen wird mit dem Produkt A·B·C die Gesamtverbrauchsmatrix V bestimmt:

$$(19.04a\_L) \quad V = A \cdot B \cdot C = \begin{pmatrix} 66 & 78 & 60 \\ 50 & 57 & 44 \\ 54 & 67 & 53 \\ 48 & 57 & 45 \end{pmatrix}$$

Mit dieser Gesamtverbrauchsmatrix lässt sich zuerst die Rohstoffmenge ermitteln, die zur Herstellung von je 200 Einheiten jedes Endproduktes nötig ist.

Dazu muss die Gesamtverbrauchsmatrix V mit dem Vektor

$$(19.04b\_L) \quad \vec{p} = \begin{pmatrix} 200 \\ 200 \\ 200 \end{pmatrix}$$

der angestrebten Produktionsmengen multipliziert werden. Mit dem Schema von FALK ergibt sich:

$$(19.04c\_L) \quad \vec{R}_{Endprodukte} = \begin{pmatrix} 66 & 78 & 60 \\ 50 & 57 & 44 \\ 54 & 67 & 53 \\ 48 & 57 & 45 \end{pmatrix} \cdot \begin{pmatrix} 200 \\ 200 \\ 200 \end{pmatrix} = \begin{pmatrix} 40800 \\ 30200 \\ 34800 \\ 30000 \end{pmatrix}$$

Noch ist die Aufgabe aber nicht gelöst – es werden zusätzliche Rohstoffmengen für die jeweils 50 Einheiten an Zwischenprodukten benötigt.

Um diese zu ermitteln, muss die Matrix A mit dem entsprechenden Vektor multipliziert werden:

$$(19.04d\_L) \quad \vec{R}_{Zwischenprodukte} = \begin{pmatrix} 1 & 3 & 2 & 1 \\ 2 & 1 & 0 & 2 \\ 1 & 1 & 3 & 1 \\ 2 & 0 & 1 & 2 \end{pmatrix} \cdot \begin{pmatrix} 50 \\ 50 \\ 50 \\ 50 \end{pmatrix} = \begin{pmatrix} 350 \\ 250 \\ 300 \\ 250 \end{pmatrix}$$

Somit ergibt sich der Gesamtbedarf an Rohstoffen aus der Summe:

$$(19.04e\_L) \quad \vec{R}_{Gesamt} = \vec{R}_{Endprodukte} + \vec{R}_{Zwischenprodukte} = \begin{pmatrix} 40800 \\ 30200 \\ 34800 \\ 30000 \end{pmatrix} + \begin{pmatrix} 350 \\ 250 \\ 300 \\ 250 \end{pmatrix} = \begin{pmatrix} 41150 \\ 30450 \\ 35100 \\ 30250 \end{pmatrix}$$

Antwortsatz zu Teilaufgabe a) : Für die beabsichtigte Menge an End- und Zwischenprodukten werden 41500 Einheiten von Rohstoff 1, 30450 Einheiten von Rohstoff 2, 35100 Einheiten von Rohstoff 3 und 30250 Einheiten von Rohstoff 4 benötigt.

Lösung der Teilaufgabe b): Die Preise für die Rohstoffe können in einem Vektor zusammengefasst werden:

$$(19.04f\_L) \quad \vec{y} = \begin{pmatrix} 15 \\ 20 \\ 10 \\ 10 \end{pmatrix}$$

Multipliziert man jetzt die benötigten Rohstoffmengen, die im Vektor $\vec{R}_{Gesamt}$ enthalten sind, von links der Transponierten des Vektors $\vec{y}$, so erhält man die Materialkosten:

$$(19.04g\_L) \quad \vec{K}_{Material} = \vec{y}^T \cdot \vec{R}_{Gesamt} = \begin{pmatrix} 41150 \\ 30450 \\ 35100 \\ 30250 \end{pmatrix}^T \begin{pmatrix} 15 \\ 20 \\ 10 \\ 10 \end{pmatrix} = 1879750$$

Antwortsatz zu Teilaufgabe b): Es werden 1.879.750€ an Materialkosten vorzusehen sein, wenn von jedem Endprodukt 200 Einheiten und zusätzlich von jedem Zwischenprodukt noch einmal 50 Einheiten hergestellt werden sollen.

Lösung zu Aufgabe 19.1-2: Betrachten wir zuerst die Lösung der Teilaufgabe a):

Die benötigten Aufwendungen lassen sich über das Produkt aus Matrix der Aufwendungen und Vektor der Erzeugniseinheiten berechnen:

$$(19.05a\_L) \quad \vec{a} = A \cdot \vec{p} = \begin{pmatrix} 2 & 0 & 0 & 0 \\ 2 & 3 & 1 & 4 \\ 0 & 2 & 0 & 5 \\ 10 & 30 & 20 & 50 \\ 2 & 2 & 3 & 2 \end{pmatrix} \cdot \begin{pmatrix} 400 \\ 300 \\ 200 \\ 200 \end{pmatrix} = \begin{pmatrix} 800 \\ 2700 \\ 1600 \\ 27000 \\ 2400 \end{pmatrix}$$

Zur Bestimmung der abzusetzenden Produktion ist die Differenz zwischen Gesamterzeugung und Eigenbedarf zu bilden:

$$(19.05b\_L) \quad \vec{y} = \vec{p} - V \cdot \vec{p} = \begin{pmatrix} 400 \\ 300 \\ 200 \\ 200 \end{pmatrix} - \begin{pmatrix} 0 & 0{,}2 & 0{,}1 & 0{,}3 \\ 0 & 0 & 0{,}2 & 0{,}5 \\ 0 & 0 & 0 & 0 \\ 0 & 0{,}4 & 0 & 0 \end{pmatrix} \cdot \begin{pmatrix} 400 \\ 300 \\ 200 \\ 200 \end{pmatrix} = \begin{pmatrix} 260 \\ 160 \\ 200 \\ 80 \end{pmatrix}$$

Antwortsatz zu Teilaufgabe a): Die benötigten Aufwendungen ergeben sich zu 800, 2700 bzw. 1600 Einheiten der Rohstoffe R_1, R_2 und R_3 sowie 27000 Einheiten Energie und 2400 Einheiten Lohn. Die mögliche abzusetzende Produktion bei dieser Gesamterzeugung beträgt 260, 160, 200 bzw. 80 Einheiten der Erzeugnisse E_1 bis E_4.

Nun zur *Lösung der der Teilaufgabe b)*:

Zuerst wird die auf Seite 222 ausgesprochene Behauptung überprüft:

$$B \cdot (E - V) = \begin{pmatrix} 1 & 0{,}4 & 0{,}18 & 0{,}5 \\ 0 & 1{,}25 & 0{,}25 & 0{,}625 \\ 0 & 0 & 1 & 0 \\ 0 & 0{,}5 & 0{,}1 & 1{,}25 \end{pmatrix} \cdot \begin{pmatrix} 1 & -0{,}2 & -0{,}1 & -0{,}3 \\ 0 & 1 & -0{,}2 & -0{,}5 \\ 0 & 0 & 1 & 0 \\ 0 & -0{,}4 & 0 & 1 \end{pmatrix} = \begin{pmatrix} 1 & 0 & 0 & 0 \\ 0 & 1 & 0 & 0 \\ 0 & 0 & 1 & 0 \\ 0 & 0 & 0 & 1 \end{pmatrix} = E$$

$$(E - V) \cdot B = \begin{pmatrix} 1 & -0{,}2 & -0{,}1 & -0{,}3 \\ 0 & 1 & -0{,}2 & -0{,}5 \\ 0 & 0 & 1 & 0 \\ 0 & -0{,}4 & 0 & 1 \end{pmatrix} \cdot \begin{pmatrix} 1 & 0{,}4 & 0{,}18 & 0{,}5 \\ 0 & 1{,}25 & 0{,}25 & 0{,}625 \\ 0 & 0 & 1 & 0 \\ 0 & 0{,}5 & 0{,}1 & 1{,}25 \end{pmatrix} = \begin{pmatrix} 1 & 0 & 0 & 0 \\ 0 & 1 & 0 & 0 \\ 0 & 0 & 1 & 0 \\ 0 & 0 & 0 & 1 \end{pmatrix} = E$$

Es gelten in der Tat die beiden Beziehungen

$$(19.05c\_L) \quad B \cdot (E - V) = (E - V) \cdot B = E \ .$$

Also ist

$$(19.05d\_L) \quad B = (E - V)^{-1}$$

und die Formel (19.05f) von Seite 222 kann zur Anwendung kommen:

$$(19.05e\_L) \quad \vec{p} = (E - V)^{-1} \cdot \vec{x} = B \cdot \vec{x} = \begin{pmatrix} 1 & 0{,}4 & 0{,}18 & 0{,}5 \\ 0 & 1{,}25 & 0{,}25 & 0{,}625 \\ 0 & 0 & 1 & 0 \\ 0 & 0{,}5 & 0{,}1 & 1{,}25 \end{pmatrix} \cdot \begin{pmatrix} 100 \\ 200 \\ 300 \\ 300 \end{pmatrix} = \begin{pmatrix} 344 \\ 512{,}5 \\ 300 \\ 505 \end{pmatrix}$$

Damit ist die notwendige Gesamterzeugung bei der geplanten abzusetzenden Produktion von 100 Einheiten des Erzeugnis E_1, 200 Einheiten E_2 und je 300 Einheiten von E_3 und E_4 ausgerechnet worden.

Erster Antwortsatz zu Teilaufgabe b): Um das vorgegebene Produktionsergebnis trotz des vorhandenen Eigenbedarfs zu erzielen, müssen 344 Einheiten von E_1, 512,5 Einheiten von E_2, 300 Einheiten von E_3 und 505 Einheiten von E_4 erzeugt werden.

Abschließend muss in Teilaufgabe b) noch ermittelt werden, wie groß die benötigten Aufwendungen in diesem Fall werden.

Dazu ist wieder das Produkt aus der Matrix der Aufwendungen und dem Vektor der Erzeugniseinheiten zu bilden:

$$(19.05f\_L) \quad \vec{a} = A \cdot \vec{p} = \begin{pmatrix} 2 & 0 & 0 & 0 \\ 2 & 3 & 1 & 4 \\ 0 & 2 & 0 & 5 \\ 10 & 30 & 20 & 50 \\ 2 & 2 & 3 & 2 \end{pmatrix} \cdot \begin{pmatrix} 344 \\ 512,5 \\ 300 \\ 505 \end{pmatrix} = \begin{pmatrix} 688 \\ 4545,5 \\ 3550 \\ 50065 \\ 3623 \end{pmatrix}$$

Zweiter Antwortsatz zu Teilaufgabe b): Die benötigten Aufwendungen ergeben sich zu 688, 4545,5 bzw. 3550 Einheiten der Rohstoffe R_1, R_2 und R_3 sowie 50065 Einheiten Energie und 3623 Einheiten Lohn.

20. Anwendungen von linearen Gleichungssystemen

20.1 Beispiele, Übungsaufgaben und Lösungen

20.1.1 Beispiele dafür, wie es richtig gemacht wird

Beispiel 20.1-1: *Fünf Filialen einer Autoreparaturkette bestellen während einer Woche jeweils fünf Ersatzteile im Zentrallager in unterschiedlichen Mengen.*

Die bestellten Mengen sowie die entstehenden Gesamtkosten (in Euro) sind in der Tabelle 20.1 enthalten.

	bestellte Mengen in Stück vom Erzeugnis					Gesamtkosten
	E_1	E_2	E_3	E_4	E_5	
Filiale 1	1	1	1	1	1	15
Filiale 2	1	2	3	4	5	35
Filiale 3	1	3	6	10	15	70
Filiale 4	1	4	10	20	35	126
Filiale 5	1	5	15	35	70	210

Tabelle 20.1: Bestellmengen und Kosten

Gesucht sind die zugrunde liegenden Preise der einzelnen Ersatzteile.

Lösung: *Bezeichnet man mit p_i den Preis für das Ersatzteil E_i (i=1,...,5) so ergibt sich aus der Aufgabenstellung das folgende lineare Gleichungssystem:*

$$
\begin{aligned}
p_1 + p_2 + p_3 + p_4 + p_5 &= 15 \\
p_1 + 2p_2 + 3p_3 + 4p_4 + 5p_5 &= 35 \\
p_1 + 3p_2 + 6p_3 + 10p_4 + 15p_5 &= 70 \\
p_1 + 4p_2 + 10p_3 + 20p_4 + 35p_5 &= 126 \\
p_1 + 5p_2 + 15p_3 + 35p_4 + 70p_5 &= 210
\end{aligned}
$$

(20.01)

Es handelt sich hier um ein quadratisches lineares Gleichungssystem.

Quadratische lineare Gleichungssysteme können entweder keine oder genau eine oder unendlich viele Lösungen besitzen.

p_1	p_2	p_3	p_4	p_5	=	
1	1	1	1	1	15	(-1) (-1) (-1) (-1)
1	2	3	4	5	35	+
1	3	6	10	15	70	+
1	4	10	20	35	126	+
1	5	15	35	70	210	+
0	1	2	3	4	20	(-2) (-3) (-4)
0	2	5	9	14	55	+
0	3	9	19	34	111	+
0	4	14	34	69	195	+
0	0	1	3	6	15	(-3) (-6)
0	0	3	10	22	51	+
0	0	6	22	53	115	+
0	0	0	1	4	6	(-4)
0	0	0	4	17	25	+
0	0	0	0	1	1	

Bild 20.01: GAUSS-Elimination ohne Widerspruch und ohne vollständige Nullzeile

p_1	p_2	p_3	p_4	p_5	=
1	1	1	1	1	15
0	1	2	3	4	20
0	0	1	3	6	15
0	0	0	1	4	6
0	0	0	0	1	1

Bild 20.02: GAUSS-Zusammenstellung

Bild 20.01 lässt erkennen, dass während der GAUSS-Elimination weder Widerspruchszeilen noch vollständige Nullzeilen auftreten.

Diagnose: *Die GAUSS-Zusammenstellung (Bild 20.02), bestehend aus den jeweils obersten Zeilen des GAUSS-Eliminationsschemas sowie der Endzeile, enthält fünf Zeilen für die fünf Unbekannten. Das lineare Gleichungssystem (20.01) besitzt* genau eine Lösung.

Oder mit den Vokabeln aus der Welt der Matrizen: Unter allen Unbekannten befindet sich eine obere Dreiecksmatrix: Das lineare Gleichungssystem (20.01) besitzt genau eine Lösung.

Nun werden die Werte der Unbekannten aus der GAUSS-Zusammenstellung durch Rückrechnung von unten nach oben ermittelt:

(20.02) $p_5 = 1 \Rightarrow p_4 = 2 \Rightarrow p_3 = 3 \Rightarrow p_2 = 4 \Rightarrow p_1 = 5$

Antwortsatz: *Das Ersatzteil E_1 wurde zum Preis von 5 € pro Stück, Ersatzteil E_2 wurde zum Preis von 4 € pro Stück, Ersatzteil E_3 wurde zum Preis von 3 € pro Stück, Ersatzteil E_4 wurde zum Preis von 2 € pro Stück und Ersatzteil E_5 wurde zum Preis von 1 € pro Stück bestellt.*

Beispiel 20.1-2: Eine Sozialeinrichtung möchte eine Spende von 600€ zum Kauf von Büchern verwenden. Dabei sollen genau 30 Bücher gekauft werden, die zu Preisen von 30 €, 24 € und 18 € angeboten werden.

Welche Möglichkeiten für den Kauf dieser 30 Bücher gibt es, wenn von jedem Buch mindestens ein Exemplar gekauft werden soll?

Lösung: *Mit x_1 wird die Anzahl der gekauften Bücher zum Preis von 30 € bezeichnet, mit x_2 die Anzahl der Bücher zum Preis von 24 € und mit x_3 die Anzahl der Bücher zum Preis von 18 €.*

Damit ergibt sich das lineare Gleichungssystem

$$(20.03) \quad \begin{aligned} x_1 + \; x_2 + \; x_3 &= 30 \\ 30x_1 + 24x_2 + 18x_3 &= 600 \end{aligned} \;.$$

Bereits jetzt ist ersichtlich: Dieses Gleichungssystem besteht aus zwei Gleichungen für drei Unbekannte – es kann also nur keine oder unendlich viele Lösungen besitzen.

Eine eindeutige Lösung der Aufgabe kann es folglich nicht geben.

Betrachten wir die GAUSS-Elimination:

x_1	x_2	x_3	=	
1	1	1	30	(-30)
30	24	18	600	+
0	-6	-12	-300	

Bild 20.03: GAUSS-Elimination ohne Widerspruchszeile

Es ergab sich keine Widerspruchszeile, also besitzt das Gleichungssystem (20.03) unendlich viele Lösungen. Sie müssen nun geeignet beschrieben werden (denn unendlich viele Lösungen kann niemand aufschreiben):

Die erste Zeile des oberen Schemas und die Schlusszeile werden zur GAUSS-Zusammenstellung:

x_1	x_2	x_3	=
1	1	1	30
0	-6	-12	-300

Bild 20.04: GAUSS-Zusammenstellung

Da sich unter x_1 und x_2 eine obere (2,2)-Dreiecksmatrix befindet, wird x_3 als frei wählbar festgelegt:

$$(20.04) \quad x_3 = \lambda$$

Die Rückrechnung von unten nach oben liefert dann:

$$(20.05) \quad \begin{aligned} x_2 &= 50 - 2\lambda \\ x_1 &= -20 + \lambda \end{aligned}$$

Nun lassen sich die (vorerst) unendlich vielen Lösungen des linearen Gleichungssystems (20.03) in Vektorschreibweise angeben:

$$(20.06) \quad \begin{pmatrix} x_1 \\ x_2 \\ x_3 \end{pmatrix} = \begin{pmatrix} -20 \\ 50 \\ 0 \end{pmatrix} + \lambda \begin{pmatrix} 1 \\ -2 \\ 1 \end{pmatrix} \qquad \lambda \in \Re$$

Man beachte jedoch, dass damit die gestellte Aufgabe nicht gelöst ist: Denn die verbal gestellte Aufgabe enthielt noch den wichtigen Nebensatz

..., wenn von jedem Buch mindestens ein Exemplar gekauft werden soll.

Das bedeutet aber, als dass sowohl x_1 als auch x_2 als auch x_3 größer als Null werden müssen.

x_1 wird offenbar größer als Null, wenn λ (gleichbedeutend mit x_3) größer als 20 ist. Dagegen wird x_2 größer als Null, wenn λ kleiner als 25 ist.

Folglich gilt für λ die Ungleichung

$$(20.07) \quad 21 \le \lambda \le 24$$

Natürlich kommen nur ganzzahlige Werte infrage. Damit wird die (theoretisch) unendliche Menge von Lösungen des linearen Gleichungssystems sehr stark eingeschränkt auf die verbleibenden möglichen vier Lösungen:

$$(20.08) \quad \begin{aligned} \lambda &= 21 \rightarrow x_1 = 1, \; x_2 = 8, x_3 = 21 \\ \lambda &= 22 \rightarrow x_1 = 2, x_2 = 6, x_3 = 22 \\ \lambda &= 23 \rightarrow x_1 = 3, \; x_2 = 4, x_3 = 23 \\ \lambda &= 24 \rightarrow x_1 = 4, \; x_2 = 2, x_3 = 24 \end{aligned}$$

Anwortsatz: Es können von den verfügbaren 600 € entweder 1/8/21 oder 2/6/22 oder 3/4/23 oder 4/2/24 Bücher der Preiskategorien 1, 2 und 3 gekauft werden.

20.1.2 Aufgaben

Aufgabe 20.1-1: In einem Unternehmen mit einem Hauptbetrieb und vier Hilfsbetrieben K_1, K_2, K_3 und K_4 bestehen gewisse Leistungsströme unter den Hilfsbetrieben, die in Tabelle 20.2 dargestellt sind.

Daneben sei bekannt, dass

♦ K_1, K_2, K_3 und K_4 primäre Kosten von 9, 117, 28 und 51 GE aufweisen

und

♦ Gesamtleistungen von 20, 40, 20 und 10 LE (Leistungseinheiten) erbringen.

Wie hoch sind die Verrechnungspreise der Hilfsbetriebe?

	Empfang durch K_1	Empfang durch K_2	Empfang durch K_3	Empfang durch K_4
Lieferung durch K_1	0	1	0	1
Lieferung durch K_2	1	0	0	0
Lieferung durch K_3	1	1	0	4
Lieferung durch K_4	1	0	2	0

Tabelle 20.2: Leistungsströme

Hinweis: Bezeichnet man mit p_1, p_2, p_3 und p_4 die gesuchten Verrechnungspreise und stützt sich auf die Beziehung

primäre Kosten + sekundäre Kosten = Wert der produzierten Leistung,

so erhält man das lineare Gleichungssystem (20.09) zur Bestimmung der Verrechnungspreise:

$$
\begin{aligned}
\text{für } K_1: &\quad 9 \qquad\; + p_2 + p_3 + p_4 = 20 p_1 \\
\text{für } K_2: &\; 117 + p_1 \qquad\;\; + p_3 \qquad\;\; = 40 p_2 \\
\text{für } K_3: &\quad 28 \qquad\qquad\qquad\; + 2 p_4 = 20 p_3 \\
\text{für } K_4: &\quad 51 + p_1 \qquad + 4 p_3 \qquad\;\; = 10 p_4
\end{aligned}
$$

(20.09)

Untersuchen Sie dieses Gleichungssystem hinsichtlich seiner Lösbarkeit und geben Sie im Falle eindeutiger Lösbarkeit die Lösung an.

Formulieren Sie einen der Problemstellung angemessenen *Antwortsatz*.

Aufgabe 20.1-2: Ein Betrieb stellt die Erzeugnisse E_1, E_2 und E_3 her, die auf den Maschinen M_1, M_2 und M_3 bearbeitet werden müssen.

Der Tabelle 20.3 ist zu entnehmen, wie viele Stunden auf jeder Maschine benötigt werden, um eine Einheit des Erzeugnisses E_i ($i=1,2,3$) herzustellen:

Wie viele Einheiten eines jeden Erzeugnisses können produziert werden, wenn auf jeder Maschine genau 120 Stunden gearbeitet wird?

	E_1	E_2	E_3
M_1	3	2	3
M_2	2	0	5
M_3	1	2	4

Tabelle 20.3: Maschinenstunden

Aufgabe 20.1-3: Für die Herstellung von drei Erzeugnissen benötigt ein Betrieb zwei verschiedene Materialarten.

Der Materialverbrauch je Einheit und die zur Verfügung stehenden Materialfonds sind der Tabelle 20.4 zu entnehmen.

Wie viele Einheiten sind von den einzelnen Erzeugnissen herzustellen, damit das gesamte Material verbraucht wird?

Erzeugnis E_2 ist derzeit schlecht absetzbar. Geben Sie eine konkrete Lösung des Problems an, bei der die herzustellende Menge des Erzeugnisses E_2 Null ist.

	Materialverbrauch je Einheit			
	E_1	E_2	E_3	Materialfonds (in ME)
Material M_1	3	6	8	640
Material M_2	7	5	4	490

Tabelle 20.4: Materialverbrauch und Materialfonds

Aufgabe 20.1-4: Aus vier Rohstoffen werden in einem Unternehmen vier Erzeugnisse hergestellt. Dabei stehen die benötigten Rohstoffe nur begrenzt zur Verfügung und müssen auch vollständig verbraucht werden.

Die benötigten Einheiten an den einzelnen Rohstoffen zur Herstellung von jeweils einer Einheit der Erzeugnisse sowie die zur Verfügung stehenden Rohstoffmengen sind der Tabelle 20.5 zu entnehmen.

Wie viele Einheiten der Erzeugnisse können produziert werden?

	benötigte Menge je Einheit				
	E_1	E_2	E_3	E_4	zur Verfügung stehende Menge
Rohstoff 1	2	5	4	1	20
Rohstoff 2	1	3	2	1	11
Rohstoff 3	2	10	9	7	40
Rohstoff 4	3	8	9	2	37

Tabelle 20.5: Rohstoffbedarf und Rohstoffmengen

20.1.3 Lösungen

> Wenn anstelle ausführlicher Lösungen nur die Ergebnisse angegeben sind, dann findet man die ausführlichen Lösungen im Internet unter
> www.w-g-m.de/bwl-ueb.html

Lösung zu Aufgabe 20.1-1: Bild 20.05 zeigt das lineare Gleichungssystem (20.09) von Seite 231 in Tableau-Form.

Soll die Basisversion des GAUSSschen Algorithmus zur Anwendung kommen, dann empfiehlt sich eine Vertauschung der Zeilen, um die Rechnung einfacher durchführen zu können. Da *vier Gleichungen mit vier Unbekannten* vorliegen, kann es *keine, genau eine* oder *unendlich viele* Lösungen geben.

p_1	p_2	p_3	p_4	=
20	-1	-1	-1	9
-1	40	-1	0	117
0	0	20	-2	28
-1	0	-4	10	51

Bild 20.05: Lineares Gleichungssystem zu (20.09) von Seite 231

p_1	p_2	p_3	p_4	=	
-1	0	-4	10	51	(-1) (20) (0)
-1	40	-1	0	117	+
20	-1	-1	-1	9	
0	0	20	-2	28	+
0	40	3	-10	66	
0	-1	-81	199	1029	
0	0	20	-2	28	

Bild 20.06: Zeilenvertauschung für bequemere Rechnung und erster GAUSS-Schritt

Vor dem Weiterrechnen empfiehlt sich wiederum eine *Zeilenvertauschung*:

p_1	p_2	p_3	p_4	=	
0	-1	-81	199	1029	(40) (0)
0	40	3	-10	66	
0	0	20	-2	28	+
0	0	-3237	7950	41226	
0	0	20	-2	28	

Bild 20.07: Weitere GAUSS-Rechnung

Trotz der entstehenden großen Zahlen findet man (Einzelheiten können im Internet verglichen werden) schließlich eine eindeutige Lösung: $p_1=1$, $p_2=3$, $p_3=2$ und $p_4=6$.

Antwortsatz: Der Hilfsbetrieb K_1 arbeitet mit einem Verrechnungspreis $p_1=1$ GE/LE, der Hilfsbetrieb K_2 arbeitet mit einem Verrechnungspreis $p_2=3$ GE/LE, der Hilfsbetrieb K_3 arbeitet mit einem Verrechnungspreis $p_3=2$ GE/LE und der Hilfsbetrieb K_4 arbeitet mit einem Verrechnungspreis $p_4=6$ GE/LE.

Lösung zu Aufgabe 20.1-2: Mit x_i werden die produzierten Einheiten von Erzeugnis E_i bezeichnet (i=1,2,3).

Bilanziert man jetzt die benötigten Zeiten und die zur Verfügung stehenden Zeiten für jede Maschine, dann erhält man ein lineares Gleichungssystem von *drei Gleichungen für drei Unbekannte*, das nach einer Zeilenvertauschung mit dem GAUSSschen Algorithmus gelöst werden kann (Bild 20.08).

x_1	x_2	x_3	=	
3	2	3	120	
2	0	5	120	
1	2	4	120	
x_1	x_2	x_3	=	
1	2	4	120	(-2) (-3)
2	0	5	120	+
3	2	3	120	+
0	-4	-3	-120	(-1)
0	-4	-9	-240	+
0	0	-6	-120	
x_1	x_2	x_3	=	
1	2	4	120	
0	-4	-3	-120	
0	0	-6	-120	

Bild 20.08: Gleichungssystem, GAUSS-Elimination und GAUSS-Zusammenstellung

Da das Start-Tableau aus drei Zeilen für die drei Unbekannten besteht, kann das lineare Gleichungssystem *keine* oder *genau eine* oder *unendlich viele* Lösungen besitzen.

> Weil die GAUSS-Zusammenstellung jedoch genauso viele Zeilen wie Unbekannte hat, gibt es genau eine Lösung.

Sie wird durch Rückrechnung von unten nach oben in der GAUSS-Zusammenstellung erhalten: $x_1=10$, $x_2=15$ und $x_3=20$

Antwortsatz: Von Erzeugnis E_1 müssen 10 Einheiten, von Erzeugnis E_2 15 Einheiten und von Erzeugnis E_3 20 Einheiten hergestellt werden.

Lösung zu Aufgabe 20.1-3: Mit x_i werden die produzierten Einheiten von Erzeugnis E_i bezeichnet (i=1,2,3). Bilanziert man die benötigten Mengen für jede Materialart, so ergibt sich ein unterbestimmtes lineares Gleichungssystem mit zwei Gleichungen für drei Unbekannte, das folglich nur entweder keine Lösung oder unendlich viele Lösungen haben kann:

$$(20.09a\_L) \quad \begin{aligned} 3x_1 + 6x_2 + 8x_3 &= 640 \\ 7x_1 + 5x_2 + 4x_3 &= 490 \end{aligned}$$

Soll auch dieses Gleichungssystem mit der Basisversion des GAUSSschen Algorithmus gelöst werden, dann erweisen sich hier Zeilen- und Spaltentausch für bequeme Rechnung als günstig.

Die GAUSS-Zusammenstellung besteht aus zwei Zeilen für drei Unbekannte, folglich besitzt das lineare Gleichungssystem (20.09a_L) unendlich viele Lösungen.

x_3	x_2	x_1	=	
4	5	7	490	(-2)
8	6	3	640	+
0	-4	-11	-340	

x_3	x_2	x_1	=
4	5	7	490
0	-4	-11	-340

Bild 20.09: GAUSS-Elimination und GAUSS-Zusammenstellung

Wird x_1 als frei wählbar festgelegt, ergibt sich aus der Rückwärtsrechnung die folgende (vorerst akademische) Lösung:

$$(20.09b\_L) \quad \begin{pmatrix} x_1 \\ x_2 \\ x_3 \end{pmatrix} = \begin{pmatrix} 0 \\ 85 \\ \frac{65}{4} \end{pmatrix} + \lambda \begin{pmatrix} 1 \\ -1\frac{1}{4} \\ \frac{27}{16} \end{pmatrix} \qquad \lambda \in \Re$$

Aus ökonomischen Gründen ergibt sich aber die selbstverständliche Forderung, dass alle drei Unbekannten nichtnegativ sein müssen: $x_1 \geq 0$, $x_2 \geq 0$ und $x_3 \geq 0$. Damit reduziert sich der für λ wählbare Bereich:

$$(20.09c\_L) \quad \begin{pmatrix} x_1 \\ x_2 \\ x_3 \end{pmatrix} = \begin{pmatrix} 0 \\ 85 \\ 65/4 \end{pmatrix} + \lambda \begin{pmatrix} 1 \\ -11/4 \\ 27/16 \end{pmatrix} \quad 0 \leq \lambda \leq \frac{340}{11}$$

Soll die herzustellende Menge von E_2 gleich Null sein, dann muss gelten: $x_1 = 340/11$ und $x_3 = 1505/22$.

Lösung zu Aufgabe 20.1-4: Mit x_i werden die produzierten Einheiten von Erzeugnis E_i bezeichnet ($i = 1,2,3,4$). Bilanziert man die benötigten Rohstoffmengen, so ergibt sich das quadratische lineare Gleichungssystem

$$(20.10a\_L) \quad \begin{aligned} 2x_1 + 5x_2 + 4x_3 + x_4 &= 20 \\ x_1 + 3x_2 + 2x_3 + x_4 &= 11 \\ 2x_1 + 10x_2 + 9x_3 + 7x_4 &= 40 \\ 3x_1 + 8x_2 + 9x_3 + 2x_4 &= 37 \end{aligned}$$

mit der eindeutigen Lösung

$$(20.10b\_L) \quad x_1 = 1, x_2 = 2, x_3 = 2, x_4 = 0$$

Antwortsatz: Vom Erzeugnis E_1 wird eine Einheit produziert, von E_2 und E_3 je 2 Einheiten, und wenn von E_4 nicht produziert wird, werden die verfügbaren Rohstoffmengen vollständig verbraucht.

Teil III

Lineare Optimierung

21. Lineare Optimierung - Rechnerische Lösung

21.1 Das Simplex-Verfahren für Standard-Maximum-Probleme

Mit dem Simplex-Verfahren können *Standard-Maximum-Probleme der linearen Optimierung* sofort bearbeitet werden – damit wird ihre *Lösbarkeit oder Unlösbarkeit* festgestellt und im Falle der Lösbarkeit die optimale (maximale) Lösung ermittelt.

21.1.1 Beispiele dafür, wie es richtig gemacht wird

Beispiel 21.1-1: *Zu lösen ist das lineare Optimierungsproblem*

$$z = f(x, y) = 2x + 3y = \max!$$

bei

(21.01)
$$
\begin{aligned}
2x + 4y &\leq 16 \\
2x + \ y &\leq 10 \\
4x \quad\ &\leq 20
\end{aligned}
$$

und

$$x \geq 0, y \geq 0$$

Bemerkung: *Das zu lösende Problem ist ein* Standard-Maximum-Problem der linearen Optimierung, *denn alle vier Voraussetzungen aus Abschnitt 17.1.2 des Lehrbuches [51] sind erfüllt*:

- *es ist eine lineare Zielfunktion zu maximieren (V1)*
- *alle Nebenbedingungen haben die Kleiner-Gleich-Form (V2)*
- *die rechten Seiten aller Nebenbedingungen sind nicht negativ (V3)*
- *für alle Problemvariablen gilt die Nichtnegativitätsforderung (V4)*

Damit kann zur Lösung das Simplex-Verfahren eingesetzt werden.

Zunächst wird das Ungleichungs-System der Nebenbedingungen *durch Einführung von Schlupfvariablen in ein lineares* Gleichungssystem *überführt*:

$$z = f(x, y) = 2x + 3y = \max!$$

bei

(21.02)
$$
\begin{aligned}
2x + 4y + y_1 &= 16 \\
2x + \ y + y_2 &= 10 \\
4x \quad + y_3 &= 20
\end{aligned}
$$

und

$$x \geq 0, y \geq 0$$
$$y_1 \geq 0, y_2 \geq 0, y_3 \geq 0$$

Jetzt kann das Startschema für das Simplex-Verfahren *aufgestellt werden – die* Schlupfvariablen *werden links eingetragen, die* Problemvariablen *in der Kopfzeile, und in der –z-Zeile erscheinen die* Koeffizienten der Zielfunktion mit umgekehrtem Vorzeichen:

	x	y	=
-z	-2	-3	0
y_1	2	4	16
y_2	2	1	10
y_3	4	0	20

Bild 21.01: Startschema des Simplex-Verfahrens

Die Spalte mit der kleinsten negativen Zahl in der –z-Zeile *wird* Pivotspalte, *die erlaubten
Quotienten werden gebildet:*

	x	y	=	
-z	-2	-3	0	
y_1	2	4	16	16/4=4
y_2	2	1	10	10/1=10
y_3	4	0	20	

Bild 21.02: Bestimmung von Pivotspalte und Pivotzeile

Die Zeile mit dem kleinsten erlaubten Quotienten *wird dann zur* Pivotzeile.

Damit ist im Schnittpunkt von Pivotspalte und Pivotzeile *das* Pivotelement *für den ersten
Austausch-Schritt gefunden:*

	x	y	=	
-z	-2	-3	0	
y_1	2	**4**	16	16/4=4
y_2	2	1	10	10/1=10
y_3	4	0	20	

Bild 21.03: Gefundenes Pivotelement

Nun kann der erste Austausch-Schritt nach den Austauschregeln *aus Abschnitt 17.3 des Lehrbuches [51] erfolgen.*

*Zur Vorbereitung wird zuerst ein leeres Schema mit veränderter Kopfzeile und erster Spalte auf-
geschrieben:*

	x	y	=
-z	-2	-3	0
y_1	2	**4**	16
y_2	2	1	10
y_3	4	0	20

	x	y_1	=
-z			
y			
y_2			
y_3			

Bild 21.04a: Altes und neues Schema

Das neue Pivotelement *ergibt sich aus dem Reziprokwert des alten Pivotelements:*

	x	y	=
-z	-2	-3	0
y_1	2	**4**	16
y_2	2	1	10
y_3	4	0	20

	x	y_1	=
-z			
y		1/4	
y_2			
y_3			

Bild 21.04b: Neues Pivotelement

Der Rest der neuen Pivotzeile *ergibt sich aus der alten Pivotzeile durch das alte Pivotelement:*

	x	y	=
-z	-2	-3	0
y_1	2	**4**	16
y_2	2	1	10
y_3	4	0	20

	x	y_1	=
-z			
y	1/2	1/4	4
y_2			
y_3			

Bild 21.04c: Neue Pivotzeile

Die neue Pivotzeile *wird als* Kellerzeile *an das alte Schema angefügt, wobei unter dem alten Pivotelement ein Stern eingetragen wird:*

	x	y	=
-z	-2	-3	0
y_1	2	**4**	16
y_2	2	1	10
y_3	4	0	20
K	1/2	*	4

	x	y_1	=
-z			
y	1/2	1/4	4
y_2			
y_3			

Bild 21.04d: Kellerzeile am alten Schema

Der Rest der neuen Pivotspalte *ergibt sich aus der alten Pivotspalte durch das alte Pivotelement mit Vorzeichenwechsel:*

	x	y	=
-z	-2	-3	0
y_1	2	**4**	16
y_2	2	1	10
y_3	4	0	20
K	1/2	*	4

	x	y_1	=
-z		3/4	
y	1/2	1/4	4
y_2		- 1/4	
y_3		0	

Bild 21.04e: Neue Pivotspalte

Schließlich wird das neue Schema nach der Rechteckregel *ausgefüllt:*

Jedes Element im neuen Schema ergibt sich aus dem negativen Produkt des zugehörigen Elements der Kellerzeile mit dem zugehörigen Element über dem Stern plus dem alten Element:

	x	y	=
-z	-2	-3	0
y₁	2	4	16
y₂	2	1	10
y₃	4	0	20
K	1/2	*	4

	x	y₁	=
-z	- 1/2	3/4	12
y	1/2	1/4	4
y₂	3/2	- 1/4	6
y₃	4	0	20

Bild 21.04f: Ausgefülltes neues Schema

Kommen wir zur Diagnose: *Die –z-Zeile enthält noch negative Einträge, also ist die Rechnung* noch nicht beendet, *es ist ein weiterer Schritt vorzubereiten.*

Dazu werden wiederum zuerst die Pivotspalte und – mit Hilfe der erlaubten Quotienten – die Pivotzeile festgelegt:

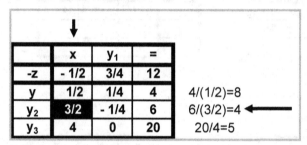

	x	y₁	=	
-z	- 1/2	3/4	12	
y	1/2	1/4	4	4/(1/2)=8
y₂	3/2	- 1/4	6	6/(3/2)=4 ←
y₃	4	0	20	20/4=5

Bild 21.05a: Pivotelement für den nächsten Austausch-Schritt

Bild 21.05b zeigt das Ergebnis des zweiten Austausch-Schrittes:

	x	y₁	=
-z	- 1/2	3/4	12
y	1/2	1/4	4
y₂	3/2	- 1/4	6
y₃	4	0	20
K	*	-1/6	4

	y₂	y₁	=
-z	1/3	2/3	14
y	-1/3	1/3	2
x	2/3	-1/6	4
y₃	-8/3	2/3	4

Bild 21.05b: Zweiter Austausch-Schritt

Diagnose: *Nun befindet sich in der –z-Zeile kein negativer Eintrag mehr. Das Simplex-Verfahren* ist beendet. Es wurde eine *optimale Lösung gefunden.*

Wie wird die optimale Lösung aus dem End-Schema abgelesen?

Die in der Kopfzeile stehenden Variablen werden gleich Null gesetzt, die in der linken Spalte stehenden Variablen erhalten die Werte, die unter dem Gleichheitszeichen stehen:

(21.03)

$$y_1 = 0, y_2 = 0$$
$$y = 2$$
$$x = 4$$
$$y_3 = 4$$

Den optimalen Zielfunktionswert *kann man erhalten, indem die gefundenen optimalen Problemvariablen x und y in die Zielfunktion eingesetzt werden:*

(21.04) $z_{max} = f(x = 4, y = 2) = 2 \cdot 4 + 3 \cdot 2 = 14$

Einfacher dagegen ist es, den optimalen Zielfunktionswert z_{max}=14 sofort in der –z-Zeile unter dem Gleichheitszeichen abzulesen.

Beispiel 21.1-2: *Zu lösen ist das lineare Optimierungsproblem*

$$z = f(x_1, x_2, x_3) = 2x_1 + 3x_2 + 4x_3 = \text{max!}$$
$$bei$$
$$x_1 + 2x_2 + 3x_3 \leq 54$$
(21.05) $$3x_1 + x_2 + 4x_3 \leq 77$$
$$2x_1 + x_2 + 2x_3 \leq 54$$
$$und$$
$$x_1 \geq 0, x_2 \geq 0, x_3 \geq 0$$

Bemerkung: *Im Gegensatz zum vorigen Beispiel, das als Sonderfall mit nur zwei Problemvariablen* auch grafisch gelöst werden könnte (siehe dazu die Ausführungen im folgenden Kapitel), ist bei der Aufgabe (21.05) *wegen dreier Problemvariablen ein grafische Lösung nicht mehr möglich.*

Hier kann nur die rechnerische Lösung *zur Anwendung kommen.*

Da die vier Voraussetzungen (V1) bis (V4) eines Standard-Maximum-Problems *erfüllt sind, kann sofort mit dem Simplex-Verfahren begonnen werden.*

Zuerst muss das Ungleichungssystem der Nebenbedingungen durch Einfügen von Schlupfvariablen in ein Gleichungssystem der Nebenbedingungen *überführt werden:*

$$z = f(x_1, x_2, x_3) = 2x_1 + 3x_2 + 4x_3 = \text{max!}$$
$$bei$$
$$x_1 + 2x_2 + 3x_3 + y_1 = 54$$
(21.06) $$3x_1 + x_2 + 4x_3 + y_2 = 77$$
$$2x_1 + x_2 + 2x_3 + y_3 = 54$$
$$und$$
$$x_1 \geq 0, x_2 \geq 0, x_3 \geq 0$$
$$y_1 \geq 0, y_2 \geq 0, y_3 \geq 0$$

Damit gelangt man zum Startschema, *in dem zuerst die* Pivotspalte *und dann – nach Betrachtung der erlaubten Quotienten – auch die* Pivotzeile *gefunden wird. Im Schnittpunkt von Pivotspalte und Pivotzeile ergibt sich dann das Pivotelement für den ersten Austausch-Schritt:*

	x_1	x_2	x_3	=	
-z	-2	-3	-4	0	
y_1	1	2	3	54	=54/3=18
y_2	3	1	4	77	=77/4=19,25
y_3	2	1	2	54	=54/2=27

Bild 21.06a: Startschema mit Pivotspalte, mit erlaubten Quotienten und Pivotzeile

Nach dem ersten Austausch-Schritt finden sich in der –z-Zeile noch zwei negative Einträge, also endet das Simplex-Verfahren noch nicht:

	x_1	x_2	x_3	=
-z	-2	-3	-4	0
y_1	1	2	3	54
y_2	3	1	4	77
y_3	2	1	2	54
K	1/3	2/3	*	18

	x_1	x_2	y_1	=
-z	-2/3	-1/3	4/3	72
x_3	1/3	2/3	1/3	18
y_2	5/3	-5/3	-4/3	5
y_3	4/3	-1/3	-2/3	18

Bild 21.06b: Erster Austausch-Schritt

Nach Festlegung des nächsten Pivotelements und einem weiteren Austausch-Schritt zeigt sich, dass immer noch ein negativer Eintrag in der –z-Zeile zu sehen ist:

	x_1	x_2	y_1	=
-z	-2/3	-1/3	4/3	72
x_3	1/3	2/3	1/3	18
y_2	5/3	-5/3	-4/3	5
y_3	4/3	-1/3	-2/3	18
K	*	-1	-4/5	3

	y_2	x_2	y_1	=
-z	2/5	-1	4/5	74
x_3	-1/5	1	3/5	17
x_1	3/5	-1	-4/5	3
y_3	-4/5	1	2/5	14

Bild 21.06c: Zweiter Austausch-Schritt

Auch nach dem dritten Austausch-Schritt findet sich in der –z-Zeile noch ein weiterer negativer Eintrag:

	y_2	x_2	y_1	=
-z	2/5	-1	4/5	74
x_3	-1/5	1	3/5	17
x_1	3/5	-1	-4/5	3
y_3	-4/5	1	2/5	14
K	-4/5	*	2/5	14

	y_2	y_3	y_1	=
-z	-2/5	1	6/5	88
x_3	3/5	-1	1/5	3
x_1	-1/5	1	-2/5	17
x_2	-4/5	1	2/5	14

Bild 21.06d: Dritter Austausch-Schritt

Erst nach dem vierten Austausch-Schritt kommt das Simplex-Verfahren schließlich zum Ende:

	y_2	y_3	y_1	=
-z	-2/5	1	6/5	88
x_3	3/5	-1	1/5	3
x_1	-1/5	1	-2/5	17
x_2	-4/5	1	2/5	14
K	*	-5/3	1/3	5

	x_3	y_3	y_1	=
-z	2/3	1/3	4/3	90
y_2	5/3	-5/3	1/3	5
x_1	1/3	2/3	-1/3	18
x_2	4/3	-1/3	2/3	18

Bild 21.06e: Letzter Austausch-Schritt

Die optimale Lösung wird nun wieder so abgelesen, dass die Variablen der Kopfzeile *gleich Null gesetzt werden, die Werte der anderen Variablen finden sich unter dem Gleichheitszeichen:*

$$x_3 = y_2 = y_1 = 0$$
$$y_2 = 5$$
(21.07)
$$x_1 = 18$$
$$x_2 = 18$$

Den optimalen Zielfunktionswert kann man in der –z-Zeile unter dem Gleichheitszeichen ablesen: $z_{max}=90$. *Man kann ihn aber auch* durch Einsetzen in die Zielfunktion *erhalten:*

(21.08) $z_{\max} = f(x_1 = 18, x_2 = 18, x_3 = 0) = 2 \cdot 18 + 3 \cdot 18 + 4 \cdot 0 = 90$

21.1.2 Aufgaben

Aufgabe 21.1-1: Mit dem Simplex-Verfahren bestimme man die Optimal-Lösung des folgenden Standard-Maximum-Problems:

$$z = f(x_1, x_2) = x_1 + 3x_2 = \text{max!}$$
$$bei$$
$$2x_1 + 3x_2 \le 18$$
(21.09)
$$x_1 + x_2 \le 8$$
$$x_1 + 4x_2 \le 16$$
$$und$$
$$x_1 \ge 0, x_2 \ge 0$$

Aufgabe 21.1-2: Mit dem Simplex-Verfahren bestimme man die Optimal-Lösung des folgenden Standard-Maximum-Problems:

$$z = f(x_1, x_2) = 5x_1 + 3x_2 = \text{max!}$$
$$bei$$
$$x_1 + x_2 \le 14$$
(21.10)
$$4x_1 + 9x_2 \le 81$$
$$x_1 \le 11$$
$$und$$
$$x_1 \ge 0, x_2 \ge 0$$

Aufgabe 21.1-3: Mit dem Simplex-Verfahren bestimme man die Optimal-Lösung des folgenden Standard-Maximum-Problems:

$$z = f(x_1, x_2, x_3, x_4) = 17x_1 + 9x_2 + 20x_3 + 8x_4 = \text{max!}$$

$$bei$$

(21.11)
$$2x_1 + 3x_2 + 4x_3 + 4x_4 \le 87$$
$$x_1 + x_2 + 5x_3 + 2x_4 \le 55$$
$$3x_1 + x_2 + 2x_3 + x_4 \le 61$$

$$und$$

$$x_1 \ge 0, x_2 \ge 0, x_3 \ge 0, x_4 \ge 0$$

> Wenn anstelle ausführlicher Lösungen nur die Ergebnisse angegeben sind, dann findet man die ausführlichen Lösungen im Internet unter
> **www.w-g-m.de/bwl-ueb.html**

21.1.3 Lösungen

Lösung zur Aufgabe 21.1-1:

(21.09_L)
$$x_1 = \frac{24}{5}, x_2 = \frac{14}{5}$$

$$z_{max} = f(x_1 = \frac{24}{5}, x_2 = \frac{14}{5}) = \frac{24}{5} + 3 \cdot \frac{14}{5} = \frac{66}{5}$$

Lösung zur Aufgabe 21.1-2:

(21.10_L)
$$x_1 = 11, x_2 = 3$$
$$z_{max} = f(x_1 = 11, x_2 = 3) = 5 \cdot 11 + 3 \cdot 3 = 64$$

Lösung zur Aufgabe 21.1-3:

(21.11_L)
$$x_1 = 12, x_2 = 13, x_3 = 6, x_4 = 0$$
$$z_{max} = f(x_1 = 12, x_2 = 13, x_3 = 6, x_4 = 0)$$
$$= 17 \cdot 12 + 9 \cdot 13 + 20 \cdot 6 + 8 \cdot 0$$
$$= 441$$

21.2 Mathematische Modellierung und Lösung mit dem Simplex-Verfahren

Während bisher in diesem Kapitel stets sofort von einer gegebenen Zielfunktion in mathematischer Form und den explizit in Ungleichungsform aufgeschriebenen Nebenbedingungen ausgegangen werden konnte, gestalten sich Aufgaben der Praxis wesentlich anspruchsvoller.

> Denn Aufgaben der Praxis sind grundsätzlich *verbal* gegeben, und eine nicht zu unterschätzende Schwierigkeit besteht darin, aus der Aufgabenstellung erst einmal zum so genannten *mathematischen Modell* zu kommen.

Es kommt folglich darauf an, durch geeignete Variablenwahl und mathematisch korrekte Umsetzung der Textinformationen ein *Modell* abzuleiten, das dann mit bekannten Techniken gelöst werden kann.

21.2.1 Beispiele dafür, wie es richtig gemacht wird

Beispiel 21.2-1: *Zwei Produkte P_1 und P_2 werden aus drei Einzelteilen E_1, E_2 und E_3 zusammengesetzt. Die Anzahl der Einzelteile, die zur Fertigung einer Einheit von P_1 und P_2 benötigt werden, sowie die verfügbaren Mengen von E_1 und E_2 sind aus der folgenden Tabelle ersichtlich:*

	P_1	P_2	Gesamtmenge
E_1	1	2	80
E_2	1	1	60
E_3	4	5	400

Bild 21.07: Bedarf und Verfügbarkeit

Der pro Stück erzielte Gewinn beträgt 10 € für eine Einheit vom Produkt P_1 und 15 € für eine Einheit von P_2.

Gesucht ist derjenige Produktionsplan, der den größtmöglichen Gewinn *realisiert.*

Mathematische Modellierung: *Sie beginnt damit, dass zuerst die Problemvariablen mit ihren Namen und ihrer Bedeutung festgelegt werden: So bezeichne x_1 die (bisher unbekannte) Anzahl der vom Produkt P_1 herzustellenden Einheiten und x_2 die Anzahl der vom Produkt P_2 herzustellenden Einheiten.*

Dann ist das verfolgte Ziel der Gewinnmaximierung durch die Funktion

$$(21.12a) \quad z = f(x_1, x_2) = 10x_1 + 15x_2 = \max!$$

beschrieben.

Da die benötigten Einzelteile E_1, E_2 und E_3 nicht unbegrenzt zur Verfügung stehen, ergeben sich die Nebenbedingungen *aus den in der Tabelle enthaltenen Zahlen:*

$$
\begin{aligned}
x_1 + 2x_2 &\leq 80 \\
(21.12b) \quad x_1 + x_2 &\leq 60 \\
4x_1 + 5x_2 &\leq 400
\end{aligned}
$$

Ökonomisch sinnvolle *Lösungen garantieren dann die so genannten* Nichtnegativitätsbedingungen:

$$(21.12c) \quad x_1 \geq 0, x_2 \geq 0$$

Damit kann das vollständige mathematische Modell der Aufgabenstellung *aufgeschrieben werden:*

$$z = f(x_1, x_2) = 10x_1 + 15x_2 = \text{max!}$$

$$bei$$

(21.12d)
$$x_1 + 2x_2 \leq 80$$

$$x_1 + x_2 \leq 60$$

$$4x_1 + 5x_2 \leq 400$$

$$und$$

$$x_1 \geq 0, x_2 \geq 0$$

Wiederum liegt ein hiermit Standard-Maximum-Problem *vor, denn*

♦ *es ist eine lineare Zielfunktion zu maximieren (V1)*

♦ *alle Nebenbedingungen haben die Kleiner-Gleich-Form (V2)*

♦ *die rechten Seiten aller Nebenbedingungen sind nicht negativ (V3)*

♦ *für alle Problemvariablen gilt die Nichtnegativitätsforderung (V4)*

Nach Einführung von Schlupfvariablen *und* Herstellung des *Startschemas kann deshalb sofort mit der Rechnung nach den Regeln des Simplex-Verfahrens begonnen werden.*

	x_1	x_2	=
-z	-10	-15	0
y_1	1	2	80
y_2	1	1	60
y_3	4	5	400
K	1/2	*	40

	x_1	y_1	=
-z	-5/2	15/2	600
x_2	1/2	1/2	40
y_2	1/2	-1/2	20
y_3	3/2	-5/2	200

Bild 21.08a: *Erster Austausch-Schritt*

	x_1	y_1	=
-z	-5/2	15/2	600
x_2	1/2	1/2	40
y_2	1/2	-1/2	20
y_3	3/2	-5/2	200
K	*	-1	40

	y_2	y_1	=
-z	5	5	700
x_2	-1	1	20
x_1	2	-1	40
y_3	-3	-1	140

Bild 21.08b: *Zweiter (und letzter) Austausch-Schritt*

Die optimale Lösung (vorerst in der Sprache der Mathematik *formuliert) lautet:*

$$x_1 = 40$$

$$x_2 = 20$$

(21.12e)
$$z_{\text{max}} = f(x_1 = 40, x_2 = 20)$$

$$= 10 \cdot 40 + 15 \cdot 20$$

$$= 700$$

> *Man beachte jedoch, dass das Problem* verbal *formuliert wurde – also muss auch die Lösung des Problems* in Worten *wiedergegeben werden:*

Lösung: *Wenn vom Produkt P_1 40 Einheiten und vom Produkt P_2 20 Einheiten hergestellt werden, wird der größtmögliche Gewinn von 700 € erzielt. Dabei werden die Einzelteile E_1 und E_2 völlig verbraucht, von E_3 bleiben 140 Teile übrig.*

Beispiel 21.2-2: *In einem Betrieb wurde die Produktion einer verlustbringenden Produktion eingestellt. Die dadurch in beträchtlichem Ausmaß freigesetzte Produktionskapazität soll für drei neue Produkte verwendet werden. Die folgende Tabelle zeigt die Verfügbarkeit der Maschinen:*

Maschinentyp	Verfügbare Kapazität (Maschinenstunden pro Woche)
Fräsmaschine	500
Drehbank	350
Schleifbank	150

Bild 21.09a: Verfügbare Kapazitäten

Die Zahl der Stunden, die zur Herstellung von je einer Einheit der neuen Produkte benötigt wird, ist in der folgenden Übersicht zusammen gestellt:

Maschinentyp	Produkt 1 (in Maschinenstunden pro Einheit)	Produkt 2 (in Maschinenstunden pro Einheit)	Produkt 3 (in Maschinenstunden pro Einheit)
Fräsmaschine	9	3	5
Drehbank	5	4	0
Schleifbank	3	0	2

Bild 21.09b: Zeitbedarf für die neuen Produkte

Die Verkaufsabteilung erwartet, dass das Absatzpotenzial der Produkte 1 und 2 die maximale Produktionsrate übertreffen wird, von Produkt 3 könnten maximal 20 Einheit pro Woche abgesetzt werden. Der Gewinn pro Einheit beträgt für die Produkte 1, 2 und 3 (in GE) 30, 12 bzw. 15.

Wie viele Einheiten eines jeden Produktes soll der Betrieb fertigen, wenn er seinen Gewinn maximieren will?

Mathematische Modellierung: *Die Anzahl der herzustellenden Einheiten von Produkt P_1 werden mit x_1 bezeichnet, x_2 beschreibt dann die Anzahl der herzustellenden Einheiten von P_2 und entsprechend wird mit x_3 die Anzahl der Einheiten von P_3 bezeichnet.*

Der erzielte Gewinn soll maximal *werden. Daraus ergibt sich sofort die Zielfunktion:*

(21.13a) $z = f(x_1, x_2, x_3) = 30x_1 + 12x_2 + 15x_3 = \text{max!}$

Da die Kapazitäten der benötigten Maschinen begrenzt sind, ergeben sich aus den beiden Tabellen von Bild 21.09a und Bild 21.09b die zu beachtenden Nebenbedingungen:

$$9x_1 + 3x_2 + 5x_3 \leq 500$$

(21.13b) $$5x_1 + 4x_2 \qquad \leq 350$$

$$3x_1 \qquad + 2x_3 \leq 150$$

Aus der weiter im Text enthaltenen Absatzbeschränkung *für das Produkt P₃ erhält man zusätzlich noch die Bedingung*

(21.13c) $x_3 \leq 20$

Ökonomisch sinnvolle Lösungen werden durch die Nichtnegativitätsbedingungen

(21.13d) $x_1 \geq 0, x_2 \geq 0, x_3 \geq 0$

garantiert.

Das entstehende mathematische Modell, wiederum ein Standard-Maximum-Problem der linearen Optimierung, ergibt sich aus der Zusammenfassung von Zielfunktion, Nebenbedingungen und Nichtnegativitätsforderungen:

$$z = f(x_1, x_2, x_3) = 30x_1 + 12x_2 + 15x_3 = \max!$$
$$bei$$
$$9x_1 + 3x_2 + 5x_3 \leq 500$$
$$5x_1 + 4x_2 \qquad \leq 350$$
(21.13e)
$$3x_1 \qquad + 2x_3 \leq 150$$
$$x_3 \leq 20$$
$$und$$
$$x_1 \geq 0, x_2 \geq 0, x_3 \geq 0$$

Da, wie schon erwähnt, die vier Voraussetzungen V1 bis V4 für ein Standard-Maximumproblem erfüllt sind, kann nach Einfügen von vier Schlupfvariablen y_1 bis y_4 sofort das Startschema des Simplex-Verfahrens *aufgeschrieben werden,*

Mit der gefundenen Pivotspalte und – nach Betrachtung der erlaubten Quotienten – der Pivotzeile wird das erste Pivotelement bestimmt und der erste Austausch-Schritt kann erfolgen:

	x_1	x_2	x_3	=
-z	-30	-12	-15	0
y_1	9	3	5	500
y_2	5	4	0	350
y_3	3	0	2	150
y_4	0	0	1	20
K	*	0	2/3	50

	y_3	x_2	x_3	=
-z	10	-12	5	1500
y_1	-3	3	-1	50
y_2	-5/3	4	-10/3	100
x_1	1/3	0	2/3	50
y_4	0	0	1	20

Bild 21.10a: Startschema, Pivotelement und Ergebnis des ersten Austausch-Schrittes

In der –z-Zeile befindet sich noch ein negativer Wert, also ist ein weiterer Austausch-Versuch nötig. Dieser Versuch kann auch misslingen, wenn sich zwar eine Pivotspalte findet, aber keine erlaubten Quotienten möglich sind. In diesem Fall wäre das Problem nicht lösbar.

Das triff jedoch hier nicht zu, also kann ein weiterer Austausch-Schritt durchgeführt werden:

	y_3	x_2	x_3	=
-z	10	-12	5	1500
y_1	-3	3	-1	50
y_2	-5/3	4	-10/3	100
x_1	1/3	0	2/3	50
y_4	0	0	1	20
K	-1	*	-1/3	50/3

	y_3	y_1	x_3	=
-z	-2	4	1	1700
x_2	-1	1/3	-1/3	50/3
y_2	7/3	4/3	-2	100/3
x_1	1/3	0	2/3	50
y_4	0	0	1	20

Bild 21.10b: Zweiter Austausch-Schritt

Wiederum findet sich nach erfolgtem Austausch in der –z-Zeile ein negativer Eintrag, damit ist erneut eine Pivotspalte festgelegt, und weil es auch weiterhin erlaubte Quotienten gibt, kann erneut ausgetauscht werden:

	y_3	y_1	x_3	=
-z	-2	4	1	1700
x_2	-1	1/3	-1/3	50/3
y_2	7/3	4/3	-2	100/3
x_1	1/3	0	2/3	50
y_4	0	0	1	20
K	*	4/7	-6/7	100/7

	y_2	y_1	x_3	=
-z	6/7	36/7	-5/7	12100/7
x_2	3/7	19/21	-25/21	650/21
y_3	3/7	4/7	-6/7	100/7
x_1	-1/7	-4/21	20/21	950/21
y_4	0	0	1	20

Bild 21.10c: Dritter Austausch-Schritt

Erst ein weiterer Austausch-Schritt führt schließlich zum End-Schema:

	y_2	y_1	x_3	=
-z	6/7	36/7	-5/7	12100/7
x_2	3/7	19/21	-25/21	650/21
y_3	3/7	4/7	-6/7	100/7
x_1	-1/7	-4/21	20/21	950/21
y_4	0	0	1	20
K	0	0	*	20

	y_2	y_1	y_4	=
-z	6/7	36/7	5/7	12200/7
x_2	3/7	19/21	25/21	1150/21
y_3	3/7	4/7	6/7	220/7
x_1	-1/7	-4/21	-20/21	550/21
x_3	0	0	1	20

Bild 21.10d: Letzter Austausch-Schritt

In der –z-Zeile stehen keine negativen Werte mehr, also ist das Optimum erreicht. Die in der Kopfzeile stehenden Variablen werden gleich Null gesetzt, die Werte für die links stehenden Variablen werden unter dem Gleichheitszeichen abgelesen:

$$y_2 = y_1 = y_4 = 0$$

(21.13f) $\quad x_1 = \dfrac{550}{21} \qquad x_2 = \dfrac{1150}{21} \qquad x_3 = 20$

$$y_3 = \dfrac{220}{7}$$

Von Interesse sind natürlich nur die erhaltenen Zahlenwerte der drei Problemvariablen x_1, x_2 und x_3, deshalb werden diese in Dezimalzahlen umgeformt:

$$x_1 = \frac{550}{21} = 26{,}19$$

(21.13g) $$x_2 = \frac{1150}{21} = 54{,}76$$

$$x_3 = 20$$

Den Optimalwert der Zielfunktion kann man im End-Schema in der –z-Zeile unter dem Gleichheitszeichen ablesen:

(21.13h) $$z_{max} = \frac{12200}{7} = 1742{,}86$$

Man beachte jedoch, dass mit dem Aufschreiben der Zahlenwerte für die mathematischen Symbole x_1, x_2, x_3 und z_{max} die Aufgabe keinesfalls gelöst ist. Die Aufgabe war in Worten formuliert, also muss sie auch mit den Vokabeln des Auftraggebers beantwortet werden:

> *Werden vom Produkt P_1 26,19 Einheiten hergestellt und von den Produkten P_2 und P_3 54,76 bzw. 20 Einheiten, dann führt das zu einem Gewinn von 1742,86 GE.*

Bemerkung: *Die Angabe von Teilen von Einheiten muss nicht grundsätzlich sinnlos sein – man denke nur an 1 Einheit = 1 Tonne. Sind jedoch tatsächlich nur ganzzahlige Lösungen sinnvoll, dann müssen andere mathematische Methoden eingesetzt werden.*

21.2.2 Aufgaben

In den folgenden Aufgaben ist zunächst aus der Verbalformulierung das mathematische Modell abzuleiten. Erweist es sich als Standard-Maximum-Problem, dann ist es mit dem Simplex-Verfahren zu lösen.

Aufgabe 21.2-1: In einer Fabrik können *zwei verschiedene Produkte* unter Verwendung von *drei Produktionsfaktoren* hergestellt werden. Diese Produktionsfaktoren sind nur beschränkt verfügbar. Bekannt sind die Kapazitäten, der benötigte Faktoreinsatz je Einheit eines Produktes sowie der Gewinn je Einheit eines Produktes gemäß folgender Tabelle:

Produkte \\ Faktoren	I	II	Kapazitäten
A	2	10	60
B	6	6	60
C	10	5	85
Gewinn/Einheit	45	30	

Bild 21.11: Produkte, Faktoren und Gewinne

Wie müssen die Mengen x_1 und x_2 der herzustellenden Produkte bestimmt werden, damit der Gewinn möglichst groß wird?

Aufgabe 21.2-2: Zur Herstellung von zwei Erzeugnissen E_1 und E_2 ist ihre Bearbeitung auf zwei Maschinen erforderlich, deren Maschinenzeitfonds begrenzt ist. In der folgenden Tabelle sind die notwendigen Maschinenzeiten je Einheit des Erzeugnisses sowie der zur Verfügung stehende Maschinenzeitfonds enthalten.

Aus technischen Gründen können vom Erzeugnis E_1 höchstens 40 Einheit hergestellt werden.

Beim Verkauf der Erzeugnisse erzielt man pro Einheit von E_1 einen Gewinn von 3 €, pro Einheit von E_2 erzielt man 2 € Gewinn.

	Notwendige Maschinenzeit je Einheit von		Maschinenzeitfonds
	Erzeugnis E_1	Erzeugnis E_2	
Maschine 1	2	4	180
Maschine 2	3	3	180

Bild 21.12: Erzeugnisse und Kapazitäten

Gesucht ist ein Produktionsprogramm, das den Gewinn maximiert.

Aufgabe 21.2-3: Ein Unternehmen stellt drei Modelle („Single", „Familie" und „Großverbraucher") eines Produkts her.

Bei der Herstellung werden die beiden Abteilungen „Montage" und „Konfektionierung" von jedem Modell durchlaufen, wobei die monatlich zur Verfügung stehende Arbeitszeit beider Abteilungen begrenzt ist.

Die Montage steht an maximal 11200 Arbeitsstunden im Monat zur Verfügung, die Konfektionierung hat eine Kapazität von maximal 17600 Arbeitsstunden pro Monat.

Insgesamt können höchstens 400 Einheiten des Produkts hergestellt werden, wobei die Marketingabteilung einschätzt, dass im Monat höchstens 200 Einheiten der Größe „Single" und höchstens 150 Einheiten der Größe „Familie" abgesetzt werden können.

Die zur Herstellung jeweils einer Einheit des Modells benötigten Arbeitsstunden sowie der beim Verkauf einer Einheit erzielte Gewinn sind in folgender Tabelle enthalten:

	benötigte Arbeitszeit (in Stunden/Einheit)		
	Modell "Single"	Modell "Familie"	Modell "Großverbraucher"
Montage	30	50	20
Konfektionierung	40	50	30
Gewinn/Einheit	100	80	60

Bild 21.13: Erzeugnisse, Kapazitäten und Gewinne

Wie viele Einheiten soll das Unternehmen von jedem Modell im Monat herstellen, wenn eine Gewinnmaximierung erwünscht ist?

Wenn anstelle ausführlicher Lösungen nur die Ergebnisse angegeben sind, dann findet man die
ausführlichen Lösungen im Internet unter
www.w-g-m.de/bwl-ueb.html

21.2.3 Lösungen

Lösung der Aufgabe 21.2-1: Wenn mit x_1 und x_2 die Anzahl der herzustellenden Einheiten von Produkt I bzw. Produkt II bezeichnet wird, dann ergibt sich aus der verbal formulierten Aufgabenstellung folgendes mathematische Modell:

$$z = f(x_1, x_2) = 45x_1 + 30x_2 = \max!$$

$$bei$$

$$2x_1 + 10x_2 \leq 60$$

(21.14a_L) $$6x_1 + \ 6x_2 \leq 60$$

$$10x_1 + \ 5x_2 \leq 85$$

$$und$$

$$x_1 \geq 0, x_2 \geq 0$$

Da ein *Standard-Maximum-Problem der linearen Optimierung* vorliegt, kann das Simplexverfahren eingesetzt werden. Das Startschema hat dann folgendes Aussehen:

	x_1	x_2	=
-z	-45	-30	0
y_1	2	10	60
y_2	6	6	60
y_3	10	5	85

Bild 21.11_L: Startschema zur Aufgabe

Aus dem End-Schema lässt sich ablesen:

$$
\begin{array}{lll}
x_1 = 7 & x_2 = 3 & z_{max} = 405 \\
y_1 = 16 & y_2 = 0 & y_3 = 0
\end{array}
$$

(21.14b_L)

Lösung der Aufgabe (formuliert mit den Vokabeln der Aufgabenstellung): Werden vom Produkt I sieben Einheiten und vom Produkt II drei Einheiten hergestellt, dann erbringt das einen Gewinn von 405 Geldeinheiten.

Lösung der Aufgabe 21.2-2: Wenn mit x_1 und x_2 werden jeweils die Anzahl der hergestellten und verkauften Einheiten der Erzeugnisse E_1 bzw. E_2 bezeichnet werden, dann entsteht mit linearer Zielfunktion, linearen Nebenbedingungen mit nichtnegativen rechten Seiten und den Nichtnegativitätsforderungen, die ökonomisch sinnvolle Lösungen erzwingen, ein mathematisches Modell, das wieder die Eigenschaften eines *Standard-Maximum-Problems der linearen Optimierung* besitzt:

$$z = f(x_1, x_2) = 3x_1 + 2x_2 = \text{max!}$$

$$\textit{bei}$$

(21.15a_L)

$$2x_1 + 4x_2 \leq 180$$

$$3x_1 + 3x_2 \leq 180$$

$$x_1 \qquad \leq 40$$

$$\textit{und}$$

$$x_1 \geq 0, x_2 \geq 0$$

Das Startschema für den Beginn der Simplex-Rechnung ergibt sich nach Einfügen von drei Schlupfvariablen in folgender Form:

	x_1	x_2	=
-z	-3	-2	0
y_1	2	4	180
y_2	3	3	180
y_3	1	0	40

Bild 21.12_L: Startschema

Aus dem End-Schema können dann die Werte für die Problemvariablen, für den optimalen Zielfunktionswert sowie für die Schlupfvariablen abgelesen werden:

(21.15b_L)

$$x_1 = 40 \qquad x_2 = 20 \qquad z_{\text{max}} = 160$$

$$y_1 = 20 \qquad y_2 = 0 \qquad y_3 = 0$$

Lösung der Aufgabe (formuliert mit den Vokabeln der Aufgabenstellung): Werden vom Erzeugnis E_1 vierzig Einheiten und vom Erzeugnis E_2 zwanzig Einheiten hergestellt, dann erbringt das einen Gewinn von 160 €.

Lösung der Aufgabe 21.2-3: Als Variable wählen wir x_1 für das Modell „Single", x_2 für das Modell „Familie" und x_3 für das Modell „Großverbraucher". Dabei ist jeweils die Anzahl der zu produzierenden Einheiten gemeint.

Dann wird das Unternehmensziel „Gewinnmaximierung" durch die Funktion

(21.16a_L) $\quad z = f(x_1, x_2, x_\S) = 100x_1 + 80x_2 + 60x_3 = \text{max!}$

beschrieben.

Die Absatz- und Kapazitätsbeschränkungen führen zu den Restriktionen

(21.16b_L)

$$x_1 + x_2 + x_3 \leq 400$$

$$x_1 \qquad\qquad \leq 200$$

$$x_2 \qquad \leq 150$$

$$30x_1 + 50x_2 + 20x_3 \leq 11200$$

$$40x_1 + 50x_2 + 30x_3 \leq 17600$$

Ökonomisch sinnvolle Lösungen garantieren die Nichtnegativitätsforderungen

(21.16c_L) $x_1 \geq 0, x_2 \geq 0, x_3 \geq 0$

Das Startschema ergibt sich nach der Einführung von fünf Schlupfvariablen:

	x_1	x_2	x_3	=
-z	-100	-80	-60	0
y_1	1	1	1	400
y_2	1	0	0	200
y_3	0	1	0	150
y_4	30	50	20	11200
y_5	40	50	30	17600

Bild 21.13_L: Startschema

Nach erfolgtem Austausch bis zum End-Schema kann das Ergebnis abgelesen werden:

(21.16d_L) $\begin{aligned} &x_1 = 200 \quad x_2 = 40 \quad x_3 = 160 \quad\quad z_{max} = 32800 \\ &y_1 = 0 \quad\ y_2 = \ 0 \quad y_3 = 110 \quad y_4 = 0 \quad y_5 = 2800 \end{aligned}$

Lösung der Aufgabe (formuliert mit den Vokabeln der Aufgabenstellung): Werden vom Modell „Single" 200 Einheiten, vom Modell „Familie" 40 Einheiten und vom Modell „Großverbraucher" 160 Einheiten hergestellt, dann erbringt das einen Gewinn von 32800 Geldeinheiten.

22. Lineare Optimierung – Grafische Lösung

22.1 Beispiele, Übungsaufgaben und Lösungen

Wenn speziell ein lineares Optimierungsproblem vorliegt, das *nur zwei Problemvariable* x_1 und x_2 besitzt, dann kann seine Lösung schnell *auf grafischem Wege* beschafft werden. Die Methode der grafischen Lösung ist bei zwei Problemvariablen vor allem auch dann anwendbar, wenn das lineare Optimierungsproblem *nicht* in der Standard-Maximum-Form vorliegt (dies ist ja eine einschränkende Voraussetzung für die sofortige Anwendung des Simplex-Verfahrens). Vielmehr können dann auch *Minimum-Probleme* oder *Probleme mit gemischten Nebenbedingungen* behandelt werden.

22.1.1 Beispiele dafür, wie es richtig gemacht wird

Beispiel 22.1-1: Zwei Betriebe B_1 und B_2 stellen das gleiche Produkt P auf zwei verschiedene Arten her. Der Rohstoffbedarf beider Betriebe und die verfügbare Rohstoffmenge, die insgesamt für beide Betriebe zur Verfügung steht, sind Bild 22.01 zu entnehmen. Der Betrieb B_1 soll wenigstens zwei Einheiten des Produktes anfertigen.

Wie viele Einheiten müssen beide Betriebe herstellen, damit die Gesamtproduktion maximal wird?

	Rohstoffmenge für eine Einheit P		insgesamt verfügbare Rohstoffmenge
	die B_1 braucht	die B_2 braucht	
Rohstoff 1	0,2	1	13
Rohstoff 2	1	0,1	16
Rohstoff 3	0	1	12

Bild 22.01: Rohstoffbedarf und Rohstoffmenge

Lösung: Mit x_i wird die Anzahl der Einheiten von Produkt P bezeichnet, die in Betrieb B_i hergestellt werden $(i=1,2)$. Dann ergibt sich eine Zielfunktion der Gestalt

$$(22.01) \quad z = f(x_1, x_2) = x_1 + x_2 ,$$

die zum Maximum geführt werden soll.

Der Tabelle in Bild 22.01 lassen sich dazu die drei Ungleichungen entnehmen, die aus dem Rohstoffbedarf und den verfügbaren Rohstoffmengen entstehen:

$$(22.02) \quad \begin{aligned} 0{,}2x_1 + x_2 &\le 13 \\ x_1 + 0{,}1x_2 &\le 16 \\ x_2 &\le 12 \end{aligned}$$

Hinzu kommt noch die Umsetzung der Forderung, dass der Betrieb B_1 mindestens zwei Einheiten des Produkts P herstellen soll.

Weiter müssen wir die selbstverständliche Festlegung berücksichtigen, dass für die Produktionsmenge vom Betrieb B_2 keine negativen Werte sinnvoll sind:

(22.03) $\quad x_1 \geq 2$
$\qquad\quad x_2 \geq 0$

Fassen wir alles zusammen, so erhalten wir das mathematische Modell der Aufgabe:

$$\text{Z i e l f u n k t i o n :} \qquad z = x_1 + x_2 \rightarrow \max!$$
$$\text{N e b e n b e d i n g u n g e n :} \quad 0{,}2x_1 + \quad x_2 \leq 13$$
$$x_1 + 0{,}1x_2 \leq 16$$

(22.04)
$$x_2 \leq 12$$
$$x_1 \geq 2$$
$$x_2 \geq 0$$

> *Dieses Problem besitzt nur zwei Problemvariable und kann deshalb* grafisch *gelöst werden.*

Zunächst wird in einem x_1-x_2-Koordinatensystem der zulässige Bereich skizziert, indem die Grenzgerade jeder Nebenbedingung gezeichnet wird.

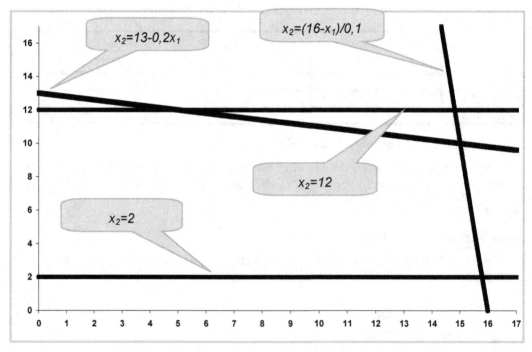

Bild 22.02: Grenzgeraden der Nebenbedingungen

> *Die Formel für die jeweilige Grenzgerade ergibt sich durch Umstellung der als Gleichung gelesenen Nebenbedingung nach x_2.*

Anschließend wird an jeder Grenzgeraden durch einen kleinen Pfeil sichtbar gemacht, welche Halbebene diejenigen x_1-x_2-Werte enthält, die die jeweilige Nebenbedingung erfüllen.

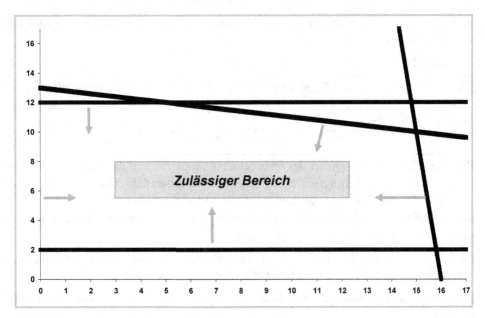

Bild 22.03: Zulässige Halbebenen, zulässiger Bereich

Der Durchschnitt aller zulässigen Halbebenen *bildet dann den* zulässigen Bereich.

Nun müssen noch zwei Linien der Zielfunktion *eingetragen werden, um die* Wachstumsrichtung der Zielfunktion *festzustellen: Dafür gibt man sich zwei verschiedene z-Werte vor (hier* $z=8$ *und* $z=12$*) und stellt die Gleichung der Zielfunktion nach* x_2 *um:*

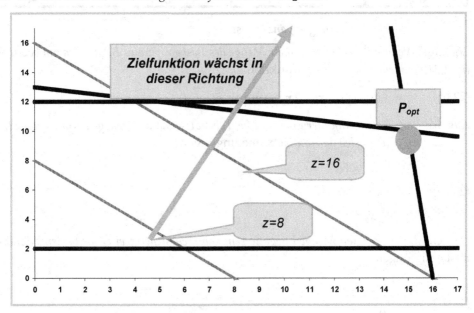

Bild 22.04: Zwei Linien der Zielfunktion, Wachstumsrichtung und optimale Ecke

Nachdem auf diese Weise die Wachstumsrichtung der Zielfunktion *festgestellt ist, wird eine* Linie der Zielfunktion *parallel bis zum Rand des zulässigen Bereiches verschoben.*

So findet man die Ecke, die die optimale Lösung des Problems trägt. Im Ausnahmefall kann es auch eine Kante des zulässigen Bereiches sein.

Aus Bild 22.04 kann abgelesen werden: Die optimale Lösung liegt bei $P_{opt}(x_1=15, x_2=10)$.

> Antwortsatz: *Im Betrieb B_1 müssen 15 Einheiten des Produktes P hergestellt werden, im Betrieb B_2 10 Einheiten. Die damit erreichte maximale Gesamtproduktion liegt dann bei 25 Einheiten des Produkts P.*

Beispiel 22.1-2: *Der Hersteller des Sportgetränks „Superfit" will die Rezeptur verbessern, indem er zwei Nahrungsergänzungsmittel NES1 und NES2 zusetzt. Er kann auf zwei Basispräparate zugreifen, die die Nahrungsergänzungsstoffe in unterschiedlicher Konzentration enthalten. Wegen gesetzlicher Vorschriften dürfen insgesamt höchstens 9 Gramm der beiden Basispräparate einem Liter des Sportgetränks zugesetzt werden.*

Der Gehalt der beiden Basispräparate an den Nahrungsergänzungsstoffen sowie die beabsichtigte Mindestmenge in Milligramm sind Bild 22.05 zu entnehmen.

Ein Gramm des Basispräparats BP1 kostet 1 €, der Preis des Basispräparates BP2 liegt bei 2 € pro Gramm.

Wie müssen die Basispräparate gemischt werden, um mit minimalen Kosten zu arbeiten?

	BP1 in mg/g	BP2 in mg/g	Mindestmengen in mg
NES1	3	2	16
NES2	2	8	48

      Bild 22.05: *Nahrungsergänzungsstoffe*

Lösung: *Wenn mit x_i die verwendete Menge des Basispräparates BP_i in Gramm bezeichnet wird (i = 1,2), dann ergibt sich als* Zielfunktion

$$(22.05) \quad z = f(x_1, x_2) = x_1 + 2x_2 \to \min!$$

Aus den vorgelegten Anforderungen (siehe Tabelle) sowie aus den genannten gesetzlichen Bestimmungen ergeben sich die drei Nebenbedingungen

$$(22.06) \quad \begin{aligned} 3x_1 + 2x_2 &\geq 16 \\ 2x_1 + 8x_2 &\geq 48 \\ x_1 + x_2 &\leq 9 \end{aligned}$$

Da keine der zugesetzten Mengen negativ sein kann, entstehen weiter die beiden Nichtnegativitätsbedingungen

$$(22.07) \quad \begin{aligned} x_1 &\geq 0 \\ x_2 &\geq 0 \end{aligned}$$

Mit der Zielfunktion (22.05) und den Ungleichungs-Nebenbedingungen (22.06) und (22.07) ist das mathematische Modell des Problems gefunden. Es handelt sich hier um ein Minimumproblem der linearen Optimierung, das aber nur zwei Problemvariablen besitzt und deshalb wiederum grafisch gelöst werden kann.

Bild 22.06 enthält die Grenzgeraden der drei Nebenbedingungen (22.06), die Grenzgeraden der Nichtnegativitätsforderungen (22.07) sind die Koordinatenachsen.

Weiter sind die zulässigen Halbebenen durch Pfeile gekennzeichnet, daraus ergibt sich der hervorgehobene zulässige Bereich.

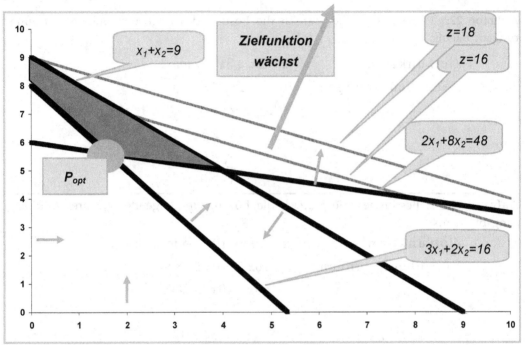

Bild 22.06: Grafische Lösung des Problems (22.05) bis (22.07)

Mit zwei Linien der Zielfunktion, hier für die Werte 12 und 18, kann die Wachstumsrichtung der Zielfunktion festgestellt werden.

Da ein Minimumproblem *vorliegt, muss eine Linie der Zielfunktion diesmal entgegen der* Wachstumsrichtung *bis an den Rand des zulässigen Bereiches verschoben werden.*

Aus der Skizze kann das Optimum diesmal nicht genau abgelesen werden. Da man aber erkennt, dass die optimale Lösung sich im Schnittpunkt der beiden Grenzgeraden

$$(22.08) \quad \begin{aligned} 3x_1 + 2x_2 &= 16 \\ 2x_1 + 8x_2 &= 48 \end{aligned}$$

befindet, lassen sich x_1 und x_2 als Lösung dieses kleinen linearen Gleichungssystems schnell ausrechnen:

$$(22.09) \quad x_1 = 1{,}6 \quad x_2 = 5{,}6$$

Antwortsatz: *Der Hersteller sollte pro Liter Getränk 1,6 Gramm des Basispräparates BP1 und 5,6 Gramm des Basispräparates BP2 zusetzen, um mit minimalen Kosten von z=12,8 € zu arbeiten. Die gewünschten Mindestmengen der Nahrungsergänzungsstoffe NES1 und NES2 werden dabei genau getroffen, die gesetzliche Höchstgrenze wird um 1,8 Gramm unterschritten.*

22.1.2 Aufgaben

Aufgabe 22.1-1: Bestimmen Sie grafisch die Lösung des folgenden linearen Optimierungsproblems:

Zielfunktion: $z = 2x_1 + 3x_2 \rightarrow \max!$

Nebenbedingungen: $x_1 + 2x_2 \leq 8$

(22.10) $2x_1 + x_2 \leq 10$

$x_2 \leq 3$

$x_1 \geq 0$

$x_2 \geq 0$

Aufgabe 22.1-2: Bestimmen Sie grafisch die Lösung des folgenden linearen Optimierungsproblems:

Zielfunktion: $z = 20x_1 + 10x_2 \rightarrow \max!$

Nebenbedingungen: $10x_1 + 30x_2 \leq 1800$

(22.11) $40x_1 + 10x_2 \leq 2800$

$x_1 \geq 0$

$x_2 \geq 0$

Aufgabe 22.1-3: Bestimmen Sie grafisch die Lösung des folgenden linearen Optimierungsproblems:

Zielfunktion: $z = 10x_1 + 20x_2 \rightarrow \min!$

Nebenbedingungen: $6x_1 + x_2 \geq 18$

$x_1 + 4x_2 \geq 12$

(22.12) $2x_1 + x_2 \geq 10$

$x_1 \geq 0$

$x_2 \geq 0$

Aufgabe 22.1-4: Bestimmen Sie grafisch die Lösung des folgenden linearen Optimierungsproblems:

Zielfunktion: $z = 5x_1 + x_2 \rightarrow \min!$

Nebenbedingungen: $9x_1 + 3x_2 \geq 3$

(22.13) $3x_1 + 4x_2 \geq 2$

$x_1 \geq 0$

$x_2 \geq 0$

Aufgabe 22.1-5: Bestimmen Sie grafisch die Lösung des folgenden linearen Optimierungsproblems:

Zur Herstellung zweier Erzeugnisse E1 und E2 werden drei verschiedene Materialien benötigt. Der Materialbedarf je Einheit vom Erzeugnis und die zur Verfügung stehenden Materialfonds sind Bild 22.07 zu entnehmen.

Eine Einheit des Erzeugnisses E1 liefert einen Gewinn von 10 GE, für eine Einheit des Erzeugnisses E2 kann dagegen ein Gewinn von 20 GE erzielt werden.

	benötigte Mengen des Materials		
	Erzeugnis E1	Erzeugnis E2	zur Verfügung stehender Materialfonds
Material 1	3	6	240
Material 2	6	4	360
Material 3	0	5	150

Bild 22.07: Materialbedarf und Materialfonds

Gesucht ist der Produktionsplan, der den *maximalen Gewinn* garantiert.

Aufgabe 22.1-6: Der Betreiber zweier Kiesgruben hat als einzigen Abnehmer seiner Produkte eine große Baustoff-Fabrik zu beliefern.

Laut Liefervertrag müssen *wöchentlich* mindestens 120 Tonnen Kies, 240 Tonnen mittelfeiner Sand und 80 Tonnen Quarzsand geliefert werden.

Die *täglichen Förderleistungen* der beiden Gruben sind:

• Grube 1: 60 t Kies, 40 t mittelfeiner Sand, 20 t Quarzsand

• Grube 2: 20 t Kies, 120 t mittelfeiner Sand, 20 t Quarzsand

Pro Fördertag entstehen für die Grube 1 Kosten von 2000 €, die Kosten für einen Fördertag liegen bei Grube 2 bei 1600 €.

Gesucht ist auf grafischem Wege die Anzahl der Fördertage in jeder der beiden Gruben, die zu *minimalen wöchentlichen Förderkosten* führen.

22.1.3 Lösungen

Wenn anstelle ausführlicher Lösungen nur die Ergebnisse angegeben sind, dann findet man die ausführlichen Lösungen im Internet unter www.w-g-m.de/bwl-ueb.html

Lösung der Aufgabe 22.1-1:

Für das Maximumproblem

$$\text{Zielfunktion:} \quad z = 2x_1 + 3x_2 \to \text{max!}$$
$$\text{Nebenbedingungen:} \quad x_1 + 2x_2 \le 8$$
$$2x_1 + x_2 \le 10$$
$$(22.10a\_L) \qquad x_2 \le 3$$
$$x_1 \ge 0$$
$$x_2 \ge 0$$

kann nach Skizzieren des zulässigen Bereiches, nach Eintragen zweier Linien der Zielfunktion sowie nach Parallelverschiebung einer Linie der Zielfunktion in Wachstumsrichtung die optimale Lösung in einer Ecke des zulässigen Bereiches gefunden werden:

(22.10b_L) $\quad \begin{aligned} &x_1 = 4 \qquad\qquad x_2 = 2 \\ &z_{max}(x_1 = 4, x_2 = 2) = 14 \end{aligned}$

Lösung der Aufgabe 22.1-2:

Für das Maximumproblem

$$\text{Zielfunktion:} \qquad z = 20x_1 + 10x_2 \rightarrow \text{max!}$$

$$\text{Nebenbedingungen:} \qquad 10x_1 + 30x_2 \le 1800$$

(22.11a_L) $\qquad\qquad\qquad\qquad\qquad 40x_1 + 10x_2 \le 2800$

$$x_1 \ge 0$$

$$x_2 \ge 0$$

kann nach Skizzieren des zulässigen Bereiches, nach Eintragen zweier Linien der Zielfunktion sowie nach Parallelverschiebung einer Linie der Zielfunktion in Wachstumsrichtung die optimale Lösung in einer Ecke des zulässigen Bereiches gefunden werden:

(22.11b_L) $\quad \begin{aligned} &x_1 = 60 \qquad\qquad x_2 = 40 \\ &z_{max}(x_1 = 60, x_2 = 40) = 1600 \end{aligned}$

Lösung der Aufgabe 22.1-3:

Für das Minimumproblem

$$\text{Zielfunktion:} \qquad z = 10x_1 + 20x_2 \rightarrow \text{min!}$$

$$\text{Nebenbedingungen:} \qquad 6x_1 + x_2 \ge 18$$

$$x_1 + 4x_2 \ge 12$$

(L16.12a) $\qquad\qquad\qquad\qquad\qquad 2x_1 + x_2 \ge 10$

$$x_1 \ge 0$$

$$x_2 \ge 0$$

kann nach Skizzieren des zulässigen Bereiches, nach Eintragen zweier Linien der Zielfunktion sowie nach Parallelverschiebung einer Linie der Zielfunktion entgegen der Wachstumsrichtung die optimale Lösung in einer Ecke des zulässigen Bereiches gefunden werden:

(22.12b_L) $\quad \begin{aligned} &x_1 = 4 \qquad\qquad x_2 = 2 \\ &z_{min}(x_1 = 4, x_2 = 2) = 80 \end{aligned}$

Lösung der Aufgabe 22.1-4:

Für das Minimumproblem

$$\text{Z i e l f u n k t i o n:} \qquad z = 5x_1 + x_2 \rightarrow \min!$$

$$\text{N e b e n b e d i n g u n g e n:} \qquad 9x_1 + 3x_2 \geq 3$$

(22.13a_L) $$3x_1 + 4x_2 \geq 2$$

$$x_1 \geq 0$$

$$x_2 \geq 0$$

kann nach Skizzieren des zulässigen Bereiches, nach Eintragen zweier Linien der Zielfunktion sowie nach Parallelverschiebung einer Linie der Zielfunktion entgegen der Wachstumsrichtung die optimale Lösung in einer Ecke des zulässigen Bereiches gefunden werden:

(22.13b_L) $$\begin{array}{cc} x_1 = 0 & x_2 = 1 \\ z_{\min}(x_1 = 0, x_2 = 1) = 1 \end{array}$$

Lösung der Aufgabe 22.1-5:

Wenn mit x_i die Anzahl der hergestellten Einheiten des Erzeugnisses E_i bezeichnet wird ($i=1,2$), dann ergibt sich aus der Aufgabenstellung das folgende *mathematische Modell*:

$$\text{Z i e l f u n k t i o n:} \qquad z = 10x_1 + 20x_2 \rightarrow \max!$$

$$\text{N e b e n b e d i n g u n g e n:} \qquad 3x_1 + 6x_2 \leq 240$$

$$6x_1 + 4x_2 \leq 360$$

(22.14a_L) $$5x_2 \leq 150$$

$$x_1 \geq 0$$

$$x_2 \geq 0$$

Der Skizze des zulässigen Bereiches einschließlich zweier Linien der Zielfunktion (Höhenlinien – hier sollte $z=400$ und $z=800$ gewählt werden) ist zu entnehmen, dass bei Parallelverschiebung einer Linie der Zielfunktion in Wachstumsrichtung nicht nur eine einzelne Ecke, sondern eine ganze *Kante des zulässigen Bereiches* getroffen wird.

Das bedeutet, dass für unendlich viele x_1-x_2-Kombinationen der maximal mögliche Zielfunktionswert $z=800$ realisiert wird.

Zur *Beschreibung der Lösung* wird die aus der analytischen Geometrie bekannte Punkt-Richtungs-Gleichung einer Geraden verwendet:

(22.14b_L) $$\begin{pmatrix} x_1 \\ x_2 \end{pmatrix} = \begin{pmatrix} 20 \\ 30 \end{pmatrix} + t \begin{pmatrix} 30 \\ -15 \end{pmatrix}$$

Schränkt man den Parameter t auf $0 \le t \le 1$ ein, dann beschreibt diese Vektorgleichung das Geradenstück zwischen den beiden Ecken des zulässigen Bereiches, die die gefundene Kante verbinden.

Man erhält damit die unendlich vielen Lösungen des linearen Optimierungsproblems in der Form

(22.14c_L) $\left.\begin{array}{l} x_1 = 20 + 30t \\ x_2 = 30 - 15t \end{array}\right\}$ $0 \le t \le 1$

Antwortsatz: Für *beliebige Wahl des Parameters t* aus dem Intervall [0,1] gilt: Werden vom *Erzeugnis E_1* $x_1 = 20 + 30t$ und vom *Erzeugnis E_2* $x_2 = 30 - 15t$ Einheiten produziert, dann erzielt man den maximalen Gewinn von $z = 800$.

Lösung der Aufgabe 22.1-6: Mit x_i wird die Anzahl der wöchentlichen Fördertage der Grube i bezeichnet ($i = 1,2$). Dann entsteht das lineare Optimierungsproblem

$$\begin{aligned} \text{Z i e l f u n k t i o n :} \quad & z = 2000x_1 + 1600x_2 \to \text{min!} \\ \text{N e b e n b e d i n g u n g e n :} \quad & 60x_1 + 20x_2 \ge 120 \\ & 40x_1 + 120x_2 \ge 240 \\ & 20x_1 + 20x_2 \ge 80 \\ & x_1 \le 7 \\ & x_2 \le 7 \\ & x_1 \ge 0 \\ & x_2 \ge 0 \end{aligned}$$

(22.15a_L)

mit der Lösung

(22.15b_L) $\begin{aligned} & x_1 = 1 \qquad\qquad x_2 = 3 \\ & z_{\min}(x_1 = 1, x_2 = 3) = 6800 \end{aligned}$

Antwortsatz: Der Betreiber muss die Grube 1 nur einen Tag pro Woche, die Grube 2 drei Tage pro Woche fördern lassen, um seine Lieferverpflichtungen bei minimalen Kosten von 6800 € zu erfüllen.

Teil IV

Wahrscheinlichkeits-
rechnung
und
Statistik

23. Wahrscheinlichkeitsrechnung

23.1 Beispiele, Übungsaufgaben und Lösungen

Um korrekt lösen zu können, ist es bei der Bestimmung von Wahrscheinlichkeiten nötig, den betrachteten Zufallsversuch genau zu analysieren:

- Welche Versuchsausgänge sind möglich?
- Welche Elementarereignisse lassen sich für den Zufallsversuch bestimmen?
- Welche Gesetze für die Rechnung mit Ereignissen sind einsetzbar?
- Welche der Regeln zur Bestimmung von Wahrscheinlichkeiten sind zu verwenden?

23.1.1 Beispiele dafür, wie es richtig gemacht wird

Beispiel 23.1-1: *Wie groß ist die Wahrscheinlichkeit dafür, beim Ziehen von 6 Karten aus einem Spiel mit 32 Karten (Skatblatt) alle 4 Könige zu ziehen? Dabei soll die Kartenentnahme ohne Zurücklegen erfolgen.*

Lösung: *Von den sechs entnommenen Karten sollen nur zwei Karten beliebig sein, vier Karten sind ja durch die geforderten vier Könige bereits „besetzt".*

In welcher Reihenfolge sich die vier Könige und die zwei sonstigen Karten unter den 6 entnommenen befinden, ist nicht von Bedeutung.

Bezeichnen wir mit A das Ereignis „Alle vier Könige sind unter den sechs entnommenen Karten", so gilt für die Anzahl der für das Eintreten von A günstigen Fälle *die Formel*

$$(23.01) \quad \text{Anzahl der günstigen Fälle} = \binom{28}{2} = 378 \; .$$

Wir hätten damit gedanklich das Skatspiel in zwei Teile sortiert: die vier Könige und die 28 sonstigen Karten. Da die vier Könige unbedingt unter den sechs entnommenen Karten sein sollen, ging es nur noch um die Entnahme der noch fehlenden zwei Karten aus den 28 sonstigen Karten.

Die Anzahl aller Möglichkeiten, aus den 32 vorhandenen Karten sechs Karten zu entnehmen (d.h. die Anzahl aller „möglichen Fälle") *erhält man nach der Formel*

$$(23.02) \quad \text{Anzahl der möglichen Fälle} = \binom{32}{6} = 906192 \; .$$

Nach der klassischen Formel zur Berechnung von Wahrscheinlichkeiten *ergibt sich dann:*

$$(23.03) \quad P(A) = \frac{\text{Anzahl der günstigen Fälle}}{\text{Anzahl der möglichen Fälle}} = \frac{\binom{28}{2}}{\binom{32}{6}} = \frac{378}{906192} = 4{,}17 \cdot 10^{-4} = 0{,}000417$$

Antwortsatz: *Mit einer Wahrscheinlichkeit von ca. 0,04 Prozent findet man unter sechs beliebig aus einem Skatspiel entnommenen Karten alle vier Könige.*

Beispiel 23.1-2: *Eine Brauerei bewirtschaftet die drei Biergärten A, B und C. Der Geschäftsführung kommen wiederholt Klagen über unfreundliche Bedienungen zu Ohren.*

Im Biergarten A fühlen sich 10 Prozent, im Biergarten B 40 Prozent und im Biergarten C sogar 70 Prozent der Gäste unfreundlich bedient. Die Gäste verteilen sich im Verhältnis 60 zu 30 zu 10 auf die drei Biergärten.

In welchem von ihnen sollen insbesondere Maßnahmen ergriffen werden, um die Unzufriedenheit wirksam abzubauen?

Lösung: *Zunächst wollen wir bestimmte Ereignisse – wie üblich – mit lateinischen Großbuchstaben bezeichnen:*

$$A = \text{"Der Gast ist im Biergarten A"}$$
(23.04) $$B = \text{"Der Gast ist im Biergarten B"}$$
$$C = \text{"Der Gast ist im Biergarten C"}$$

Dann können wir dem Text sofort die drei Wahrscheinlichkeiten

(23.05) $P(A) = 0{,}6 \qquad P(B) = 0{,}3 \qquad P(C) = 0{,}1$

entnehmen.

Mit U bezeichnen wir jetzt ein weiteres Ereignis:

(23.06) $$U = \text{"Der Gast ist unzufrieden"}$$

Dem Text können wir dann die bedingten Wahrscheinlichkeiten

(23.07) $P(U/A) = 0{,}1 \qquad P(U/B) = 0{,}3 \qquad P(U/C) = 0{,}7$

entnehmen.

> *Die Ereignisse A, B und C bilden ein vollständiges System von paarweise unverträglichen Ereignissen.*

Setzt man jetzt den Satz von der totalen Wahrscheinlichkeit *ein, so lässt sich aus den vorliegenden Daten die Wahrscheinlichkeit P(U), also die Wahrscheinlichkeit dafür, dass ein Gast unzufrieden ist, bestimmen:*

(23.08)
$$P(U) = P(U/A) \cdot P(A) + P(U/B) \cdot P(B) + P(U/C) \cdot P(C)$$
$$= 0{,}1 \cdot 0{,}6 + 0{,}3 \cdot 0{,}3 + 0{,}7 \cdot 0{,}1 = 0{,}22$$

Jetzt lassen sich nach dem Satz von Bayes die Wahrscheinlichkeiten P(A/U), P(B/U) und P(C/U) bestimmen:

$$P(A/U) = \frac{P(U/A) \cdot P(A)}{P(U)} = \frac{0{,}1 \cdot 0{,}6}{0{,}22} = 0{,}2727$$

(23.09) $$P(B/U) = \frac{P(U/B) \cdot P(B)}{P(U)} = \frac{0{,}3 \cdot 0{,}3}{0{,}22} = 0{,}4091$$

$$P(C/U) = \frac{P(U/C) \cdot P(C)}{P(U)} = \frac{0{,}7 \cdot 0{,}1}{0{,}22} = 0{,}3182$$

> Antwortsatz: *Für den Biergarten B errechnet man die größte Wahrscheinlichkeit, dass ein dort betreuter Gast unzufrieden sein wird, also sollten dort Maßnahmen ergriffen werden, um die Unzufriedenheit wirksam abzubauen.*

23.1.2 Aufgaben

Aufgabe 23.1-1: Zu lösen ist das Problem von de Méré: Was ist wahrscheinlicher? Bei 24 Würfen mit zwei Würfeln mindestens einmal die Augensumme 12 zu werfen – oder bei vier Würfen mit einem Würfel wenigstens eine 6 zu werfen?

Aufgabe 23.1-2: Die Freunde Peter und Paul führen gemeinsam einen kleinen Laden. Die Ladentür ist mit zwei unterschiedlichen Schlössern gesichert. Peter verfügt über den Schlüssel für das eine Schloss, Paul verfügt über den Schlüssel für das andere Schloss.

Der Laden kann folglich nur dann pünktlich geöffnet werden, wenn beide Freunde pünktlich zur Arbeit erscheinen.

Die Wahrscheinlichkeit, dass Peter rechtzeitig erscheint, beträgt 85 Prozent. Für Paul beträgt diese Wahrscheinlichkeit sogar nur 82 Prozent. Mit einer Wahrscheinlichkeit von 90 Prozent ist mindestens einer der Freunde rechtzeitig vor der Ladenöffnung da.

Mit welcher Wahrscheinlichkeit wird der Laden pünktlich geöffnet?

Aufgabe 23.1-3: Bauer Bio hat u.a. drei Hühner (Erna, Lisa und Moni). Erna ist seine Lieblingshenne, denn sie liefert im Mittel pro Jahr 40 Prozent des gesamten Eier-Ergebnisses, während Lisa und Moni nur jeweils 30 Prozent schaffen.

Da die Eier ein Mindestgewicht einhalten müssen, gibt es einen gewissen Ausschuss. Bei Erna und Lisa beträgt er drei Prozent, bei Moni 5 Prozent.

a) Wie groß ist die Wahrscheinlichkeit, dass ein zufällig ausgewähltes Ei von Lisa stammt?

b) Wie groß ist die Wahrscheinlichkeit, dass ein zufällig ausgewähltes Ei zu klein ist?

c) Wie groß ist die Wahrscheinlichkeit, dass ein zufällig ausgewähltes zu kleines Ei von Lisa stammt?

23.1.3 Lösungen

Lösung der Aufgabe 23.1-1: Als erstes sollen die 24 Würfe mit den zwei Würfeln betrachtet werden. Dabei ergibt sich ein grundsätzliches Problem, wenn man versuchen will, das Ereignis

(23.10)   A ="mindestens einmal wird die Augensumme 12 geworfen"

zu beschreiben.

Denn man müsste von „bei genau einem Wurf wird die Augensumme 12 geworfen" über „bei genau zwei Würfen wird die Augensumme 12 geworfen" bis zu „bei allen 24 Würden wird die Augensumme 12 geworfen" alle 24 Würfe betrachten.

Es scheint sinnvoller zu sein, das Ereignis

(23.11) $\overline{A}$ ="bei keinem der 24 Würfe wird die Augensumme 12 geworfen"

zu betrachten:

Bei einem Wurf mit 2 Würfeln gibt es bekanntlich 36 unterschiedliche Wurfergebnisse, von denen aber nur eines die Augensumme 12 liefert. Die Wahrscheinlichkeit dafür, bei einem Wurf *nicht* die Augensumme 12 zu werfen, ergibt sich also zu

(23.12) $P(\text{"bei einem Wurf wird nicht die Augensumme 12 geworfen"}) = \dfrac{35}{36}$.

Diese Wahrscheinlichkeit ist für alle 24 Würfe gleich, somit gilt

(23.13) $P(\overline{A}) = (\dfrac{35}{36})^{24}$.

Erinnern wir uns – wird suchen aber die Wahrscheinlichkeit für das Eintreten des Ereignisses A. Sie kann nun angegeben werden:

(23.14) $P(A) = 1 - P(\overline{A}) = 1 - (\dfrac{35}{36})^{24} = 0{,}4914$

Kommen wir nun zur Betrachtung der vier Würfe mit einem Würfel. Leichter als die Untersuchung des Ereignisses

(23.15)   B ="mindestens einmal wird eine 6 geworfen"

wird auch hier die Untersuchung des Komplementär-Ereignisses

(23.16) $\overline{B}$ ="bei keinem der 4 Würfe wird eine 6 geworfen"

sein. Denn man erhält für einen Wurf die Wahrscheinlichkeit, nicht die 6 zu erhalten, zu

(23.17) $P(\text{"bei einem Wurf wird nicht die 6 geworfen"}) = \dfrac{5}{6}$.

Für vier Würfe ergibt sich also die Wahrscheinlichkeit

(23.18) $P(\overline{B}) = (\dfrac{5}{6})^{4}$

woraus

(23.19) $P(B) = 1 - P(\overline{B}) = 1 - (\dfrac{5}{6})^{4} = 0{,}5177$

folgt.

Aus dem Vergleich beider Wahrscheinlichkeiten ergibt sich der

Antwortsatz: Es ist wahrscheinlicher, bei 4 Würfen mit einem Würfel mindestens einmal eine 6 zu erhalten, als bei 24 Würfen mit zwei Würfeln mindestens einmal die Augensumme 12 zu sehen.

Lösung der Aufgabe 23.1-2: Wir gehen aus von den beiden Ereignissen

(23.20)
$$A ="\text{Paul ist pünktlich}"$$
$$B ="\text{Peter ist pünktlich}" \cdot$$

Dem Text können wir dann entnehmen, dass gilt

(23.21) $P(A) = 0{,}82 \quad P(B) = 0{,}85 \quad P(A \cup B) = 0{,}9$.

Der Laden wird pünktlich geöffnet, wenn das Ereignis A∩B eintritt, d. h. wenn beide pünktlich sind.

Aus dem *Additionssatz für Wahrscheinlichkeiten*

(23.22) $P(A \cup B) = P(A) + P(B) - P(A \cap B)$

erhält man

(23.23) $P(A \cap B) = P(A) + P(B) - P(A \cup B)$.

Durch Einsetzen der Zahlenwerte auf der rechten Seite von (23.23) ergibt sich die gesuchte Wahrscheinlichkeit:

(23.24) $P(A \cap B) = 0{,}82 + 0{,}85 - 0{,}9 = 0{,}77$

Antwortsatz: Das Verhalten der beiden Freunde führt dazu, dass nur mit einer Wahrscheinlichkeit von 77 Prozent ihr Laden pünktlich öffnet. Beide sollten an ihrer Pünktlichkeit arbeiten.

Lösung der Aufgabe 23.1-3: Bezeichnet man mit E, L und M die Ereignisse

(23.25)
$$E ="\text{Das Ei stammt von der Henne Erna}"$$
$$L ="\text{Das Ei stammt von der Henne Lisa}" ,$$
$$M ="\text{Das Ei stammt von der Henne Moni}"$$

so können dem Text die folgenden Wahrscheinlichkeiten entnommen werden:

(23.26) $P(E) = 0{,}4 \quad P(L) = 0{,}3 \quad P(M) = 0{,}3$

Bezeichnet man mit

(23.27) $K ="\text{Das Ei ist zu klein}"$,

so kann weiter aus dem Text Folgendes entnommen werden:

(23.28) $P(K/E) = 0{,}03 \quad P(K/L) = 0{,}03 \quad P(K/M) = 0{,}05$

Damit lassen sich unter Verwendung der *Rechenregeln für Wahrscheinlichkeiten* die drei Fragen mit mathematischen Symbolen beantworten:

a) $P(L) = 0,3$

b) $P(K) = P(\text{K/E}) \cdot P(E) + P(\text{K/L}) \cdot P(L) + P(\text{K/M}) \cdot P(M)$

(23.29) $= 0,03 \cdot 0,4 + 0,03 \cdot 0,3 + 0,05 \cdot 0,3 = 0,036$

c) $P(\text{L/K}) = \dfrac{P(\text{K/L}) \cdot P(L)}{P(K)} = \dfrac{0,03 \cdot 0,3}{0,036} = 0,25$

Antwortsätze:

a) Mit 30-prozentiger Wahrscheinlichkeit stammt ein zufällig ausgewähltes Ei von Lisa.

b) Mit 3,6-prozentiger Wahrscheinlichkeit ist ein zufällig ausgewähltes Ei zu klein.

c) Ein zufällig ausgewähltes zu kleines Ei stammt mit 25-prozentiger Wahrscheinlichkeit von Lisa.

24. Diskrete Zufallsgrößen, diskrete Verteilungen

24.1 Von den Werten und den Wahrscheinlichkeiten zur Verteilungsfunktion

24.1.1 Beispiele dafür, wie es richtig gemacht wird

Beispiel 24.1-1: *Ein Zufallsexperiment liefert zufällig die beiden Zahlen Null und Eins. Dabei liefert diese Zufallsgröße (sie soll abkürzend mit dem großen lateinischen Buchstaben X bezeichnet werden) das Ereignis „Null" mit 40-prozentiger Wahrscheinlichkeit. Man gebe die Verteilungsfunktion in grafischer und in mathematischer Formelschreibweise an.*

Lösung: *Dem Text ist zu entnehmen, dass es sich hier um eine Zufallsgröße handelt, die genau zwei Werte liefert – dieser Spezialfall wird als alternativ (oder dichotom) bezeichnet. Die beiden Werte sind bekannt: $x_1=0$ und $x_2=1$. Für die Verteilungsfunktion werden dazu noch beide Wahrscheinlichkeiten benötigt, wobei die erste Wahrscheinlichkeit im Text gegeben ist und die zweite Wahrscheinlichkeit sich für das Komplementärereignis ergibt:*

$$(24.01) \quad \begin{aligned} P(X = x_1) &= P(X = 0) = 0{,}4 \\ P(X = x_2) &= P(X = 1) = 0{,}6 \end{aligned}$$

Nun kennen wir die beiden Werte und ihre Wahrscheinlichkeiten und können die Verteilungsfunktion skizzieren:

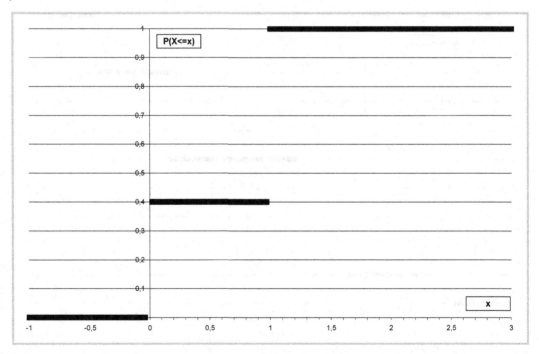

Bild 24.01: Verteilungsfunktion

Bild 24.01 zeigt das Ergebnis – an den Stellen x=0 und x=1 befinden sich die beiden Sprungstellen, *und die zugehörigen Wahrscheinlichkeiten sind dort als* Sprunghöhen *erkennbar.*

Für die mathematisch-formelmäßige *Beschreibung der Verteilungsfunktion ergibt sich dann eine dreigeteilte Funktion:*

$$(24.02) \quad F_X(x) = P(X \le x) = \begin{cases} 0 & x < 0 \\ 0,4 & 0 \le x < 1 \\ 1 & x \ge 1 \end{cases}$$

Beispiel 24.1-2: *Eine Zufallsgröße X liefert zufällig die vier Zahlen $x_1=0$, $x_2=2$, $x_3=4$ und $x_4=5$. Sie ist also diskret. Drei der zugehörigen Wahrscheinlichkeiten sind bekannt:*

$$(24.03) \quad \begin{aligned} P(X = x_1) &= P(X = 0) = 0,1 \\ P(X = x_3) &= P(X = 4) = 0,3 \\ P(X = x_4) &= P(X = 5) = 0,2 \end{aligned}$$

Die fehlende vierte Wahrscheinlichkeit erhält man dazu aus der Differenz zur Eins:

$$(24.04) \quad \begin{aligned} P(X = x_2) &= 1 - (P(X = x_1) + P(X = x_3) + P(X = x_4)) \\ &= 1 - (0,1 + 0,3 + 0,2) = 0,4 \end{aligned}$$

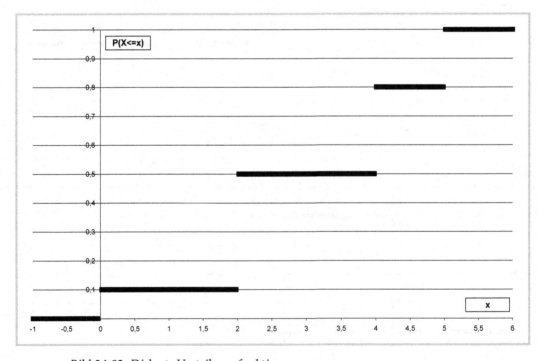

Bild 24.02: Diskrete Verteilungsfunktion

Nun sind alle Werte und alle zugehörigen Wahrscheinlichkeiten bekannt, und die Skizze der Verteilungsfunktion mit den Werten als Sprungstellen *und den* Wahrscheinlichkeiten als Sprunghöhen *kann angefertigt werden (Bild 24.02).*

Für die mathematisch-formelmäßige Beschreibung der Verteilungsfunktion muss jetzt eine Form gewählt werden, die für fünf Teile des Definitionsbereiches den jeweiligen Funktionswert angibt:

$$(24.05) \quad F_X(x) = P(X \le x) = \begin{cases} 0 & x < 0 \\ 0{,}1 & 0 \le x < 2 \\ 0{,}5 & 2 \le x < 4 \\ 0{,}8 & 4 \le x < 5 \\ 1 & x \ge 5 \end{cases}$$

Beispiel 24.1-3: *Eine Zufallsgröße X ist* binomialverteilt *mit den beiden Parametern n=10 und p=0,6. Man skizziere ihre Verteilungsfunktion gebe eine mathematische Formel dafür an.*

Lösung: Die Binomialverteilung tritt oft bei so genannten „Wettkampfproblemen" auf, und sie ist dadurch gekennzeichnet, dass ihre Werte ganzzahlig bei Null beginnen und bei n enden.

Für die gegebene Aufgabe sind also die folgenden elf Werte zu betrachten:

$$(24.06) \quad x_1 = 0 \quad x_2 = 1 \quad x_3 = 2, \dots, x_{11} = 10$$

Um die jeweiligen Sprunghöhen *für die Skizze der Verteilungsfunktion zu finden, gibt es mehrere Möglichkeiten.*

Möglichkeit 1 (klassische Variante)*: Einer Zahlentafel (z. B. [45] entnimmt man die Berechnungsformel*

$$(24.07) \quad P(X = k) = \binom{n}{k} p^k (1-p)^{n-k} \quad k = 0,1,\dots,n \ .$$

In diese Formel ist nun nacheinander k=0, k=1 und so weiter bis k=10 einzusetzen:

$$P(X = 0) = \binom{10}{0} 0{,}6^0 (1-0{,}6)^{10}$$

$$P(X = 1) = \binom{10}{1} 0{,}6^1 (1-0{,}6)^{9}$$

$$(24.08) \quad P(X = 2) = \binom{10}{2} 0{,}6^2 (1-0{,}6)^{8}$$

$$\vdots$$

$$P(X = 10) = \binom{10}{10} 0{,}6^{10} (1-0{,}6)^{0}$$

Zuerst sollten die Binomialkoeffizienten ausgewertet (oder aus einer Formelsammlung entnommen) werden:

$$\binom{10}{0}=1 \quad \binom{10}{1}=10 \quad \binom{10}{2}=45 \quad \binom{10}{3}=120$$

$$(24.09) \quad \binom{10}{4}=210 \quad \binom{10}{5}=252 \quad \binom{10}{6}=210 \quad \binom{10}{7}=120$$

$$\binom{10}{8}=45 \quad \binom{10}{9}=10 \quad \binom{10}{10}=1$$

Man kann sich dabei die Arbeit sehr erleichtern, indem man den bekannten Zusammenhang

$$(24.10) \quad \binom{n}{k}=\binom{n}{n-k}$$

ausnutzt – dann braucht man nur die Hälfte der Binomialkoeffizienten zu beschaffen. Mit Hilfe der so gefundenen Binomialkoeffizienten werden können anschließend die Werte aus (24.08) berechnet werden:

(24.11)

P(X=0)=	0,0001
P(X=1)=	0,0016
P(X=2)=	0,0106
P(X=3)=	0,0425
P(X=4)=	0,1115
P(X=5)=	0,2007
P(X=6)=	0,2508
P(X=7)=	0,2150
P(X=8)=	0,1209
P(X=9)=	0,0403
P(X=10)=	0,0060

Die Skizze der Verteilungsfunktion in Bild 24.03 kann nun entstehen, indem an den Sprungstellen 0, 1, bis 10 die jeweiligen Sprunghöhen aus (24.11) aufgetragen werden.

Um zur mathematisch-formelmäßigen Beschreibung der Binomialverteilung mit n und p zu kommen, könnte man, wie bei den beiden vorherigen Beispielen, in einer Funktion die jeweils aufsummierten Werte für die elf Intervalle (−∞,0), [0,1), [1,2) usw. bis [10,∞) aufschreiben. Das erfordert recht großen Aufwand.

Besser ist es, ausgehend von der Formel (24.07) eine Summenformel aufzustellen:

$$(24.12) \quad F_X(x) = P(X \le k) = \sum_{i=0}^{k}\binom{n}{i}p^i(1-p)^{n-i}$$

Zusammenfassend ist zu dieser klassischen Methode zu sagen, dass sie sehr aufwändig ist und heutzutage mit vorhandenen Rechenhilfsmitteln umgangen werden kann.

So bietet zum Beispiel Excel die Möglichkeit, mit Hilfe einer Funktion die Funktionswerte der Binomialverteilung sofort erhalten zu können.

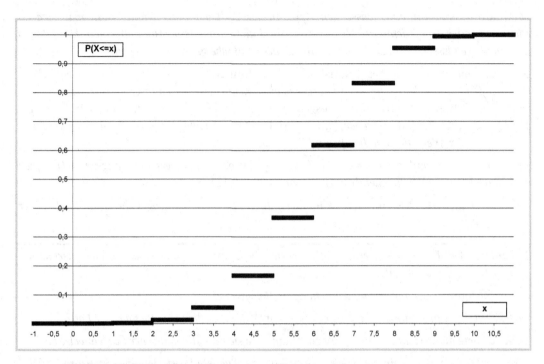

Bild 24.03: Binomialverteilung mit n = 10 und p = 0,6

Methode 2 *(Nutzung der statistischen Möglichkeiten von Excel): In eine Excel-Tabelle werden in die Zellen A2 und B2 die Parameter der Aufgabenstellung eingetragen, dazu in die Zellen C2 bis C12 die zu erwartenden Werte.*

Wird dann in die Zellen D2 bis D12 jeweils die Excel-Funktion =BINOMVERT(...;...;...;FALSCH) *mit richtigen Argumenten eingetragen, ergeben sich dort sofort die Einzelwahrscheinlichkeiten, die als* Sprunghöhen *im Bild der Verteilungsfunktion zu verwenden sind:*

n	p	k	Sprunghöhe	n	p	k	Sprunghöhe
10	0,6	0	=BINOMVERT(C2;A$2;B$2;FALSCH)	10	0,6	0	0,000104858
		1	=BINOMVERT(C3;A$2;B$2;FALSCH)			1	0,001572864
		2	=BINOMVERT(C4;A$2;B$2;FALSCH)			2	0,010616832
		3	=BINOMVERT(C5;A$2;B$2;FALSCH)			3	0,042467328
		4	=BINOMVERT(C6;A$2;B$2;FALSCH)			4	0,111476736
		5	=BINOMVERT(C7;A$2;B$2;FALSCH)			5	0,200658125
		6	=BINOMVERT(C8;A$2;B$2;FALSCH)			6	0,250822656
		7	=BINOMVERT(C9;A$2;B$2;FALSCH)			7	0,214990848
		8	=BINOMVERT(C10;A$2;B$2;FALSCH)			8	0,120932352
		9	=BINOMVERT(C11;A$2;B$2;FALSCH)			9	0,040310784
		10	=BINOMVERT(C12;A$2;B$2;FALSCH)			10	0,006046618

Bild 24.04: Excel-Nutzung für die Ermittlung der Sprunghöhen

Was wäre aber zu tun, wenn man Excel- nicht zur Verfügung hat? Muss man dann den aufwändigen Rechenweg der Methode 1 nachvollziehen?

Nein, denn es gibt heutzutage eine Fülle kostenlos im Internet verfügbarer Apps, die es ebenfalls ermöglichen, die Wahrscheinlichkeiten (also die Sprunghöhen) zu bekommen.

Methode 3 *(Nutzung einer passenden App): In der Welt der Smartphones kann man sich im PlayStore unter dem Stichwort „Verteilung" die Fülle vorhandener (und allgemein kostenloser) Apps anzeigen lassen, mit deren Hilfe ebenfalls diese Aufgabe gelöst werden kann.*

So bietet zum Beispiel die App „Statistische Verteilungen" von GK Apps eine sehr einfach zu bedienende Benutzeroberfläche. Wenn dort – gewisse Kenntnisse der englischen Sprache vorausgesetzt – die „Binomial Distribution" ausgewählt wird, dann kann man unter „Probability p" die Erfolgswahrscheinlichkeit eintragen, unter „Trials n" die Anzahl der Versuche und unter „Successes x" den x-Wert, für den die Sprunghöhe gesucht ist.

Ein Klick auf „Calculate P(X=x)", und der zugehörige Zahlenwert wird angezeigt (Beispiel: p=0.6, n=10, x=4 →Wahrscheinlichkeit=Sprunghöhe=0,11148).

Und mit „Calculate P(X<=x)" wird kumuliert, dann bekommt man sogar die absolute Höhe der Linie der Verteilungsfunktion angezeigt.

Beispiel 24.1-4: *Ein Würfel werde so oft geworfen, bis entweder eine 6 erscheint oder viermal nacheinander keine 6 erscheint.*

Die Zufallsgröße X sei die Anzahl der benötigten Würfe.

Welche Werte kann X annehmen, und mit welchen Wahrscheinlichkeiten ist das der Fall?

Man skizziere die Verteilungsfunktion von X und gebe sie in mathematischer Schreibweise an.

Lösung: *Da wenigstens einmal gewürfelt wird, ist der kleinste Wert, den die Zufallsgröße X annehmen kann, $x_1=1$. Wenn viermal nacheinander keine 6 erscheint, ist das Spiel beendet. Demzufolge ist der größte Wert, den die Zufallsgröße realisieren kann, $x_4=4$:*

Die Zufallsgröße X kann also nur die Werte $x_1=1$, $x_2=2$, $x_3=3$ und $x_4=4$ annehmen. Andere Werte sind nicht möglich, X ist eine diskrete Zufallsgröße.

Kommen wir nun zu den Wahrscheinlichkeiten (die dann als Sprunghöhen im Bild der Verteilungsfunktion einzutragen sind).

Wird beim ersten Wurf eine 6 geworfen, dann realisiert die Zufallsgröße den Wert $x_1=1$ mit der Wahrscheinlichkeit

$$(24.13) \qquad P(X=1) = \frac{1}{6} \ .$$

Wird zweimal gewürfelt, dann ist beim ersten Wurf keine 6 gefallen, wohl aber beim zweiten Wurf:

$$(24.14) \qquad P(X=2) = \frac{5}{6} \cdot \frac{1}{6} = \frac{5}{36}$$

Muss dreimal gewürfelt werden, wurden bei den ersten beiden Würfen keine Sechsen geworfen, die 6 erscheint erst beim dritten Wurf:

$$(24.15) \qquad P(X=3) = \frac{5}{6} \cdot \frac{5}{6} \cdot \frac{1}{6} = \frac{25}{216}$$

Wenn vier Würfe nötig sind, dann konnte bei den ersten drei Würfen keine 6 geworfen werden. Das Ergebnis des vierten Wurfes spielt für die Suche nach der Wahrscheinlichkeit P(X=4) keine Rolle mehr.

Gleichgültig, ob im 4. Wurf eine 6 erscheint oder nicht, das Spiel ist mit den drei vorherigen Negativ-Würfen beendet:

$$(24.16) \qquad P(X=4) = \frac{5}{6} \cdot \frac{5}{6} \cdot \frac{5}{6} = \frac{125}{216}$$

Zur Kontrolle sollten wir nachprüfen, ob tatsächlich die Summe aller Wahrscheinlichkeiten gleich Eins wird:

$$P(X=1) + P(X=2) + P(X=3) + P(X=4) + = \frac{1}{6} + \frac{5}{6} \cdot \frac{1}{6} + \frac{5}{6} \cdot \frac{5}{6} \cdot \frac{1}{6} + \frac{5}{6} \cdot \frac{5}{6} \cdot \frac{5}{6} = \frac{216}{216} = 1$$

Der wichtigste Teil der Aufgabe ist gelöst, nun können die Werte und Wahrscheinlichkeiten zusammengestellt werden:

$x_1=1$	$P(X=x_1)=$	$1/6=$	0,16666667
$x_2=2$	$P(X=x_2)=$	$5/36=$	0,13888889
$x_3=3$	$P(X=x_3)=$	$25/216=$	0,11574074
$x_4=4$	$P(X=x_4)=$	$125/216=$	0,5787037

Bild 24.05: Werte und ihre gefundenen Wahrscheinlichkeiten

In Bild 24.06 sind die berechneten Wahrscheinlichkeiten als Sprunghöhen an den Stellen 1, 2, 3 und 4 erkennbar:

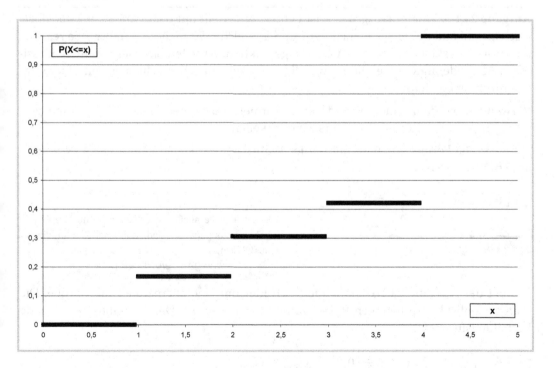

Bild 24.06: Verteilungsfunktion: Werte und Wahrscheinlichkeiten

Für die formal-mathematische Beschreibung der Verteilungsfunktion bietet sich hier wieder die Aufteilung des Definitionsbereiches in die fünf Teile an:

$$(24.17) \quad F_X(x) = P(X \le x) = \begin{cases} 0 & x < 1 \\ \dfrac{1}{6} & 1 \le x < 2 \\ \dfrac{1}{6} + \dfrac{5}{36} & 2 \le x < 3 \\ \dfrac{1}{6} + \dfrac{5}{36} + \dfrac{25}{216} & 3 \le x < 4 \\ 1 & x \ge 4 \end{cases}$$

24.1.2 Aufgaben

Aufgabe 24.1-1: Eine Zufallsgröße X realisiert die beiden Werte $x_1=3$ und $x_2=5$, bekannt ist die Wahrscheinlichkeit $P(X=5)=0{,}5$.

Skizzieren Sie die Verteilungsfunktion und finden Sie für die Verteilungsfunktion eine formal-mathematische Beschreibung.

Aufgabe 24.1-2: Eine Zufallsgröße X realisiert die Werte $x_1=-2$, $x_2=-1$, $x_3=0$ und $x_4=1$; bekannt sind die Wahrscheinlichkeiten $P(X=x_1)=0{,}5$, $P(X=x_2)=0{,}1$, $P(X=x_3)=0{,}2$.

Skizzieren Sie die Verteilungsfunktion und finden Sie für die Verteilungsfunktion eine formal-mathematische Beschreibung.

Aufgabe 24.1-3: Eine Zufallsgröße X ist POISSON-verteilt mit dem Parameter $\lambda=6$. Überlegen Sie anhand des fachlichen Hintergrundes, welche Werte diese Zufallsgröße realisieren kann und skizzieren Sie die Verteilungsfunktion. Arbeiten Sie zuerst mit der klassischen Methode, indem Sie alle notwendigen Einzelwahrscheinlichkeiten mit einem Taschenrechner beschaffen.

Verwenden Sie dann eine passende Excel-Formel und suchen Sie schließlich eine passende App zur Ermittlung der Wahrscheinlichkeiten.

Hinweis: Die Formel zur Berechnung der Wahrscheinlichkeiten einer POISSON-verteilten Zufallsgröße lautet x

$$(24.18) \quad P(X = k) = \frac{\lambda^k}{k!} e^{-\lambda}$$

24.1.3 Lösungen

> Wenn anstelle ausführlicher Lösungen nur die Ergebnisse angegeben sind, dann findet man die ausführlichen Lösungen im Internet unter
> **www.w-g-m.de/bwl-ueb.html**

Lösung der Aufgabe 24.1-1: Es handelt sich hier um eine alternative Zufallsgröße. Die Wahrscheinlichkeiten betragen $P(X=3)=0{,}5$ und $P(X=5)=0{,}5$. Damit ergibt sich folgende Verteilungsfunktion:

$$(24.19) \quad F_X(x) = P(X \le x) = \begin{cases} 0 & x < 3 \\ 0{,}5 & 3 \le x < 5 \\ 1 & x \ge 5 \end{cases}$$

Lösung der Aufgabe 24.1-2: Es handelt sich hier um eine diskrete Zufallsgröße mit der Verteilungsfunktion

$$(24.20) \quad F_X(x) = P(X \le x) = \begin{cases} 0 & x < -2 \\ 0{,}5 & -2 \le x < -1 \\ 0{,}6 & -1 \le x < 0 \\ 0{,}8 & 0 \le x < 1 \\ 1 & x \ge 1 \end{cases}.$$

Lösung der Aufgabe 24.1-3: Bei zufälligen Prozessen vom „Ankunfts-Typ" wird die POISSON-Verteilung verwendet. Daraus ergibt sich, dass eine POISSON-verteilte Zufallsgröße nur ganzzahlige Werte ab $x = 0$ realisieren wird.

Der Parameterwert λ kann gedeutet werden als langjähriges Mittel oder als durchschnittlicher Wert, man kann also davon ausgehen, dass viel größere Werte als λ nur mit sehr geringer Wahrscheinlichkeit eintreten werden – bei der gestellten Aufgabe sollten also nur die ganzzahligen Werte von 0 bis 12 betrachtet werden.

Bild 24.07 zeigt die gesuchte Verteilungsfunktion.

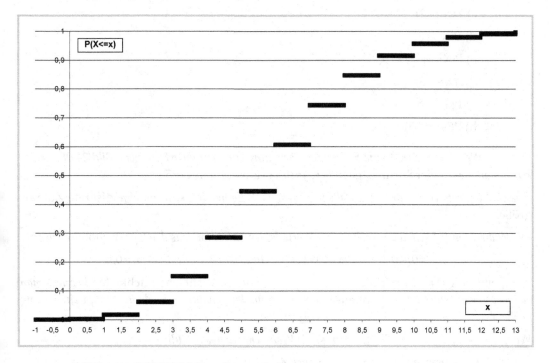

Bild 24.07: POISSON-Verteilung mit $\lambda = 6$

24.2 Von der Verteilungsfunktion zu Werten und Wahrscheinlichkeiten

24.2.1 Beispiele dafür, wie es richtig gemacht wird

Beispiel 24.2-1: *Gegeben ist die Zufallsgröße X mit der Verteilungsfunktion*

$$(24.21) \quad F_X(x) = P(X \le x) = \begin{cases} 0 & x < 0 \\ 0{,}1 & 0 \le x < 2 \\ 0{,}5 & 2 \le x < 4 \\ 0{,}8 & 4 \le x < 5 \\ 1 & x \ge 5 \end{cases} .$$

Gesucht ist zuerst die Antwort auf die Frage, welche Werte diese Zufallsgröße realisiert – d. h. welche zufälligen Ergebnisse man bei dem durch (24.21) beschriebenen Zufallsexperiment erwarten kann. Mit welchen Wahrscheinlichkeiten werden diese Werte auftreten?

Gesucht sind anschließend folgende Wahrscheinlichkeiten:

     a) P(X=2)

     b) P(X>2)

     c) P(X>=2)

     d) P(X<=3)

     e) P(X=4)

     f) P(X=4,5)

     g) P(X<4,5)

     h) P(X>=4,5)

Lösung: Wenn man zuerst eine Skizze der Verteilungsfunktion anfertigt (siehe Bild 24.08), so erkennt man genau vier Sprungstellen bei $x_1=0$, $x_2=2$, $x_3=4$ und $x_4=5$.

Das sind die vier Werte, die die Zufallsgröße realisiert. Es handelt sich um eine diskrete Zufallsgröße.

Die Wahrscheinlichkeiten der realisierten Werte lassen sich sofort aus den Sprunghöhen *ablesen:*

$$P(x=0)=0{,}1 \qquad P(x=2)=0{,}4 \qquad P(x=4)=0{,}3 \qquad P(x=5)=0{,}2$$

Zur Ermittlung der im zweiten Teil der Aufgabe verlangten Wahrscheinlichkeiten *überlegt man sich bei Verwendung des* Gleichheitszeichens, *ob an der genannten Stelle überhaupt ein Sprung vorliegt.*

Wenn dort kein Sprung vorliegt, dann ist die Wahrscheinlichkeit Null:

a) P(X=2)=Sprunghöhe an der Stelle (x=2)=0,4

e) P(X=4)=0,2 (Sprunghöhe an der Stelle (x=4))

f) P(X=4,5)=0 (kein Sprung bei 4,5 →Sprunghöhe =0→Wahrscheinlichkeit gleich Null

Sind Intervall-Wahrscheinlichkeiten *des* Kleiner-Typs *verlangt, dann sind die links neben dem gegebenen Wert vorhandenen Sprunghöhen zu addieren:*

g) $P(X<4,5) = P(X=4)+P(X=2)+P(X=0) = 0,8$

Für Intervall-Wahrscheinlichkeiten *des* Kleiner-Gleich-Typs *ist jeweils der gegebene Wert hinzuzunehmen:*

d) $P(X<=3) = P(X=3)+P(X=2)+P(X=0) = 0+0,4+0,1 = 0,5$

Analog sind Intervall-Wahrscheinlichkeiten *des* Größer- *und des* Größer-Gleich-Typs *zu behandeln:*

b) $P(X>2) = P(X=4)+P(X=5) = 0,5$

h) $P(X>4,5) = P(X=5) = 0,2$

c) $P(X>=2) = P(X=2)+P(X=4)+P(X=5) = 0,9$

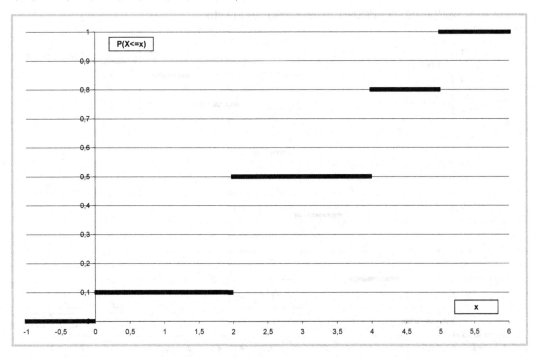

Bild 24.08: Es gibt vier Sprungstellen

24.2.2 Aufgaben

Aufgabe 24.2-1: Eine diskrete Zufallsgröße X sei in folgender Weise beschrieben:

$$(24.22) \quad F_X(x) = P(X \leq x) = \begin{cases} 0 & x < 1 \\ 0,3 & 1 \leq x < 3 \\ 0,5 & 3 \leq x < 4 \\ 0,7 & 4 \leq x < 6 \\ 1 & x \geq 6 \end{cases}$$

Man skizziere zuerst diese Verteilungsfunktion. Anschließend sind die *Werte* und ihre *Wahrscheinlichkeiten* anzugeben, die diese Zufallsgröße realisiert.

Weiter lese man folgende *Gleich-Wahrscheinlichkeiten* aus der Skizze ab:

a) P(X=2)   b) P(X=3)   c) P(X=5)

Gesucht sind dann *Intervall-Wahrscheinlichkeiten* von Kleiner- und Kleiner-Gleich-Typ:

d) P(X<1)   e) P(X<6)   f) P(X<=4)   g) P(X<=5)

Weiter gesucht sind *Intervall-Wahrscheinlichkeiten* von Größer- und Größer-Gleich-Typ:

h) P(X>0)   i) P(X>=2)   j) P(X>=4)   k) P(X>5)

Aufgabe 24.2-2: Entnehmen Sie der in Bild 24.09 skizzierten Verteilungsfunktion einer POISSON-verteilten Zufallsgröße mit λ=3 die folgenden Wahrscheinlichkeiten:

a) P(X=3)   b) P(X<=3)   c) P(X>6)   d) P(X>=4)   e) P(X<0)

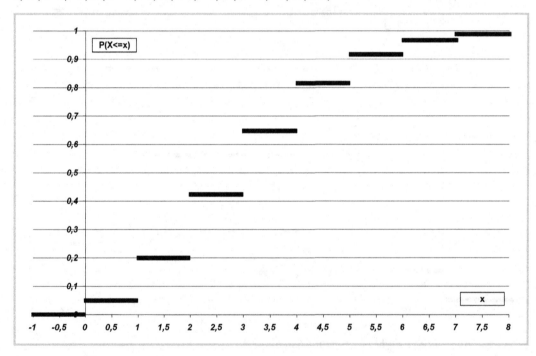

Bild 24.09: POISSON-Verteilung mit λ=3

Aufgabe 24.2-3: Eine gute Fußball-Mannschaft gewinnt in der Regel 80 Prozent aller Spiele. Wie groß ist die Wahrscheinlichkeit, dass sie in einem Turnier, das sieben Spiele umfasst, alle sieben Spiele gewinnt?

Hinweis: Eine Zufallsgröße X, die die Anzahl der bei einem Wettkampf des Umfangs n erzielten Gewinne realisiert, kann mit Hilfe der Binomialverteilung beschrieben werden.

Wenn anstelle ausführlicher Lösungen nur die Ergebnisse angegeben sind, dann findet man die ausführlichen Lösungen im Internet unter
www.w-g-m.de/bwl-ueb.html

24.2.3 Lösungen

Lösung der Aufgabe 24.2-1: Einer Skizze der Verteilungsfunktion entnimmt man, dass die Zufallsgröße die vier Werte

$$x_1=1, \ x_2=3, \ x_3=4 \text{ und } x_4=6$$

mit folgenden Wahrscheinlichkeiten realisiert:

$$P(X=1)=0{,}3 \quad P(X=3)=0{,}2 \quad P(X=4)=0{,}2 \quad P(X=6)=0{,}3.$$

Alle gesuchten Wahrscheinlichkeiten lassen sich dann aus der Skizze ablesen.

Lösung der Aufgabe 24.2-2: In der Skizze der Verteilungsfunktion können folgende Wahrscheinlichkeiten abgelesen werden:

a) $P(X=3) \approx 0{,}22$ b) $P(X<=3) \approx 0{,}65$ c) $P(X>6) \approx 0{,}03$ d) $P(X>=4) \approx 0{,}35$ e) $P(X<0)=0$

Lösung der Aufgabe 24.2-3:

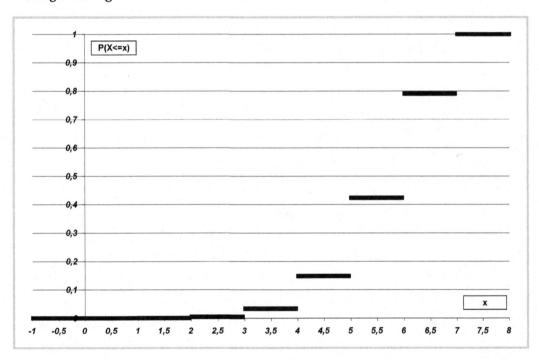

Bild 24.10_L: Binomialverteilung mit n=7 und p=0,8

Die Sprunghöhe an der Stelle $x=7$ beantwortet die Frage: Mit ca. 20-prozentiger Wahrscheinlichkeit gewinnt die Mannschaft alle sieben Spiele.

25. Stetige Zufallsgröße, stetige Verteilung: Normalverteilung

25.1 Beispiele, Übungsaufgaben und Lösungen

Viele zufällig erhobene Daten in Naturwissenschaften, Technik oder Ökonomie sind normalverteilt. Wie in [51] beschrieben, konzentriert sich die Masse der Daten um den so genannten Erwartungswert μ der Normalverteilung. Die Abweichungen nach oben bzw. nach unten vom Erwartungswert sind etwa gleich häufig, außerhalb eines Intervalls um μ wird es praktisch keine beobachteten Werte mehr geben.

Zur Bestimmung von Intervall-Wahrscheinlichkeiten für normalverteilte Zufallsgrößen gibt es praktisch zwei häufig verwendete Möglichkeiten:

- Möglichkeit 1: *Arbeit mit tabellierten Werten der Standardnormalverteilung*

oder

- Möglichkeit 2: *Arbeit mit geeigneten Funktionen von Statistik-Programmen*

25.1.1 Beispiele dafür, wie es richtig gemacht wird

***Beispiel 25.1-1**: Die Zufallsgröße X sei normalverteilt mit den Parametern $\mu = 80$ und $\sigma = 4$. Man bestimme die folgenden Wahrscheinlichkeiten:*

$$a)\ P(X<=86)\quad b)(P(72<X<=90)\quad c)\ P(X<74)\quad d)\ P(X>=75)$$

Wie groß muss der Wert c sein, damit gilt

$$P(80-c<X<=80+c)=0{,}95?$$

Lösung: *Zuerst sollten wir uns an eine sehr wichtige Beziehungen erinnern:*

$$(25.01)\quad P(a < X \le b) = F_X(b) - F_X(a)$$

Das heißt, eine Intervall-Wahrscheinlichkeit *lässt sich über die* Differenz von Funktionswerten *der Verteilungsfunktion bestimmen.*

Kommen wir nun zur Lösung der Aufgabe nach der Methode 1, der so genannten klassischen Methode, die aber auch heute noch zu Übungszwecken gern praktiziert wird.

Methode 1: *Arbeit mit tabellierten Werten der Standardnormalverteilung*

Ausgangspunkt für diese Vorgehensweise ist folgende wichtige Aussage:

Ist X normalverteilt mit den Parametern μ und σ, so ist die Zufallsgröße

$$(25.02)\quad Z = \frac{X - \mu}{\sigma}$$

standardnormalverteilt.

Den Übergang von einer normalverteilten Zufallsgröße X zur zugehörigen Zufallsgröße Z bezeichnet man auch gern als „z-Transformation". Sie wird vollzogen, weil es für die Standardnormalverteilung *(oft mit dem Symbol Φ bezeichnet) Tabellen mit deren Werten gibt.*

Nun sollen die vier gesuchten Wahrscheinlichkeiten mit Hilfe der z-Transformation und abgelese-nen Werten der Standardnormalverteilung bestimmt werden.

Beginnen wir mit der ersten Teilaufgabe und wenden die Transformation (25.02) an:

$$(25.03a) \quad P(X \leq 86) = P(Z \leq \frac{86-80}{4}) = P(Z \leq 1,5) = \Phi(1,5) = 0,933193$$

Der Zahlenwert der Standardnormalverteilung an der Stelle 1,5 kann (zum Beispiel) der Tabelle im Abschnitt 24.2.3 des Lehrbuches [51] entnommen werden.

Bereits für die nächste Intervall-Wahrscheinlichkeit *wird jedoch eine Zusatz-Überlegung nötig:*

$$(25.03b1) \quad \begin{aligned} P(72 < X \leq 90) &= P(\frac{72-80}{4} Z \leq \frac{90-80}{4}) \\ &= P(-2 < Z \leq 2,5) \\ &= \Phi(2,5) - \Phi(-2) \end{aligned}$$

Die Tabelle im Lehrbuch gibt – ebenso wie die meisten Tabellen der Standardnormalverteilung – leider keine Auskunft über Werte der Standardnormalverteilung für negative Argumente.

Was ist zu tun? Erinnern wir uns an die Symmetrie der Standardnormalverteilung. *Sie gibt uns wegen*

$$(25.03b2) \quad \Phi(-x) = 1 - \Phi(x)$$

die Möglichkeit, auch Werte, die nicht in der Tafel enthalten sind, zu berücksichtigen.

Damit kann die Rechnung aus (25.03b1) weitergeführt werden:

$$(25.03b3) \quad \begin{aligned} \Phi(2,5) - \Phi(-2) &= \Phi(2,5) - [1 - \Phi(+2)] = \\ &= 0,99379 - [1 - 0,97725] \\ &= 0,97104 \end{aligned}$$

Dieselbe Überlegung ist auch für die folgende Intervall-Wahrscheinlichkeit nötig:

$$(25.03c) \quad \begin{aligned} P(X < 74) &= P(Z < \frac{74-80}{4}) = P(Z < -1,5) \\ &= \Phi(-1,5) = 1 - \Phi(1,5) \\ &= 1 - 0,933193 = 0,066807 \end{aligned}$$

Ist eine reine Größer-Wahrscheinlichkeit *gesucht, so findet man sie durch* Übergang zum Komplementär-Ereignis:

$$(25.03d) \quad \begin{aligned} P(X \geq 75) &= 1 - P(X < 75) = 1 - P(Z < \frac{75-80}{4}) = 1 - P(Z < -1,25) \\ &= 1 - \Phi(-1,25) = 1 - [1 - \Phi(1,25)] = 1 - [1 - 0,89435] = 0,89435 \end{aligned}$$

Kommen wir nun zur Bestimmung von c aus dem letzten Teil der Aufgabe: Gesucht ist c mit

$$(25.04a) \quad P(80 - c < X \leq 80 + c) = 0,95 \ .$$

Es erfolgt zunächst der Übergang zur Standardnormalverteilung:

$$P(80 - c < X \leq 80 + c) \qquad\qquad = 0{,}95$$

$$P(\frac{[80 - c] - 80}{4} < Z \leq \frac{[80 + c] - 80}{4}) = 0{,}95$$

(25.04b) $\quad P(\frac{-c}{4} < Z \leq \frac{c}{4}) = \Phi(\frac{c}{4}) - \Phi(-\frac{c}{4}) \quad = 0{,}95$

$$\Phi(\frac{c}{4}) - [1 - \Phi(\frac{c}{4})] = 2\Phi(\frac{c}{4}) - 1 \quad = 0{,}95$$

$$2\Phi(\frac{c}{4}) = 1{,}95 \Rightarrow \Phi(\frac{c}{4}) = 0{,}975$$

Jetzt muss die Tabelle „von innen nach außen" gelesen werden, denn wir kennen ja den Wert der Verteilungsfunktion und suchen nun das zugehörige Argument. Man findet (mit hinreichender Genauigkeit)

(25.04c) $\quad \dfrac{c}{4} = 1{,}96 \Rightarrow c = 7{,}84$.

Anwortsatz: *Die Zahl c muss den Wert c=7,84 haben, damit 95 Prozent aller Daten im Intervall (80–c,80+c] liegen.*

P(X<=86)=	=NORMVERT(86;80;4;WAHR)
P(X<=86)=	0,933192799

P(72<X<=90)	=NORMVERT(90;80;4;WAHR)-NORMVERT(72;80;4;WAHR)
P(72<X<=90)	0,971040203

P(X<74)	=NORMVERT(74;80;4;WAHR)
P(X<74)	0,066807201

P(X>=75)	=1-NORMVERT(75;80;4;WAHR)
P(X>=75)	0,894350226

Bild 25.01: Wahrscheinlichkeiten mit NORMVERT berechnen

Kommen wir nun zur eingangs erwähnten zweiten Möglichkeit, *die gesuchten Wahrscheinlichkeiten mit Hilfe* geeigneter Funktionen aus Statistik-Programmen *zu ermitteln.*

Da auch das bekannte Tabellenkalkulations-System Excel über viele leicht nutzbare Statistik-Funktionen verfügt, soll das weitere Vorgehen stets mit den Statistik-Funktionen aus Excel beschrieben werden.

Grundsätzlich gilt:

> *Ist die Zufallsgröße X normalverteilt mit dem Erwartungswert μ und der Standardabweichung σ, dann kann die Kleiner-Gleich-Intervallwahrscheinlichkeit P(X<=x) mit Hilfe der Excel-Funktion*
>
> (25.05)
> $$P(X \leq x) = \text{NORMVERT}(\cdots ; \cdots ; \cdots ; \text{WAHR})$$
> $$\uparrow \quad \uparrow \quad \uparrow$$
> $$x \quad \mu \quad \sigma$$
>
> *erhalten werden. Die ersten drei Argumente sind dabei mit dem x-Wert, dem Erwartungswert μ und der Standardabweichung σ zu belegen.*

Bild 25.01 zeigt, wie die vier Aufgaben zur Berechnung der Wahrscheinlichkeiten unter Verwendung der Excel-Funktion NORMVERT schnell gelöst werden konnten.

Kommen wir zur formulierten Zusatzaufgabe: Für die Bestimmung von c, so dass die Wahrscheinlichkeit P(80-c< X<= 80+c) gleich 95 Prozent ist, gibt es zwei Wege:

Die erste Möglichkeit ergibt sich aus der in (25.04b) vorgeführten Umformung

(25.04d) $P(80 - c < X \leq 80 + c) = 0{,}95 \Leftrightarrow \Phi(\frac{c}{4}) = 0{,}975$

Allerdings wird jetzt anstelle der „Rückwärts-Suche" in der Tabelle der Standardnormalverteilung die Excel-Funktion =STANDNORMINV verwendet, die dasselbe leistet:

c/4=	=STANDNORMINV(0,975)
c/4=	1,959963985
c=	=4*STANDNORMINV(0,975)
c=	7,839855938

Bild 25.02a Nutzung der Funktion STANDNORMINV anstelle der Rückwärtssuche

Es gibt noch eine zweite Möglichkeit zur Berechnung von c, bei der sogar die z-Transformation entfallen kann:

Überlegen wir: Wenn 95 Prozent der Daten im Intervall von 80-c bis 80+c liegen sollen, so heißt das doch, dass 2,5 Prozent der Daten unterhalb von 80-c und 2,5 Prozent der Daten oberhalb von 80+c liegen. Wenn aber 2,5 Prozent der Daten oberhalb von 80+c liegen, dann liegen wiederum 97,5 Prozent der Daten unterhalb von 80+c:

(25.04e) $P(X \leq 80 + c) = 0{,}975$

Da es die Excel-Funktion NORMINV gibt, die zu einer vorgegebenen Wahrscheinlichkeit die Intervall-Grenze einer Rechts-Wahrscheinlichkeit zu ermitteln gestattet, kann mit ihr sofort die Aufgabe gelöst werden:

80+c=	=NORMINV(0,975;80;4)
80+c=	87,83985594
c=	=NORMINV(0,975;80;4)-80
c=	7,839855938

Bild 25.02b: Nutzung der Funktion NORMINV

Beispiel 25.1-2: *Der Durchmesser von Wellen, die auf einer Drehbank gefertigt werden, sei normalverteilt mit $\mu = 10$ mm und $\sigma = 0,1$ mm.*

a) *Wie groß ist der Anteil der Wellen, deren Durchmesser im vorgeschriebenen Toleranzbereich 9,94 < d < 10,18 [mm] liegt?*

b) *Wie müssen die Toleranzgrenzen $10 \pm c$ gewählt werden, damit nicht mehr als 6 Prozent der Wellen einen Durchmesser außerhalb des Toleranzbereiches haben?*

c) *Für eine Lieferung sind nur Wellen brauchbar, deren Durchmesser kleiner als 9,8 mm ist. Wie hoch ist der Anteil dieser Wellen?*

Lösung: Im Folgenden werden sowohl die Lösung mit den tabellierten Werten der Standardnormalverteilung als auch die Lösung mittels geeigneter Excel-Funktionen angegeben.

Zu a) Zu berechnen ist die Wahrscheinlichkeit P(9,94<d<10,18):

$$P(9,94 < d < 10,18) = P(\frac{9,94-10}{0,1} < Z < \frac{10,18-10}{0,1}) = P(-0,6 < Z < 1,8)$$

(25.05a)
$$= \Phi(1,8) - \Phi(-0,6) = \Phi(1,8) - [1 - \Phi(0,6)]$$
$$= 0,964070 - [1 - 0,725747] = 0,689817$$

Alternativ: Anwendung der Excel-Funktion NORMVERT:

P(9,94<X<10,18)	=NORMVERT(10,18;10;0,1;WAHR)-NORMVERT(9,94;10;0,1;WAHR)
P(9,94<X<10,18)	0,689816563

Antwortsatz zu a): 68,98 Prozent der Wellen haben einen Durchmesser, der im angegebenen Toleranzbereich liegt.

Zu b) Wenn nicht mehr als 6 Prozent der Wellen einen Durchmesser außerhalb des Toleranzbereiches (10–c, 10+c) haben sollen, müssen mehr als 94 Prozent der Wellen einen Durchmesser in diesem Toleranzbereich besitzen, das heißt

$$P(10-c < d < 10+c) \qquad > 0,94$$

$$P(\frac{[10-c]-10}{0,1} < d < \frac{[10+c]-10}{0,1}) > 0,94$$

(25.05b)
$$P(-\frac{c}{0,1} < d < \frac{c}{0,1}) \qquad > 0,94$$

$$\Phi(\frac{c}{0,1}) - [1 - \Phi(\frac{c}{0,1})] \qquad > 0,94$$

$$2\Phi(\frac{c}{0,1}) - 1 > 0,94 \qquad \Rightarrow \Phi(\frac{c}{0,1}) > 0,97$$

Durch das schon beschriebene „Rückwärts-Ablesen" in der Tabelle der Standardnormalverteilung erhält man dann

(25.05c) $\quad \Phi(\frac{c}{0,1}) > 0,97 \Leftrightarrow \frac{c}{0,1} > 1,88 \Leftrightarrow c > 0,188$

Lösung mit der Excel-Funktion NORMINV: Dabei kann man ausnutzen, dass 97 Prozent der Wellen einen Durchmesser unter 10+c haben müssen, d. h. P(d<10+c)>0,97. Wiederum nutzen wir die Möglichkeit aus, dass die Funktion NORMINV uns bei vorgegebener Wahrscheinlichkeit die Grenze für eine Rechts-Wahrscheinlichkeit liefern kann:

10+c=	=NORMINV(0,97;10;0,1)
10+c	10,18807936
c=	=NORMINV(0,97;10;0,1)-10
c=	0,188079361

Antwortsatz zu b): Wählt man ein Toleranzintervall (9,812; 10,188), so haben nicht mehr als 6 Prozent der Wellen einen Durchmesser, der außerhalb dieses Toleranzbereiches liegt.

Zu c): Rechnung mit z-Transformation und Ablesen in der Tabelle der Standardnormalverteilung:

$$P(d < 9,8) = P(Z < \frac{9,8-10}{0,1}) = P(Z < -2)$$

(25.05d)

$$= 1 - \Phi(2) = 1 - 0,87725 = 0,02275$$

Alternativ: Lösung mit der Excel-Funktion NORMVERT:

P(d<9,8)=	=NORMVERT(9,8;10;0,1;WAHR)
P(d<9,8)=	0,022750132

Antwortsatz zu c): 2,275 Prozent der Wellen besitzen einen Durchmesser unter 9,8 mm.

25.1.2 Aufgaben

Aufgabe 25.1-1: Eine fränkische Winzergenossenschaft füllt ihren Wein in Bocksbeutel ab. Messungen haben ergeben, dass die Füllmenge der Beutel normalverteilt ist mit einer durchschnittlichen Füllmenge von 753 Milliliter bei einer Standardabweichung von 2 ml.

Wie groß ist die Wahrscheinlichkeit, dass

a) die Sollfüllmenge von 750 ml unterschritten wird

b) in einem Bocksbeutel mindestens 757 ml enthalten sind

c) in einem Bocksbeutel mehr als 760 ml enthalten sind?

Aufgabe 25.1-2: Die Nachfrage nach einer Fachzeitschrift sei normalverteilt mit durchschnittlich 2000 Exemplaren und einer Standardabweichung von 40 Exemplaren.

a) Wie groß ist die Wahrscheinlichkeit, dass die Nachfrage vollständig gedeckt werden kann, wenn 2100 Exemplare gedruckt werden?

b) Wie groß ist die Wahrscheinlichkeit, dass mindestens 1940 Exemplare nachgefragt werden?

c) Wie viele Exemplare müssen gedruckt werden, damit die Nachfrage mit einer Wahrscheinlichkeit von 97,5 Prozent gedeckt werden kann?

Aufgabe 25.1-3: Bei der Herstellung von Pralinen treten produktionsbedingt kleine zufällige Abweichungen vom Sollgewicht (10 Gramm) auf. Das zufällige Gewicht einer hergestellten Praline werde durch eine Normalverteilung mit $\mu = 10$ g und $\sigma^2 = 0,09$ g^2 beschrieben. Eine Praline gilt als Ausschuss, wenn sie weniger als 9,5 Gramm wiegt.

Mit wie viel Prozent Ausschuss muss gerechnet werden?

Aufgabe 25.1-4: Lehrling Flingerflink hat im mechanischen Verständnistest 78 Punkte und im Kreativitätstest 35 Punkte erreicht. Im ersten Test erzielen Lehrlinge im Durchschnitt eine Leistung von 60 Punkten mit einer Standardabweichung von $\sigma = 8$ und im zweiten Test eine durchschnittliche Leistung von 40 Punkten mit einer Standardabweichung $\sigma = 5$.

Die Testleistungen seien in beiden Tests normalverteilt.

a) Wie groß ist der Anteil der Lehrlinge, die im mechanischen Verständnistest schlechter abschneiden als Flingerflink?

b) Wie groß ist der Anteil der Lehrlinge, die im Kreativitätstest besser abschneiden als Flingerflink?

c) Lehrling Spinner habe im Kreativitätstest 43 Punkte erreicht. Wie viel Prozent der Lehrlinge haben in diesem Test eine bessere Leistung als Flingerflink, aber gleichzeitig eine schlechtere Leistung als Spinner?

d) Welche Punktzahl erreichen die besten drei Prozent der Lehrlinge im mechanischen Verständnistest?

e) Wie groß ist diese Punktzahl für die besten 25 Prozent der Lehrlinge im Kreativitätstest?

Aufgabe 25.1-5: Die Körpergröße von Kindern eines Jahrgangs sei normalverteilt mit $\mu = 90$ und $\sigma = 8$ (cm).

a) Wie viel Prozent der Kinder sind höchstens 87 cm groß?

b) Wie viel Prozent der Kinder sind mindestens 86 und höchstens 95 cm groß?

c) Mutter Superstolz berichtet den Müttern in ihrer Krabbelgruppe, dass ihr Sohn Udo mit einer Größe von 101 cm zu den 10 Prozent größten Kindern dieses Jahrgangs gehört. Übertreibt sie damit?

25.1.3 Lösungen

Wenn anstelle ausführlicher Lösungen nur die Ergebnisse angegeben sind, dann findet man die ausführlichen Lösungen im Internet unter

www.w-g-m.de/bwl-ueb.html

Lösung der Aufgabe 25.1-1: Die betrachtete Zufallsgröße X ist normalverteilt mit $\mu = 753$ und $\sigma = 2$.

Zu a): Gesucht ist die Wahrscheinlichkeit $P(X<750)$. Sehen wir uns die Lösung mit Excel an:

P(X<750)=	=NORMVERT(750;753;2;WAHR)
P(X<750)=	0,066807201

Antwortsatz zu a): 6,68 Prozent der Bocksbeutel enthalten eine Füllmenge, die unterhalb des Sollwertes liegt.

Zu b): Gesucht ist die Wahrscheinlichkeit P(X>757). Lösung mit Excel:

P(X>757)=	1-P(X<=757)	=1-NORMVERT(757;753;2;WAHR)
P(X>757)=	1-P(X<=757)	0,022750132

Antwortsatz zu b): 2,275 Prozent der Bocksbeutel enthalten mindestens 757 Milliliter.

Zu c): Gesucht ist P(X>760). Lösung mit Excel:

P(X>760)=	1-P(X<=760)	=1-NORMVERT(760;753;2;WAHR)
P(X>760)=	1-P(X<=760)	0,000232629

Weil die erhaltene Wahrscheinlichkeit mit 0,023 Prozent extrem gering ist, kann man wohl folgenden Antwortsatz formulieren:

Antwortsatz zu c): Es gibt praktisch keine Bocksbeutel, die mehr als 760 Milliliter Wein enthalten.

Bemerkung: Die Antwort zu c) hätte man sich auch aus der fundamentalen Eigenschaft jeder Normalverteilung ableiten können:

Außerhalb des so genannten 3σ-Intervalls [μ–3σ,μ+3σ] finden sich Werte nur mit der äußerst geringen Wahrscheinlichkeit von 0,3 Prozent.

Da das 3σ-Intervall für die hier betrachtete Aufgabe bei 747 beginnt und bei 759 endet, befindet man sich mit der Frage c) außerhalb dieses Intervalls.

Lösung der Aufgabe 25.1-2: Die betrachtete Zufallsgröße X ist normalverteilt mit μ=2000 und σ=40.

Zu a): Eine vollständige Deckung der Nachfrage bedeutet, dass die Anzahl der nachgefragten Exemplare X die Anzahl der gedruckten Exemplare (hier 2100) nicht übersteigt, das heißt, gesucht ist P(X<=2100). Lösung mit Excel:

P(X<=2100)=	=NORMVERT(2100;2000;40;WAHR)
P(X<=2100)=	0,993790335

Antwortsatz zu a): Mit einer Wahrscheinlichkeit von 99,38 Prozent wird die Nachfrage vollständig gedeckt.

Zu b): Gesucht ist nun P(X>=1940). Lösung mit Excel:

P(X>=1940)=	1-P(X<1940)=	=1-NORMVERT(1940;2000;40;WAHR)
P(X>=1940)=	1-P(X<1940)=	0,933192799

Antwortsatz zu b): Mit einer Wahrscheinlichkeit von 93,32 Prozent werden mindestens 1940 Exemplare nachgefragt.

Zu c): Gesucht ist die Anzahl der zu druckenden Exemplare x_0, für die gilt $P(X \leq x_0) = 0{,}975$.

Die Lösung mit Excel gestaltet sich einfach, da die schon erwähnte Funktion NORMINV es ermöglicht, bei vorgegebener Wahrscheinlichkeit die rechte Grenze einer Kleiner-Gleich-Wahrscheinlichkeit zu berechnen:

$x_0 =$	=NORMINV(0,975;2000;40)
$x_0 =$	2078,398559

Anwortsatz zu c): Es müssen 2079 Exemplare gedruckt werden, um die Nachfrage mit einer Wahrscheinlichkeit von mindestens 97,5 Prozent zu decken.

Lösung der Aufgabe 25.1-3: Die betrachtete Zufallsgröße X ist normalverteilt mit $\mu = 10$ und $\sigma = 0{,}3$.

Gesucht ist die Wahrscheinlichkeit $P(\text{Ausschuss}) = P(X < 9{,}5)$. Lösung mit Excel:

$P(X{<}9{,}5)=$	=NORMVERT(9,5;10;0,3;WAHR)
$P(X{<}9{,}5)=$	0,047790352

Antwortsatz: 4,8 Prozent der Pralinen wiegen weniger als 9,5 Gramm, wären damit als Ausschuss zu betrachten.

Lösung der Aufgabe 25.1-4: Wir bezeichnen mit

- V die Punktzahl im mechanischen Verständnistest

und mit

- K die Punktzahl im Kreativitätstest.

Dann gilt:

- V ist normalverteilt mit $\mu = 60$ und $\sigma = 8$
- K ist normalverteilt mit $\mu = 40$ und $\sigma = 5$.

Zu a): Gesucht ist $P(V{<}78)$. Lösung mit Excel:

$P(V{<}78)=$	NORMVERT(78;60;8;WAHR)
$P(V{<}78)=$	0,987775527

Antwortsatz zu a): 98,8 Prozent der Lehrlinge schneiden im mechanischen Verständnistest schlechter ab als Lehrling Flingerflink.

Zu b): Gesucht ist $P(K{>}35)$. Lösung mit Excel:

$P(K{>}35)=$	$1{-}P(K{<}35)=$	=1-NORMVERT(35;40;5;WAHR)
$P(K{>}35)=$	$1{-}P(K{<}35)=$	0,841344746

Antwortsatz zu b): 84,1 Prozent der Lehrlinge schneiden im Kreativitätstest besser ab als Lehrling Flingerflink.

Zu c): Gesucht ist P(35<K<43). Lösung mit Excel:

P(35<K<43)=	=NORMVERT(43;40;5;WAHR)-NORMVERT(35;40;5;WAHR)
P(35<K<43)=	0,567091628

Antwortsatz zu c): 56,7 Prozent der Lehrlinge schneiden im Kreativitätstest besser als Flingerflink, aber schlechter als Spinner ab.

Zu d): Anstelle der besten 3 Prozent der Lehrlinge betrachten wir die „schlechtesten" 97 Prozent der Lehrlinge. Diese erreichen im mechanischen Verständnistest höchstens die Punktzahl V_0. Es gilt also P(V<=V_0)=0,97. Zu bestimmen ist V_0. Lösung mit Excel:

V_0=	=NORMINV(0,97;60;8)
V_0=	75,04634887

Antwortsatz zu d): Die besten 3 Prozent der Lehrlinge erreichen im mechanischen Verständnistest mindestens 75 Punkte.

Zu e): Anstelle der besten 25 Prozent werden auch hier die „schlechtesten" 75 Prozent der Lehrlinge betrachtet, gesucht ist also K_0 mit P(K<=K_0). Lösung mit Excel:

K_0=	=NORMINV(0,75;40;5)
K_0=	43,37244875

Antwortsatz zu e): Die besten 25 Prozent der Lehrlinge erreichen im Kreativitätstest mindestens 43 Punkte.

Lösung der Aufgabe 25.1-5: Wir betrachten nun die normalverteilte Zufallsgröße X mit μ=90 und σ=8.

Zu a): Gesucht ist P(X<=87). Lösung mit Excel:

P(X<=87)=	=NORMVERT(87;90;8;WAHR)
P(X<=87)=	0,353830233

Antwortsatz zu a): Ca. 35 Prozent der Kinder dieses Jahrgangs sind höchstens 87 Zentimeter groß.

Zu b): Zu bestimmen ist nun P(86<=X<=95). Lösung mit Excel:

P(86<X<95)=	=NORMVERT(95;90;8;WAHR)-NORMVERT(86;90;8;WAHR)
P(86<X<95)=	0,425476932

Antwortsatz zu b): 42,5 Prozent der Kinder dieses Jahrgangs sind mindestens 86 Zentimeter und höchstens 95 Zentimeter groß.

Zu c): Wenn Udo mit seinen 101 cm zu den größten 10 Prozent aller Kinder gehört, dann müssten 90 Prozent kleiner als Udo sein, es müsste also gelten P(X<101)=0,9. Berechnen wir also P(X<101) mit Excel:

P(X<101)=	=NORMVERT(101;90;8;WAHR)
P(X<101)=	0,915434278

Antwortsatz zu c): Mehr als 91,5 Prozent aller Kinder des Jahrgangs sind kleiner als Udo mit seinen 101 Zentimetern. Er gehört also tatsächlich zu den 10 Prozent der größten Kinder des Jahrgangs.

26. Prüfen von Verteilungen

26.1 Beispiele, Übungsaufgaben und Lösungen

Bei vielen praktischen Problemen ist es notwendig, zunächst die Verteilung des betrachteten Merkmals zu prüfen.

Insbesondere die *Parametertests bei kleinen Stichproben* verlangen *normalverteilte Grundgesamtheiten*. Diese Voraussetzung muss also gegebenenfalls überprüft werden können.

26.1.1 Beispiele dafür, wie es richtig gemacht wird

Beispiel 26.1-1: *Eine Wohnungsbaugenossenschaft hat an ihre Mitglieder 1200 Wohnungen vermietet. Die Mieter können an jedem Werktag zwischen 9 und 10 Uhr Beschwerden über ihre Wohnung und ähnliches bei der Geschäftsführung vorbringen. Die Anzahl der Beschwerden an den letzten 120 Tagen ist nachfolgender Tabelle zu entnehmen:*

Anzahl der Beschwerden	0	1	2	3	4	5
Häufigkeit	96	67	25	7	3	2

Zu prüfen ist, ob der Geschäftsführer Recht hat mit seiner Vermutung, die Anzahl der Beschwerden sei POISSON-verteilt.

Lösung: *Geprüft werden soll hier die Nullhypothese*

(26.01a) H_0 :"Die Anzahl der Beschwerden ist POISSON - verteilt" .

gegen die Gegenhypothese

(26.01b) H_1 :"*D*as trifft nicht zu" .

Als Signifikanzniveau wird $\alpha = 0,05$ *gewählt.*

Um die beobachteten Häufigkeiten mit den theoretischen Häufigkeiten vergleichen zu können, muss zuerst der Parameter λ *der POISSON-Verteilung durch das Stichprobenmittel geschätzt werden:*

(26.01c) $\lambda = \bar{x} = \dfrac{1}{200}(0 \cdot 96 + 1 \cdot 67 + 2 \cdot 25 + 3 \cdot 7 + 4 \cdot 3 + 5 \cdot 2) = 0,8$

Jetzt können die theoretischen Häufigkeiten für jeden Merkmalwert mittels

(26.01d) $e_i = n \cdot P(X = x_i)$

bestimmt werden, und man kann in einer Tabelle (Bild 26.01) die tatsächlichen und die theoretischen Anzahlen für jeden Merkmalwert zusammenstellen:

Merkmalwert x_i	tatsächliche Anzahl h_i	P(X=x_i)	theoretische Anzahl e_i
0	96	0,44933	89,86579
1	67	0,35946	71,89263
2	25	0,14379	28,75705
3	7	0,03834	7,66855
4	3	0,00767	1,53371
5	2	0,00123	0,24539

Bild 26.01: Zusammenstellung von tatsächlicher und theoretischer Anzahl

Zur Berechnung der Wahrscheinlichkeiten P(X=x_i) kann entweder die Formel aus dem Abschnitt 22.2.3 des Lehrbuches [51]

$$(26.01\text{e}) \quad P(X = x_i) = \frac{\lambda^{x_i}}{x_i!} e^{-\lambda}$$

oder die Excel-Funktion POISSON(... ; ... ; FALSCH) verwendet werden.

Dabei ist an die erste Stelle dieser Funktion der x-Wert einzutragen, an die zweite Stelle der Wert des Parameters λ oder seiner Schätzung.

Betrachten wir jetzt aber die Tabelle in Bild 26.01. Da die Anzahl der in den letzten beiden Klassen liegenden Werte unter 5 liegt, müssen (wie im [51] im Abschnitt 26.4.4 gefordert) die letzten drei Klassen zusammengelegt werden:

Merkmalwert x_i	tatsächliche Anzahl h_i	P(X=x_i)	theoretische Anzahl e_i	$(h_i-e_i)^2$	$((h_i-e_i)^2)/e_i$
0	96	0,44933	89,86579	37,6284977	0,418719
1	67	0,35946	71,89263	23,93787	0,332967
2	25	0,14379	28,75705	14,1154525	0,490852
3 und mehr	12	0,04724	9,44765	6,5144869	0,689535
					1,932073

Bild 26.02: Zusammenlegung kleiner Klassen und Berechnung der Prüfgröße

Die Überschriften in den letzten beiden Spalten erklären, wie die Prüfgröße entsteht:

$$(26.01\text{f}) \quad Chi = \sum_i \frac{(h_i - e_i)^2}{e_i} = 1,932$$

Nun muss die Prüfgröße daraufhin untersucht werden, ob sie im Ablehnungsbereich für diesen Test liegt.

Einer Formelsammlung (oder dem Lehrbuch [51]) entnimmt man die Form des Ablehnungsbereiches:

> Der Ablehnungsbereich dieses Tests beginnt bei einem bestimmten positiven Wert und erstreckt sich von dort bis in das positive Unendliche.

Der Anfang des Ablehnungsbereiches, das ist der linke Rand. Er wird gemäß [51] beschrieben durch das $(1-\alpha)$-Quantil der CHI-Quadrat-Verteilung mit zwei Freiheitsgraden.

Warum? Die Anzahl der Freiheitsgrade ergibt sich eigentlich aus der Anzahl der Klassen minus eins. Aber da nach dem Zusammenlegen der Klassen vier Klassen übrig blieben und zusätzlich der Parameter λ geschätzt werden musste, verringert sich die Anzahl der Freiheitsgrade auf zwei.

Das Quantil $CHI_{1-\alpha;2} = CHI_{0,95;2}$ kann man einer Tabelle der CHI-Quadrat-Verteilung entnehmen oder mit der Excel-Funktion CHIINV berechnen lassen. Im letzteren Fall muss man beachten, dass dort nicht 1−α, sondern α einzutragen ist:

Quantil $CHI_{0,95;2}$=	=CHIINV(0,05;2)
Quantil $CHI_{0,95;2}$=	5,991464547

Der Ablehnungsbereich erstreckt sich also von 5,99 bis in das positive Unendliche.

Die Prüfgröße mit ihrem Wert von 1,932 liegt nicht im Ablehnungsbereich.

Antwortsatz zur Aufgabe: *Die vorliegenden Daten geben keinen Anlass für einen Zweifel an der POISSON-Verteilung der Anzahl der Beschwerden.*

Beispiel 26.1-2: *Es wurde der IQ von 100 zufällig ausgewählten Erwachsenen ermittelt. Man erhielt folgendes Resultat:*

IQ:x	x<=80	80<x<=90	90<x<=100	100<x<=110	110<x<=120	120<x<=130	130<x<=140	x>140
n_i	2	13	17	36	17	10	4	1

Bild 26.03: Bestimmung von Intelligenzquotienten

Es ist die Hypothese zu prüfen, dass der IQ bei dieser Erwachsenengruppe durch eine Normalverteilung mit μ=105 und σ^2=200 angemessen beschrieben werden kann.

Lösung: *Die zu prüfende Hypothese heißt jetzt*

(26.02a) H_0 :"Der IQ ist normalverteilt mit den Parametern $\mu = 105$ und $\sigma = \sqrt{200}$ " .

Die Gegenhypothese lautet dazu

(26.02b) H_1 :"*Das* trifft nicht zu" .

Bemerkung: *Für eine Ablehnung der Hypothese zugunsten der Gegenhypothese könnte es zwei Gründe geben: Entweder ist der IQ gar nicht normalverteilt – oder die Parameter der Normalverteilung sind schlecht gewählt.*

Zu prüfen ist zum Signifikanzniveau α=0,05, ob sich die beobachtete Anzahl der Werte *in den Intervallen m_i<=x<m_{i+1} sehr unterscheidet von der* theoretischen Anzahl der Werte, *die beim Vorliegen einer Normalverteilung mit den in der Hypothese genannten Parameter-Werten dort hätte stehen müssen.*

Die Berechnung der Intervall-Wahrscheinlichkeiten kann zweckmäßig mit Hilfe der Excel-Funktion NORMVERT erfolgen.

So ergibt sich zum Beispiel für das Intervall 80<X<=90 die Wahrscheinlichkeit P(80<X<=90) aus der Differenz zweier Normalverteilungswerte:

P(80<x<=90)=	=NORMVERT(90;105;WURZEL(200);WAHR)-NORMVERT(80;105;WURZEL(200);WAHR)
P(80<x<=90)=	0,105872247

In dieser Weise lässt sich die Tabelle der beobachteten und theoretischen Anzahl-Werte aufstellen:

IO von	bis einschließlich	tatsächliche Anzahl h_i	Intervall-Wahrscheinlichkeit	theoretische Anzahl e_i
$-\infty$	80	2	0,03854994	3,854994
80	90	13	0,10587225	10,587225
90	100	17	0,21741462	21,741462
100	110	36	0,27632639	27,632639
110	120	17	0,21741462	21,741462
120	130	10	0,10587225	10,587225
130	140	4	0,03188577	3,188577
140	$+\infty$	1	0,00666416	0,666416

Bild 26.04: Beobachtete und theoretische Werte

Es zeigt sich, dass es Klassen gibt, die weniger als 5 Elemente enthalten – also müssen Klassen geeignet zusammengelegt werden: Die ersten beiden Intervalle werden also zum Intervall $(-\infty, 90]$, die letzten drei Intervalle zum Intervall $(120; +\infty)$, wobei die Wahrscheinlichkeiten addiert werden:

IO von	bis einschließlich	tatsächliche Anzahl h_i	Intervall-Wahrscheinlichkeit	theoretische Anzahl e_i	$(h_i-e_i)^2/e_i$
$-\infty$	90	15	0,14442218	14,442218	0,02154243
90	100	17	0,21741462	21,741462	1,03403641
100	110	36	0,27632639	27,632639	2,53369683
110	120	17	0,21741462	21,741462	1,03403641
120	$+\infty$	15	0,14442218	14,442218	0,02154243
					4,6448545

Bild 26.05: Zusammenlegung kleiner Klassen und Berechnung der Prüfgröße

Für die die Prüfgröße, die wieder nach der Formel

$$(26.01f) \quad Chi = \sum_i \frac{(h_i - e_i)^2}{e_i}$$

berechnet wird, ergibt sich der Wert 4,645.

Der linke Rand des Ablehnungsbereiches *ist unter Verwendung der Excel-Funktion CHIINV mit Hilfe des Quantils* $CHI_{1-\alpha;4}$ *zu ermitteln.*

Denn es gibt fünf Klassen und keine geschätzten Parameter, also ergibt sich die Anzahl der Freiheitsgrade aus der Klassenzahl minus Eins:

Quantil $CHI_{0,95;4}=$	=CHIINV(0,05;4)
Quantil $CHI_{0,95;4}=$	9,487729037

Jetzt haben wir alle benötigten Zahlen ermittelt und können entscheiden:

Antwortsatz zur Aufgabe: *Der Ablehnungsbereich beginnt bei 9,49 und reicht bis in das positive Unendliche. Die Prüfgröße mit ihrem Wert 4,645 liegt nicht im Ablehnungsbereich. Es gibt keinen Grund, die Nullhypothese zu verwerfen. Die vorliegenden Daten sprechen nicht gegen eine Normalverteilung des IQ mit den beiden Parametern $\mu=105$ und $\sigma^2=200$.*

26.1.2 Aufgaben

Aufgabe 26.1-1: In einer Firma wurden innerhalb eines Jahres 100 Fälle registriert, in denen ein Arbeiter genau einen Tag fehlte. Davon entfielen auf die einzelnen Wochentage:

Wochentag	Montag	Dienstag	Mittwoch	Donnerstag	Freitag
Anzahl	22	19	16	18	25

Ist die Annahme haltbar, dass sich solche eintägigen Arbeitsausfälle gleichmäßig auf die fünf Arbeitstage verteilen?

Aufgabe 26.1-2: Ein Spieler vermutet, dass von den vier Münzen, mit denen er spielt, mindestens eine gefälscht ist. Um das zu prüfen, wirft er 160-mal die vier Münzen und erhält folgende Verteilung für „Zahl":

Anzahl „Zahl"	0	1	2	3	4
beobachtete Anzahl	15	54	55	30	6

a) Welche Verteilung muss sich für die Zufallsvariable „Anzahl Zahl" bei einem Wurf mit vier Münzen ergeben, wenn es sich um ideale Münzen handelt?

b) Man prüfe mit Hilfe des CHI-Quadrat-Anpassungstests, ob die Münzen des Spielers ideal sind. Als Signifikanzniveau ist $\alpha=0,05$ zu wählen.

Aufgabe 26.1-3: Kann die Milchleistung (in Hektolitern pro Jahr) von Milchkühen einer bestimmten Züchtung durch eine normalverteilte Zufallsvariable mit $\mu=34$ und $\sigma=5$ angemessen beschrieben werden? Man untersuche diese Frage mit dem CHI-Quadrat-Anpassungstest zum Signifikanzniveau $\alpha=5\,\%$ aufgrund folgender Beobachtung:

Milchleistung	<=30	30<x<=32	32<x<=34	34<x<=36	36<x<=38	38<x<=40	>40
Anzahl	24	16	19	22	18	15	11

Bild 26.06: Milchleistung

26.1.3 Lösungen

Wenn anstelle ausführlicher Lösungen nur die Ergebnisse angegeben sind, dann findet man die ausführlichen Lösungen im Internet unter

www.w-g-m.de/bwl-ueb.html

Lösung der Aufgabe 26.1-1: Die Hypothese lautet hier auf Gleichverteilung, so dass sich folgende Tabelle mit *gleichmäßigen Theorie-Werten* ergibt:

Tag	tatsächliche Anzahl h_i	theoretische Anzahl e_i	$(h_i - e_i)^2 / e_i$
Montag	22	20	0,20
Dienstag	19	20	0,05
Mittwoch	16	20	0,80
Donnerstag	18	20	0,20
Freitag	25	20	1,25
			2,50

Bild 26.07_L: Durchführung des CHI-Quadrat-Anpassungstests

Der linke Rand des Ablehnungsbereiches wird durch das Quantil $CHI_{0,95;4}$ beschrieben:

Quantil $CHI_{0,95;4}$=	=CHIINV(0,05;4)
Quantil $CHI_{0,95;4}$=	9,487729037

Antwortsatz zur Aufgabe: Die Prüfgröße liegt nicht im Ablehnungsbereich, die vorliegenden Daten sprechen also nicht signifikant gegen eine gleichmäßige Verteilung der Ausfalltage auf die Wochentage.

Lösung der Aufgabe 26.1-2: Die Zufallsgröße X, die die Anzahl von „Zahl" bei einem Wurf mit vier Münzen beschreibt, ist *binomialverteilt* mit den Parametern $n = 4$ und $p = 1/2$.

Sehen wir uns die Tabelle mit den beobachteten und den theoretischen Häufigkeiten an:

Anzahl von "Zahl"	tatsächliche Anzahl h_i	Wahrscheinlichkeit gemäß Binomialverteilung	theoretische Anzahl e_i	$(h_i - e_i)^2 / e_i$
0	15	0,0625	10,0	2,50000
1	54	0,2500	40,0	4,90000
2	55	0,3750	60,0	0,41667
3	30	0,2500	40,0	2,50000
4	6	0,0625	10,0	1,60000
				11,916667

Bild 26.08_L: Beobachtete und theoretische Häufigkeiten; Prüfgröße

Der Beginn des Ablehnungsbereiches ergibt sich aus dem Quantil $CHI_{0,95;4}$:

Quantil $CHI_{0,95;4}=$	=CHIINV(0,05;4)
Quantil $CHI_{0,95;4}=$	9,487729037

Antwortsatz zum Aufgabe: Die Prüfgröße liegt im Ablehnungsbereich. Die Hypothese der Binomialverteilung ist zu verwerfen.

Also kann anhand der vorliegenden Daten tatsächlich angenommen werden, dass mindestens eine Münze gefälscht sein kann.

Lösung der Aufgabe 26.1-3: Es ergibt sich folgende Tabelle der *beobachteten Anzahl* in den Intervallen sowie der (gemäß Normalverteilung) *theoretischen Anzahl* in jedem Intervall:

von	bis einschließlich	tatsächliche Anzahl h_i	Intervall-Wahrscheinlichkeiten	theoretische Anzahl e_i	$(h_i\text{-}e_i)^2/e_i$
$-\infty$	30	24	0,211855	26,481925	0,2326096
30	32	16	0,132723	16,590357	0,0210075
32	34	19	0,155422	19,427718	0,0094166
34	36	22	0,155422	19,427718	0,3405771
36	38	18	0,132723	16,590357	0,1197739
38	40	15	0,096786	12,098216	0,6959993
40	∞	11	0,115070	14,383709	0,7960037
					2,2153877

Bild 26.09_L: Beobachtete und theoretische Häufigkeiten; Prüfgröße

Der linke Rand des Ablehnungsbereiches ergibt sich aus dem Quantil $CHI_{0,95;6}$:

Quantil $CHI_{0,95;6}=$	=CHIINV(0,05;6)
Quantil $CHI_{0,95;6}=$	12,59159

Antwortsatz zur Aufgabe: Die Prüfgröße fällt nicht in den Ablehnungsbereich, es gibt mit diesen Daten keinen Grund, die Nullhypothese zu verwerfen.

27. Parametertests

27.1 Parametertests bei großen Stichproben

Bei großen Stichproben – und das sind bereits Stichproben mit mehr als 36 Elementen – ist es möglich, den Erwartungswert μ einer Grundgesamtheit unter Verwendung der Standardnormalverteilung zu prüfen. Dabei muss das betrachtete Merkmal selbst nicht normalverteilt sein.

27.1.1 Beispiele dafür, wie es richtig gemacht wird

Beispiel 27.1-1: *Aus einer Stichprobe vom Umfang n=500 errechnete man einen Anteilswert von p=3,4 Prozent.*

Man prüfe mit einem Signifikanzniveau von $\alpha=0,05$ die Hypothese H_0: $p=p_0=3,25\%$

a) gegen die Hypothese H_1: $p \neq p_0$

b) gegen die Hypothese H_1: $p>p_0$.

Lösung:

Zu a): Es gilt hier

$$(27.01) \quad H_0 : p = p_0 = 3,25\% \qquad H_1 : p \neq p_0 \qquad \alpha = 0,05$$

Die Vorschrift für die Berechnung der Prüfgröße für diese Aufgabe („Prüfung eines Anteilwertes") findet man im Lehrbuch [51] im Abschnitt 27.2.3 oder in Formelsammlungen zur Statistik:

$$(27.02) \quad z = \frac{p - p_0}{\sqrt{p_0 \dfrac{100 - p_0}{n}}} : \text{Mit } \begin{matrix} p = 3,4 \\ p_0 = 3,25 \\ n = 500 \end{matrix} \text{ folgt } z = \frac{3,4 - 3,25}{\sqrt{3,25 \dfrac{100 - 3,25}{500}}} = 0,18915$$

Da in a) die zweiseitige Fragestellung betrachtet wird, benötigt man für den Ablehnungsbereich die beiden Quantile $z_{\alpha/2}$ und $z_{1-\alpha/2}$ der Standardnormalverteilung Sie können einer Tafel entnommen werden oder – einfacher – sie werden mit Hilfe der Excel-Funktion STANDNORMINV bestimmt:

Quantil $z_{0,025}=$	=STANDNORMINV(0,025)
Quantil $z_{0,025}=$	-1,959963985

Quantil $z_{0,975}=$	=STANDNORMINV(0,975)
Quantil $z_{0,975}=$	1,959963985

Der Ablehnungsbereich ist für dieses Aufgabe (zweiseitige Fragestellung) zweigeteilt: Der linke Teil des Ablehnungsbereiches beginnt bei $-\infty$ und endet beim Quantil $z_{\alpha/2}=-1,96$. Der rechte Teil des Ablehnungsbereiches beginnt beim Quantil $z_{1-\alpha/2}= +1,96$ und endet im positiven Unendlichen.

Die Prüfgröße 0,189 liegt weder im linken noch im rechten Teil des Ablehnungsbereiches. Damit kann das Testergebnis in einem Antwortsatz formuliert werden:

Antwortsatz zu a): *Die vorliegenden Daten sprechen nicht gegen die Nullhypothese, es gibt keinen Grund, diese zu verwerfen.*

Zu b) Jetzt wird eine einseitige Fragestellung („rechts einseitig") betrachtet:

(27.03) $H_0 : p = p_0 = 3,25\%$ $H_1 : p > p_0$ $\alpha = 0,05$

Das Signifikanzniveau α bleibt unverändert bei 0,05, auch die Prüfgröße bleibt bei $z=0,18915$. Allerdings hat der Ablehnungsbereich für diese Aufgabenstellung eine andere Form: Er beginnt beim Quantil $z_{1-\alpha}$ der Standardnormalverteilung und endet bei $+\infty$.

Beschaffen wir uns das Quantil wieder mit Hilfe der Excel-Funktion STANDNORMINV:

Quantil $z_{0,95}$=	=STANDNORMINV(0,95)
Quantil $z_{0,95}$=	1,644853627

Also erstreckt sich der Ablehnungsbereich von 1,645 bis $+\infty$, die Prüfgröße $z=0,189$ liegt auch bei dieser Aufgabenstellung nicht im Ablehnungsbereich:

Antwortsatz zu b): *Die vorliegenden Daten sprechen nicht gegen die Nullhypothese, es gibt auch bei der Gegenhypothese H_1: $p>p_0$ keinen Grund, diese zu verwerfen.*

Beispiel 27.1-2: *Der Sportlehrer einer Schule kämpft seit längerem um eine zusätzliche wöchentliche Sportstunde. Insbesondere wegen der mangelnden körperlichen Fitness der Schüler sei dies zwingend notwendig. Während zum Beispiel Schüler der Oberstufe vor zehn Jahren die Kugel noch im Mittel 10,50 Meter weit stießen, seien es heute nur noch im Mittel 9,28 Meter bei einer empirischen Standardabweichung von $s=2,99$ m. Das hätte eine Leistungsüberprüfung der 64 Schüler der Oberstufe ergeben.*

Der Schuldirektor verspricht eine Prüfung der Aussagen dahingehend, dass er sich vom Sinken der Leistungen mit einem Test selbst überzeugen will. Da er allerdings keine zusätzliche Stunde im Wochenstundenplan unterbringen kann, wählt er ein Signifikanzniveau von $\alpha=0,001$, um möglichst lange an seiner Vermutung festhalten zu können, dass die Kugelstoßleistungen unverändert bei durchschnittlich 10,50 Meter liegen. Wie geht der Schuldirektor vor?

Lösung: *Geprüft werden soll also mit einem Signifikanzniveau von $\alpha=0,001$ die Hypothese*

(27.04a) $H_0 : \mu = \mu_0 = 10,50$

gegen die Gegenhypothese

(27.04b) $H_1 : \mu < \mu_0$.

Aus einer Stichprobe vom Umfang $n=64$ wurden die beiden Werte

(27.04c) $\bar{x} = 9,28$
             $s = 2,99$

ermittelt.

Die Formel für die Prüfgröße bei dieser Aufgabenstellung ("Prüfen des Erwartungswertes bei einer großen Stichprobe") kann wieder dem Lehrbuch [51] im Abschnitt 27.3.2 oder einer Statistik-Formelsammlung entnommen werden:

$$\bar{x} = 9{,}28$$

$$(27.05) \quad z = \frac{\bar{x} - \mu_0}{s} \sqrt{n} : \quad \text{Mit } \mu_0 = 10{,}50 \text{ folgt } z = \frac{9{,}28 - 10{,}50}{2{,}99} \sqrt{64} = -3{,}2642$$

$$s = 2{,}99$$

$$n = 64$$

Über die Form des Ablehnungsbereiches für diesen Test ("links einseitige Fragestellung eines Parametertests") erfährt man ebenfalls im Regelwerk der Statistik, dass der Ablehnungsbereich im negativen Unendlichen beginnt und beim Quantil z_α der Standardnormalverteilung endet:

Quantil $z_{0,001}$=	=STANDNORMINV(0,001)
Quantil $z_{0,001}$=	-3,090232306

Da die Prüfgröße in den Ablehnungsbereich fällt, ergibt sich folgender Antwortsatz:

Antwortsatz: Die vorliegenden Daten sprechen signifikant gegen die Hypothese, sie muss zugunsten der Gegenhypothese abgelehnt werden. Die Daten sprechen also dagegen, eine unveränderte mittlere Leistung im Kugelstoßen annehmen zu können.

Bemerkung: Dem Schuldirektor war bekannt, dass bei sehr kleinem Signifikanzniveau erst dann abgelehnt wird, wenn die Daten extrem stark gegen die Hypothese sprechen. Da er keine Ablehnung zugunsten der Gegenhypothese des Sportlehrers ("es ist schlechter geworden") wollte, wählte er diesen sehr kleinen Wert von einem Zehntel Prozent für α. Es hat ihm aber nichts genützt...

27.1.2 Aufgaben

Aufgabe 27.1-1: Anwohner behaupten, dass die Zahl der Fahrzeuge, die zur Hauptverkehrszeit in einer Minute an einer Kreuzung ankommen, sich durch den Bau einer Umgehungsstraße nicht verringert hat. Vor dem Bau kamen 12 Fahrzeuge pro Minute an diese Kreuzung. Nach dem Bau der Umgehungsstraße wurden zur Überprüfung der Behauptung der Anwohner durch die Straßenmeisterei die in der Hauptverkehrszeit ankommenden Fahrzeuge gezählt. Man erhielt folgende Daten:

Anzahl der ankommenden Fahrzeuge	5	6	7	8	9	10	11	12	13	15
absolute Häufigkeit	1	1	3	4	9	10	7	6	2	2

Es kamen also bei n=45 Beobachtungen 450 Fahrzeuge an, im Mittel sind das pro Beobachtung 10 Fahrzeuge. Die empirische Standardabweichung s kann mit Hilfe der Formel

$$(27.06) \quad s = \sqrt{\frac{1}{n-1} \sum h_i \cdot (x_i - \bar{x})^2}$$

aus den Anzahlwerten x_i und den Häufigkeiten h_i ermittelt werden. Sie ergibt sich zu s=2,0889.

Wie ist aus Sicht der Straßenmeisterei mit α=0,05 die Behauptung der Anwohner zu bewerten?

Aufgabe 27.1-2 Pädagogen empfehlen, dass die durchschnittliche Fernsehzeit für Kinder im Grundschulalter höchstens zwei Stunden pro Tag betragen sollte.

Bei einer Befragung von 116 Grundschülern in Sonstiwoo ermittelte man eine durchschnittliche tägliche Fernsehzeit von $\mu = 2{,}18$ Stunden mit einer Standardabweichung von $s = 0{,}93$ Stunden.

Kann man mit $\alpha = 0{,}01$ sagen, dass die Empfehlung der Pädagogen beachtet wird?

Aufgabe 27.1-3 In einer Lieferung von 100-Gramm-Tüten der beliebten Süßigkeit „LeckerHm!" befinden sich laut Hersteller höchstens 2,5 Prozent an Tüten, deren Gewicht von den aufgedruckten 100 Gramm abweicht.

Eine Handelskette prüft dies nach und ermittelt anhand einer Stichprobe vom Umfang $n = 300$ einen Anteil fehlerhafter Tüten von 2,8 Prozent. Ist das Ergebnis mit den Herstellerangaben verträglich?

Man wähle ein Signifikanzniveau von $\alpha = 0{,}01$.

27.1.3 Lösungen

> Wenn anstelle ausführlicher Lösungen nur die Ergebnisse angegeben sind, dann findet man die ausführlichen Lösungen im Internet unter
>
> www.w-g-m.de/bwl-ueb.html

Lösung der Aufgabe 27.1-1: Die Formalisierung der Aufgabe führt zu

(27.06_L) $H_0 : \mu = \mu_0 = 12$ $H_1 : \mu < \mu_0$ $\alpha = 0{,}05$.

Die Prüfgröße gemäß Vorschrift (27.05) bekommt den Wert $z = -6{,}4227$. Der nach links offene Ablehnungsbereich endet bei dem Quantil $z_\alpha = -1{,}645$ der Standardnormalverteilung.

> *Antwortsatz*: Die erfassten Daten sprechen gegen die Behauptung der Anwohner, dass sich die mittlere Anzahl der ankommenden Fahrzeuge nach dem Bau der Umgehungsstraße *nicht verringert* habe. Ihre Hypothese ist zugunsten der Gegenbehauptung der Straßenmeisterei, dass *tatsächlich eine Verringerung* stattgefunden hat, zurückzuweisen.

Lösung der Aufgabe 27.1-2: Die Formalisierung der Aufgabe führt zu

(27.07_L) $H_0 : \mu = \mu_0 = 2$ $H_1 : \mu > \mu_0$ $\alpha = 0{,}01$.

Mit $n = 116$, dem Mittelwert 2,18 und der empirischen Standardabweichung 0,93 ergibt sich aus (27.05) für die *Prüfgröße* der Wert $z = 2{,}0846$. Der Ablehnungsbereich für diese Aufgabe („rechts einseitige Fragestellung bei der Prüfung des Erwartungswertes mit großer Stichprobe") beginnt beim Quantil $z_{1-\alpha}$:

Quantil $z_{0{,}99} =$	=STANDNORMINV(0,99)
Quantil $z_{0{,}99} =$	2,326347874

Die Prüfgröße liegt folglich nicht im Ablehnungsbereich.

Antwortsatz: Die vorliegenden Daten reichen nicht aus, um die Hypothese, dass der Fernsehkonsum im Mittel zwei Stunden pro Tag beträgt, zu Fall zu bringen.

Bemerkung: Mit einem Signifikanzniveau von 5 Prozent wäre die Testentscheidung anders ausgefallen. Dann hätten die Daten signifikant gegen die Hypothese gesprochen, sie hätte zugunsten der Gegenhypothese „Im Mittel wird länger ferngesehen" abgelehnt werden müssen.

Lösung der Aufgabe 27.1-3: Die Formalisierung der Aufgabe führt zu

$$(27.08\_L) \quad H_0 : p = p_0 = 2{,}5\% \qquad H_1 : p > p_0 \qquad \alpha = 0{,}01 \; .$$

Die Prüfgröße, hier nach der Formel (27.02) zu berechnen, erhält den Wert z=0,3328. Der Ablehnungsbereich für diese Aufgabenstellung („rechts einseitige Fragestellung bei der Prüfung eines Anteilwertes mit großer Stichprobe") beginnt beim $z_{1-\alpha}$-Quantil 2,326 der Standardnormalverteilung und endet im positiven Unendlichen.

Antwortsatz: Die Prüfgröße liegt nicht im Ablehnungsbereich, es gibt *mit diesen Daten* keinen Anlass, die Nullhypothese von den 2,5 Prozent aller Tüten, die nicht korrekt gefüllt sind, zu verwerfen.

Bemerkung: Mit Excel kann man sehr gut experimentieren und die Frage klären, wie groß die Stichprobe der Handelskette hätte sein müssen, um mit den beobachteten 2,8 Prozent tatsächlich die Hypothese zu Fall bringen zu können:

Anzahl	beobachtet (Prozent)	Wert der Prüfgröße
300	2,8	0,333
1000	2,8	0,608
2000	2,8	0,859
3000	2,8	1,052
4000	2,8	1,215
5000	2,8	1,359
6000	2,8	1,488
7000	2,8	1,608
8000	2,8	1,719
9000	2,8	1,823
10000	2,8	1,922
11000	2,8	2,015
12000	2,8	2,105
13000	2,8	2,191
14000	2,8	2,274
15000	2,8	2,353

Es ergibt sich das erstaunliche Ergebnis, dass bei dem gewählten geringen Signifikanzniveau von einem Prozent (α=0,01) erst bei 15000 untersuchten Tüten mit diesem Fehlerprozentsatz von 2,8% eine Ablehnung der 2,5-Prozent-Hypothese erfolgen würde.

Dagegen würden 8000 Beobachtungen mit 2,8 Prozent zur Ablehnung genügen, wenn das Signifikanzniveau α gleich 5 Prozent gewählt worden wäre...

27.2 Parametertests bei kleinen Stichproben

Liegen nur kleine Stichproben vom Umfang unter 36 Werten vor, dann muss für eine Prüfung der Parameter trotzdem vorausgesetzt werden können, dass das betrachtete Merkmal normalverteilt ist.

27.2.1 Beispiele dafür, wie es richtig gemacht wird

Beispiel 27.2-1: *Aus einer normalverteilten Grundgesamtheit mit der Varianz $\sigma^2 = 4900$ wurde eine Stichprobe vom Umfang $n = 16$ gezogen. Man erhielt die folgenden Werte:*

675	720	621	653	750	631	742	828
715	611	790	671	820	730	650	785

Mit einem Signifikanzniveau von $\alpha = 0,05$ prüfe man die Nullhypothese H_0: $\mu = \mu_0 = 745$ gegen die Hypothese

a) $H_1 : \mu \neq \mu_0$,

b) $H_1 : \mu < \mu_0$.

Lösung:

Zu a): Es gilt hier

$$(27.09) \qquad H_0 : \mu = \mu_0 = 745 \qquad H_1 : \mu \neq \mu_0 \qquad \alpha = 0,05 .$$

Zur Bestimmung der Prüfgröße – wieder ist die Formel (27.05) zu verwenden – wird nur noch das Stichprobenmittel benötigt, denn die Standardabweichung σ ist als Wurzel aus der Varianz σ^2 bereits gegeben. Als Mittelwert ergibt sich

$$(27.10) \qquad \bar{x} = 712 .$$

Jetzt kann bereits die Prüfgröße berechnet werden:

$$(27.11) \qquad z = \frac{\bar{x} - \mu_0}{\sigma} \sqrt{n} = \frac{712 - 745}{\sqrt{4900}} \sqrt{16} = -1,8857$$

Dem Regelwerk der Statistik wird anschließend entnommen, wie man zum Ablehnungsbereich kommt. Die Form des Ablehnungsbereiches ist grundsätzlich klar: Da es sich bei der Aufgabe a) um die zweiseitige Fragestellung bei einem Parametertest handelt, besteht der Ablehnungsbereich aus zwei Teilen: Der linke Teil beginnt bei $-\infty$ und endet bei einem bestimmten Quantil, der rechte Teil beginnt bei einem anderen Quantil und endet bei $+\infty$.

Welche Quantile sind aber für die Ränder der beiden Teile des Ablehnungsbereiches zu beschaffen?

Dem Regelwerk der Statistik entnimmt man: Soll der Erwartungswert mit kleiner Stichprobe aus normalverteilter Grundgesamtheit geprüft werden und

- *ist die Standardabweichung bekannt,*

dann sind die Grenzen des Ablehnungsbereiches durch Quantile der Standardnormalverteilung gegeben.

Demzufolge endet der linke Teil des Ablehnungsbereiches beim Quantil $z_{\alpha/2}$ der Standardnormalverteilung und der rechte Teil des Ablehnungsbereiches beginnt beim Quantil $z_{1-\alpha/2}$ der Standardnormalverteilung:

Quantil $z_{0,025}=$	=STANDNORMINV(0,025)
Quantil $z_{0,025}=$	-1,959963985

Quantil $z_{0,975}=$	=STANDNORMINV(0,975)
Quantil $z_{0,975}=$	1,959963985

Die Prüfgröße $z=-1,8857$ fällt weder in den linken noch in den rechten Teil des Ablehnungsbereiches. Das führt zu folgendem

Antwortsatz zu a): *Bei der Gegenhypothese $\mu \neq 745$ sprechen die Daten nicht signifikant gegen die Hypothese H_0: $\mu = 745$, es gibt keinen Grund zur Ablehnung.*

Zu b): Nun gilt:

$$(27.12) \quad H_0 : \mu = \mu_0 = 745 \qquad H_1 : \mu < \mu_0 \qquad \alpha = 0,05 \ .$$

Da dieselbe Stichprobe verwendet wird, haben wir denselben Wert der Prüfgröße: $z = -1,8857$. Allerdings wird nun die rechts einseitige Fragestellung betrachtet, also beginnt der Ablehnungsbereich im negativen Unendlichen und endet bei einem Quantil.

Dieses Quantil wird wegen der beiden Voraussetzungen

- *normalverteilte Grundgesamtheit*

- *bekannte Standardabweichung*

auch bei kleinen Stichproben mit Hilfe der Standardnormalverteilung *beschafft:*

Quantil $z_{0,05}=$	=STANDNORMINV(0,05)
Quantil $z_{0,05}=$	-1,644853627

Der Vergleich von Prüfgröße und dem rechten Rand des Ablehnungsbereiches ergibt: Die Prüfgröße liegt nun im Ablehnungsbereich.

Antwortsatz zu b): *Die Daten sprechen signifikant gegen die Hypothese, sie ist zugunsten der Gegenhypothese $\mu < 745$ abzulehnen.*

Beispiel 27.2-2: *Die Wartezeiten der Studenten bei der Semesterrückmeldung betrugen an der Universität „Egalo" des Landes „MachtNix" im Durchschnitt 50 Minuten. Nach der Umstellung auf ein computergesteuertes Rückmeldeverfahren wurde die mittlere Wartezeit für zwölf zufällig ausgewählte Studenten ermittelt. Sie betrug 42 Minuten.*

Aus der erhobenen Stichprobe wurde anschließend nach der Formel

$$(27.13) \quad s = \sqrt{\frac{1}{n-1} \sum (x_i - \overline{x})^2}$$

die so genannte empirische Standardabweichung *(auch als Stichproben-Standardabweichung bezeichnet) berechnet.*

Mit dieser Formel (oder auch mit der Excel-Funktion STABW) wurde der Wert s=11,9 Minuten für die empirische Standardabweichung s ermittelt.

Hat sich die durchschnittliche Wartezeit verringert? Die Wartezeiten seien annähernd normalverteilt, das Signifikanzniveau betrage 1 Prozent.

Lösung: *Stellen wir zusammen:*

$$(27.14) \quad H_0 : \mu = \mu_0 = 50 \qquad H_1 : \mu < \mu_0 \qquad \alpha = 0,01$$

Diese Aufgabenstellung unterscheidet sich von der Aufgabenstellung im vorigen Beispiel in einem wesentlichen Detail:

> *Die Standardabweichung σ (oder – gleichwertig – die Varianz σ^2) ist in der Aufgabenstellung* nicht gegeben,

Folglich muss die Prüfgröße im Lehrbuch [51] (oder in einer Statistik-Formelsammlung) nun unter der Überschrift „Prüfung des Erwartungswertes aus normalverteilter Grundgesamtheit mit kleiner Stichprobe und unbekannter Standardabweichung" *gesucht werden.*

Man findet dort folgende Rechenvorschrift für die Prüfgröße:

$$(27.15) \quad t = \frac{\bar{x} - \mu_0}{s} \sqrt{n}$$

Sie unterscheidet sich von der Vorschrift (27.11) durch das Formelzeichen s anstelle von σ im Nenner. Dass die Prüfgröße jetzt mit t bezeichnet wird, deutet aber daraufhin, dass es auch neue Vorschriften für den Ablehnungsbereich geben wird.

Zuerst aber bleibt alles beim Alten: Da die links einseitige Fragestellung eines Parametertests vorliegt, beginnt der Ablehnungsbereich im negativen Unendlichen und endet bei einem Quantil.

Doch bei welchem Quantil? Dem Regelwerk der Statistik entnimmt man:

> *Ist der Erwartungswert einer normalverteilten Grundgesamtheit mit* kleiner Stichprobe *zu prüfen und ist die* Standardabweichung *dabei unbekannt, dann ergeben sich die Quantile zur Ermittlung der Ränder des Ablehnungsbereiches aus der* t-Verteilung mit n-1 Freiheitsgraden, *wobei n der Umfang der Stichprobe ist.*

Für unsere links einseitige Fragestellung bedeutet dies, dass der rechte Rand des Ablehnungsbereiches durch das Quantil $t_{\alpha;n-1} = t_{0,01;11}$ gebildet wird.

Für die Quantile der t-Verteilung gibt es natürlich Tabellen, zum Beispiel auch im Lehrbuch [51] im Abschnitt 28.2.10. Man kann solche Quantile auch mit Hilfe einer Excel-Funktion beschaffen:

Werden zum Beispiel – wie in unserer Aufgabe – Quantile $t_{\alpha;n-1}$ für den rechten Rand eines nach links offenen Ablehnungsbereiches mit $\alpha=0,01$ benötigt, dann muss man wie folgt eintragen:

Quantil $t_{0,01;11}=$	=-TINV(0,02;11)
Quantil $t_{0,01;11}=$	-2,718079183

Man beachte, dass hier der doppelte α-Wert einzutragen ist.

Werden Quantile $t_{1-\alpha;n-1}$ für den linken Rand des nach rechts offenen Ablehnungsbereiches mit
$\alpha=0,01$ benötigt, dann muss man – auch wieder mit doppeltem α-Wert – eintragen:

Quantil $t_{0,99;11}=$	=TINV(0,02;11)
Quantil $t_{0,99;11}=$	2,718079183

Werden die beiden Quantile $t_{\alpha/2;n-1}$ und $t_{1-\alpha/2;n-1}$ für die Ränder vom linken und rechten Teil
eines zweiteiligen Ablehnungsbereiches mit $\alpha=0,01$ benötigt, dann muss man eintragen:

Quantil $t_{0,005}=$	=-TINV(0,01;11)
Quantil $t_{0,005}=$	-3,105806514

Quantil $t_{0,995}=$	=-TINV(0,01;11)
Quantil $t_{0,995}=$	3,105806514

Man bemerkt hier, dass die Programmierer von Excel davon ausgegangen sind, dass das meistbe-
nutzte Quantil von t-Verteilungen das Quantil $t_{1-\alpha/2;n-1}$ sein wird – dafür braucht man in die
Funktion nämlich nur den α-Wert einzutragen.

Kommen wir aber nun zur Aufgabe zurück.

Der obigen Tabelle entnehmen wir $t_{\alpha;n-1}=t_{0,01;11}= -2,7181$, Der Ablehnungsbereich endet bei
diesem Wert. Die Prüfgröße hat den Wert

$$(27.16) \quad t = \frac{\overline{x} - \mu_0}{s}\sqrt{n} = \frac{42-50}{11,9}\sqrt{12} = -2,3288 \ .$$

Die Prüfgröße liegt nicht im Ablehnungsbereich:

Antwortsatz zur Aufgabe: Die Prüfgröße fällt nicht in den Ablehnungsbereich, die erhobenen
Daten sprechen nicht signifikant gegen die Hypothese. Es gibt keinen Grund, sie abzulehnen. Die
Daten sprechen nicht für eine Verringerung der durchschnittlichen Wartezeiten.

Beispiel 27.2-3: *An Werkstücken werden die Abweichungen der Maße vom Nennmaß überprüft.*
Bei einer Stichprobe von n=25 Werkstücken ergaben sich dabei ein Mittelwert der Abweichungen
vom Nennmaß von 12 mm und eine empirische Standardabweichung *von s=2,6 mm. Die Ab-*
weichungen vom Nennmaß werden als normalverteilt angesehen.

Man prüfe mit einer Irrtumswahrscheinlichkeit (Signifikanzniveau) von $\alpha=0,01$ die Hypothese
über die Varianz

$$(27.17a) \quad H_0 : \sigma^2 = \sigma_0^2 = 4$$

bei der Gegenhypothese

$$(27.17b) \quad H_1 : \sigma^2 > 4 \ .$$

Es liegen dafür folgende Daten vor: n=25, $s^2=2,6^2$, $\alpha=0,01$. Eine Normalverteilung des Merkmals
kann vorausgesetzt werden.

Bemerkung: Hier handelt es sich um eine wiederum andersartige Aufgabenstellung:

Zu prüfen ist die Varianz bei normalverteilter Grundgesamtheit mit einer kleinen Stichprobe.

Dem Regelwerk der Statistik – oder auch dem Lehrbuch [51] im Abschnitt 28.3.4 - kann die Vorschrift zur Berechnung der Prüfgröße entnommen werden:

$$(27.18) \quad Chi = (n-1)\frac{s^2}{\sigma_0^2} = 24\frac{2,6^2}{4} = 40,56$$

Nun geht es wieder um die Form und die Grenzen des Ablehnungsbereiches. Was die Form des Ablehnungsbereiches angeht, dort gibt es wiederum das grundsätzliche Vorgehen bei den Parametertests:

Da die rechts einseitige Fragestellung vorliegt, beginnt der Ablehnungsbereich bei einem Quantil und endet im positiven Unendlichen.

Doch welches Quantil ist nun zu verwenden?

Das Formelzeichen für die Prüfgröße deutet schon darauf hin – hier wird das Quantil $chi_{1-\alpha;n-1}$ der Chi-Quadrat-Verteilung benötigt. Es kann mit Hilfe der Excel-Funktion CHIINV beschafft werden:

Quantil $chi_{0,99;24}=$	=CHIINV(0,01;24)
Quantil $chi_{0,99;24}=$	42,97982015

Man beachte auch hier, dass die Funktion nicht den Wert $1-\alpha$, sondern den Wert α verlangt, um das gewünschte Quantil zu liefern (vergleiche auch die frühere Anwendung von CHIINV im Abschnitt 26).

Stellen wir zusammen: Die Prüfgröße hat den Wert 40,56, der Ablehnungsbereich beginnt bei 42,98 – also liegt die Prüfgröße nicht im Ablehnungsbereich.

Antwortsatz: *Die Daten sprechen nicht signifikant gegen die Hypothese, es gibt daher keinen Grund, sie abzulehnen.*

27.2.2 Aufgaben

Aufgabe 27.2-1: Die Druckfestigkeit (in MPa) einer Betonsorte sei normalverteilt mit einer Standardabweichung σ=2,6 MPa. In einer Stichprobe vom Umfang n=10 wurde das arithmetische Mittel von 26,23 MPa festgestellt.

Wie ist die Abweichung vom Sollwert der Druckfestigkeit 28 MPa zu bewerten?

Aufgabe 27.2-2: Für den äußeren Durchmesser von automatisch gefertigten Stahlringen ist ein Nennmaß von 18,6 mm vorgeschrieben. Der Durchmesser kann dabei als normalverteilt angesehen werden.

Aus einer Stichprobe vom Umfang n=9 errechnete man ein Stichprobenmittel von 18,4 mm bei einer empirischen Standardabweichung s=0,2 mm.

Kann die Abweichung vom Nennmaß als zufällig angesehen werden

a) bei Wahl einer zweiseitigen Fragestellung ?

b) wenn nur zu geringe Durchmesser kritisch werden?

Wählen Sie sowohl α=5 % als auch α=1 %.

Aufgabe 27.2-3: Ein Betrieb produziert einen Massenartikel, dessen Sollmaß normalverteilt ist. Treten keine wesentlichen Störungen auf, dann kann die Varianz der Grundgesamtheit mit $\sigma_0^2 = 36$ angenommen werden.

Aus einer konkreten Stichprobe vom Umfang n=25 errechnete man eine empirische Standardabweichung von s=6,9. Wie ist diese Abweichung zu beurteilen?

27.2.3 Lösungen

> Wenn anstelle ausführlicher Lösungen nur die Ergebnisse angegeben sind, dann findet man die ausführlichen Lösungen im Internet unter
>
> www.w-g-m.de/bwl-ueb.html

Lösung der Aufgabe 27.2-1: Die Formalisierung der Aufgabe führt zu

(27.19_L) $H_0 : \mu = \mu_0 = 28$ $\qquad H_1 : \mu < \mu_0 \qquad \alpha = 0,05$,

denn eine zu große Druckfestigkeit ist ja nicht negativ zu werten. Nur eine zu kleine Druckfestigkeit wäre kritisch.

Da hier durch die Aufgabenstellung bereits die Standardabweichung $\sigma = 2,6$ gegeben ist, ist die Prüfgröße nach folgender Formel zu berechnen:

(27.20_L) $z = \dfrac{\bar{x} - \mu_0}{\sigma} \sqrt{n} = \dfrac{26,23 - 28}{2,6} \sqrt{10} = -2,1528$

Es liegt die linksseitige Fragestellung vor, also erstreckt sich der Ablehnungsbereich von $-\infty$ bis $-1,645$. Die Prüfgröße liegt im Ablehnungsbereich.

Antwortsatz: Die Nullhypothese ist mit diesen Daten zugunsten der Gegenhypothese zu verwerfen. Man muss aufgrund der Stichprobe annehmen, dass die Betonsorte eine zu geringe Druckfestigkeit haben kann.

Lösung der Aufgabe 27.2-2: Es liegen folgende Daten vor:

(27.21_L) $\mu_0 = 18,6 \qquad n = 9 \qquad \bar{x} = 18,4 \qquad s = 0,2$.

Zu a): Die Formalisierung der Aufgabe führt zu

(27.22_L) $H_0 : \mu = \mu_0 = 18,6 \qquad H_1 : \mu \neq \mu_0 \qquad \alpha = 0,01 \qquad \alpha = 0,05$

Es geht hier um die Prüfung des Erwartungswertes mit kleiner Stichprobe und unbekannter Standardabweichung. Folglich muss ein t-Test zur Anwendung kommen, bei dem die Prüfgröße nach

(27.23_L) $t = \dfrac{\mu - \mu_0}{s} \sqrt{n} = \dfrac{18,4 - 18,6}{0,2} \sqrt{9} = -3$

berechnet wird und die Grenzen des zweigeteilten Ablehnungsbereiches sich aus den Quantilen $t_{\alpha/2;n-1}$ und $t_{1-\alpha/2;n-1}$ für die Ränder vom linken und rechten Teil des zweiteiligen Ablehnungsbereiches mit jeweils gegebenem α ergeben.

Ist $\alpha=0,05$, dann endet der linke Teil des Ablehnungsbereiches bei $-2,306$ und der rechte Teil des Ablehnungsbereiches beginnt bei $2,306$.

Antwortsatz zu a) für $\alpha=0,05$: Die Prüfgröße liegt im Ablehnungsbereich, die Hypothese ist zugunsten der Gegenhypothese zu verwerfen. Die Abweichung vom Nennmaß könnte nicht mehr als zufällig angesehen werden.

Ist $\alpha=0,01$, dann endet der linke Teil des Ablehnungsbereiches bei $-3,355$ und der rechte Teil des Ablehnungsbereiches beginnt bei $3,355$.

Antwortsatz zu a) für $\alpha=0,01$: Die Prüfgröße liegt nicht im Ablehnungsbereich, nun gibt es keinen Grund, die Hypothese zu verwerfen. Die Abweichung vom Nennmaß wäre noch als zufällig anzusehen.

Zu b): Die Formalisierung der Aufgabe führt nun zu

(27.24_L) $\quad H_0 : \mu = \mu_0 = 18,6 \qquad H_1 : \mu < \mu_0 \qquad \alpha = 0,01 \qquad \alpha = 0,05$.

Die Prüfgröße bleibt unverändert bei $t = -3$. Der Ablehnungsbereich wird nun

- mit $\alpha=0,05$ zu $(-\infty; -1,8595]$

- mit $\alpha=0,01$ zu $(-\infty; -2,8965]$

In beiden Fällen liegt die Prüfgröße im Ablehnungsbereich, die Hypothese ist zugunsten der Gegenhypothese abzulehnen.

Antwortsatz zu b) für $\alpha=0,05$ und $\alpha=0,01$: Die Prüfgröße liegt im Ablehnungsbereich, die Hypothese ist zugunsten der Gegenhypothese zu verwerfen. Die Abweichung vom Nennmaß könnte nicht mehr als zufällig angesehen werden.

Lösung der Aufgabe 27.2-3*: Es liegen folgende Daten vor:

(27.25_L) $\quad \sigma_0^2 = 36 \qquad n = 25 \qquad s = 6,9$.

Zu prüfen ist die Hypothese

(27.26_L) $\quad H_0 : \sigma^2 = \sigma_0^2 = 36$ gegen $H_1 : \sigma^2 > \sigma_0^2$.

Als Signifikanzniveau wird $\alpha=0,05$ gewählt.

Da es sich hier um die *Prüfung der Varianz* handelt, ergibt sich die Prüfgröße aus

(27.27_L) $\quad Chi = (n-1)\dfrac{s^2}{\sigma_0^2} = 24\dfrac{6,9^2}{36} = 31,74$

Die Fragestellung ist *rechts einseitig*, also beginnt der rechts offene Ablehnungsbereich beim Quantil $chi_{1-\alpha; n-1} = chi_{0,95;24}$:

Quantil $chi_{0,95;24}$=	=CHIINV(0,05;24)
Quantil $chi_{0,95;24}$=	36,4150285

Die Prüfgröße liegt nicht im Ablehnungsbereich.

Antwortsatz: Die Prüfgröße fällt nicht in den Ablehnungsbereich, die Nullhypothese wird nicht verworfen. Die Abweichung kann noch als zufällig angesehen werden.

Quellennachweis

Die Grundlage für alle in diesem Buch verwendeten Beispiele und Übungsaufgaben bilden die von den Autoren seit 1969 durchgeführten vielfältigen Lehrveranstaltungen an der damaligen Technischen Hochschule in Merseburg, der Martin-Luther-Universität Halle-Wittenberg, der Marmara-Universität Istanbul, der Hochschule Magdeburg-Stendal (FH) sowie an den Hochschulen (FH) in Wolfsburg, Wildau, Brandenburg und Bremen und an den Berufsakademien in Eisenach, Leer, Gera und Bad Mergentheim.

Viele Aufgaben und Lösungen stammen auch aus den hausinternen, über Generationen hinweg von Lehrenden zusammen getragenen Aufgabensammlungen der genannten Hochschulen.

Weiterhin wurden wertvolle Anregungen und – in Ausnahmefällen – auch vollständige Aufgabenstellungen entnommen aus den folgenden Büchern:

[1]   Arens T., Hettlich F., Karpfinger C., Kockelkorn U., Lichtenegger K., Stachel H.:
        Arbeitsbuch Mathematik. 3. Aufl. Heidelberg: Springer Spektrum 2016

[2]   Beinhoff H., Völkel S., Pauli W., Conrad R., Nickel H.: *Mathematik für Ingenieur- und Fachschulen. Band I*. Leipzig: Fachbuchverlag 1989

[3]   Berman G. N.: *Aufgabensammlung zur Analysis*. Leipzig: Teubner-Verlag 1981

[4]   Bortz J.: *Statistik für Human- und Sozialwissenschaftler*. 7. Aufl. Heidelberg: Springer Medizin Verlag 2010

[5]   Bourier G.: *Statistik-Übungen*. 5. Aufl. Wiesbaden: Springer Gabler 2014

[6]   Clauß G., Finze F.-R., Partzsch L.: *Statistik*. 5. Aufl. Frankfurt (Main): Harri Deutsch 2004

[7]   Führer C.: *Kompakt-Training Wirtschaftsmathematik*. 4. Aufl. Herne: NBW Verlag 2014

[8]   Hartung J., Heine B.: *Statisitk-Übungen*. München: Oldenbourg-Verlag 2014

[9]   Hilbert A.: *Wir wiederholen – Gleichungssysteme*. 2. Aufl. Frankfurt (Main): Harri Deutsch 1985

[10]   Hilbert, A.: *Wir wiederholen - Gleichungen und Ungleichungen*. 2. Aufl. Frankfurt (Main): Harri Deutsch 1985

[11]   Höfner G., Wittwer M.: *Wiederholungsprogramm Elementarmathematik*. Leipzig: Fachbuchverlag 1987

[12] Kreul H., Kulke K., Pester H., Schroedter R.: *Lehrgang der Elementarmathematik.* Frankfurt (Main): Harri Deutsch 1982

[13] Luderer B.: *EAGLE-GUIDE Basiswissen der Algebra.* Leipzig: Edition am Gutenbergplatz 2004

[14] Luderer B.: *Klausurtraining Mathematik und Statistik für Wirtschaftswissenschaftler.* 4. Aufl. Wiesbaden: Springer Gabler 2014

[15] Nickel H., Conrad R., Völkel S., Leupold W., Herfurth G.: *Mathematik für Ingenieur- und Fachschulen. Band II.* Leipzig: Fachbuchverlag 1989

[16] Nollau, V., Partzsch, L., Storm R., Lange C.: Wahrscheinlichkeitsrechnung und Statistik in Beispielen und Aufgaben. Stuttgart-Leipzig: Springer Vieweg 1997

[17] Papula L.: *Mathematik für Ingenieure und Naturwissenschaftler. Klausur- und Übungsaufgaben.* 4. Aufl. Wiesbaden: Vieweg+Teubner-Verlag 2010

[18] Pforr E.-A., Oehlschlägel L., Seltmann G.: *Übungsaufgaben zur linearen Algebra und linearen Optimierung* 5. Aufl. Wiesbaden: Vieweg + Teubner 1998

[19] Purkert W.: *Brückenkurs Mathematik für Wirtschaftswissenschaftler.* 8. Aufl. Wiesbaden: Springer Gabler 2014

[20] Salomon E., Poguntke W.: *Wirtschaftsmathematik.* Köln: Fortis-Verlag 2005

[21] Schäfer W., Georgi K., Trippler G.: *Mathematik-Vorkurs.* 6. Aufl. Wiesbaden: Vieweg + Teubner 2006

[22] Strehlow R.: *Mathematik-Klausurtrainer.* München: Carl Hanser 2007

[23] Tietze J.: *Einführung in die angewandte Wirtschaftsmathematik.* 17. Aufl. Wiesbaden: Springer Spektrum 2013

[24] Turtur C. W.: *Prüfungstrainer Mathematik.* 5. Aufl. Wiesbaden: Springer Spektrum 2014

Weiterführende und vertiefende Literatur

[25] Altmann J.: *Starthilfe BWL*. Stuttgart Leipzig: Teubner Verlag 1999

[26] Arens T., Hettlich F., Karpfinger C., Kockelkorn U., Lichtenegger K., Stachel H.: *Mathematik*. 3. Aufl. Heidelberg: Springer Spektrum 2016

[27] Bamberg, G., Baur F., Krapp M.: *Statistik*. München: Oldenbourg 2006

[28] Beyer O., Hackel H., Pieper V., Tiedge J.: *Wahrscheinlichkeitsrechnung und mathematische Statistik*. 8. Aufl. Stuttgart Leipzig: Teubner 1999

[29] Bosch K., Jensen U.: *Großes Lehrbuch der Mathematik für Ökonomen*. München: Oldenbourg-Verlag 1994

[30] Bosch K.: *Formelsammlung Mathematik*. München: Oldenbourg-Verlag 2002

[31] Bosch K.: *Mathematik für Wirtschaftswissenschaftler*. München: Oldenbourg-Verlag 2003

[32] Bosch K.: *Elementare Einführung in die angewandte Statistik*. 9. Aufl. Wiesbaden: Vieweg + Teubner 2010

[33] Bradtke T.: *Übungen und Klausuren in Mathematik für Ökonomen*. München: Oldenbourg-Verlag 2000

[34] Britzelmaier B., Dittrich K., Macha R.: *Starthilfe Finanz- und Rechnungswesen*. Wiesbaden: Vieweg + Teubner 2003

[35] Bourier G.: *Wahrscheinlichkeitsrechnung und schließende Statistik*. 8. Aufl. Wiesbaden: Springer Gabler 2013

[36] Clauß G., Finze F.-R., Partzsch L.: *Statistik*. 5. Aufl. Frankfurt (Main): Harri Deutsch 2004

[37] Führer C.: *Kompakt-Training Wirtschaftsmathematik*. 4. Aufl. Herne: NBW Verlag 2014

[38] Grundmann W., Luderer B.: *Finanzmathematik, Versicherungsmathematik, Wertpapieranalyse*. 3. Aufl. Wiesbaden: Vieweg + Teubner 2009

[39] Grundmann W.: *Operations Research*. Wiesbaden: Teubner Verlag 2003

[40]   Hettich G., Jüttler H., Luderer B.: *Mathematik für Wirtschaftswissenschaftler und Finanzmathematik*. 10. Aufl. München: Oldenbourg-Verlag 2009

[41]   Hillier F. S., Lieberman G. J.: *Einführung in Operations Research*. 5. Aufl. München: Oldenbourg-Verlag 2003

[42]   Kemnitz A.: *Mathematik zum Studienbeginn*. 11. Aufl. Wiesbaden: Springer Spektrum 2014

[43]   Kojima H., Togami S.: *Mathe-Manga Analysis*. Wiesbaden: Vieweg+Teubner 2009

[44]   Lehn, J., Wegmann, H.: *Einführung in die Statistik*. 5. Aufl. Wiesbaden: Teubner 2006

[45]   Luderer B., Nollau V., Vetters K.: *Mathematische Formeln für Wirtschaftswissenschaftler*. 8. Aufl. Wiesbaden: Springer Gabler 2015

[46]   Luderer B., Paape C., Würker U.: *Arbeits- und Übungsbuch Wirtschaftsmathematik*. 6. Aufl. Wiesbaden: Vieweg + Teubner 2011

[47]   Luderer B., Würker U.: *Einstieg in die Wirtschaftsmathematik*. 9. Aufl. Wiesbaden: Springer Gabler 2015

[48]   Luderer B.: *Klausurtraining Mathematik und Statistik für Wirtschaftswissenschaftler*. 4. Aufl. Wiesbaden: Springer Gabler 2014

[49]   Luderer B.: *Starthilfe Finanzmathematik*. 4. Aufl. Wiesbaden: Springer Spektrum 2015

[50]   Luh W., Stadtmüller K.: *Mathematik für Wirtschaftswissenschaftler*. 7. Aufl. München: Oldenbourg-Verlag 2004

[51]   Matthäus H., Matthäus W.-G.: *Mathematik für BWL-Bachelor*. 4., erw. Auflage. Wiesbaden: Springer Gabler 2015

[52]   Matthäus H., Matthäus W.-G.: *Mathematik für BWL-Master*. Wiesbaden: Vieweg+ Teubner Verlag 2008

[53]   Meißner J., Wendler T.: *Statistik-Praktikum mit Excel*. 2. Aufl. Wiesbaden: Springer Spektrum 2015

[54]   Papula L.: *Mathematik für Ingenieure und Naturwissenschaftler. Klausur- und Übungsaufgaben*. 4. Aufl. Wiesbaden: Vieweg+Teubner Verlag 2010

[55]   Pforr E.-A., Oehlschlägel L., Seltmann G.: *Übungsaufgaben zur linearen Algebra und linearen Optimierung.* 5. Aufl. Wiesbaden: Vieweg + Teubner 1998

[56]   Pfuff F.: *Mathematik für Wirtschaftswissenschaftler kompakt.* Wiesbaden: Vieweg + Teubner 2009

[57]   Poguntke W.: *Keine Angst vor Mathe.* 4. Aufl. Wiesbaden: Vieweg + Teubner 2010

[58]   Purkert W.: *Brückenkurs Mathematik für Wirtschaftswissenschaftler.* 8. Aufl. Wiesbaden: Springer Gabler 2014

[59]   Sahner H.: *Schließende Statistik.* 7. Aufl. Wiesbaden: VS Verlag 2008

[60]   Salomon E., Poguntke W.: *Wirtschaftsmathematik.* Köln: Fortis-Verlag 2005

[61]   Schäfer W., Georgi K., Trippler G.: *Mathematik-Vorkurs.* 6. Aufl. Wiesbaden: Vieweg + Teubner 2006

[62]   Scharlau W.: *Schulwissen Mathematik*: Ein Überblick. 3. Aufl. Wiesbaden: Vieweg + Teubner 2001

[63]   Schira J.: *Statistische Methoden der VWL und BWL.* München: Pearson Studium 2006

[64]   Schirotzek W., Scholz S.: *Starthilfe Mathematik.* 5. Aufl. Wiesbaden: Vieweg + Teubner 2005

[65]   Schwarze J.: *Mathematik für Wirtschaftswissenschaftler.* Band 2: Differential- und Integralrechnung. Herne/Berlin: Verlag Neue Wirtschaftsbriefe 2010

[66]   Schwarze J.: *Mathematik für Wirtschaftswissenschaftler.* Band 3: Lineare Algebra. Lineare Optimierung. Graphentheorie. Herne/Berlin: Verlag Neue Wirtschaftsbriefe 2005

[67]   Strehlow R.: *Mathematik-Klausurtrainer.* München: Carl Hanser 2007

[68]   Tallig H.: *Anwendungsmathematik für Wirtschaftswissenschaftler.* München: Oldenbourg-Verlag 2006

[69]   Tietze J.: *Einführung in die angewandte Wirtschaftsmathematik.* 17. Aufl. Wiesbaden: Springer Spektrum 2013

[70]   Tietze J.: *Einführung in die Finanzmathematik.* 12. Aufl. Wiesbaden: Springer Spektrum 2015

[71]   Tietze J.: *Übungsbuch zur angewandten Witschaftsmathematik*. 9. Aufl. Wiesbaden: Springer Spektrum 2014

[72]   Turtur C. W.: *Prüfungstrainer Mathematik*. 5. Aufl. Wiesbaden: Springer Spektrum 2014

[73]   Vetters K.: *Formeln und Fakten im Grundkurs Mathematik*. 4. Aufl. Wiesbaden: Teubner Verlag 2004

[74]   Wewel M. C.: *Statistik im Bachelor-Studium der BWL und VWL*. 2. Aufl. München: Pearson Studium 2010

Sachwortverzeichnis

Z

Printed in the United States
By Bookmasters